Technische Optik

von

Dr. Hermann Slevogt

o. Professor an der Technischen Universität Berlin

Mit 163 Abbildungen

Sammlung Göschen Band 9002

Walter de Gruyter

Berlin · New York · 1974

ISBN 3 11 004287 8

Printed in Germany.

Reproduktion und Druck: Mercedes-Druck, 1 Berlin 61

Inhalt

Die fünf Abschnitte B bis F bilden den Kern der Darstellung. Zur Vorbereitung dient der Bericht im Abschnitt A, während die drei Anhänge bei der Lösung der Aufgaben helfen und zugleich einen weiteren Ausblick vermitteln sollen. Das Register bringt außer den Ortsangaben auch Worterklärungen, weil die technische Optik sehr reich ist an Fachausdrücken.

Literatur-Hinweise

Mit Rücksicht auf Ziel und Umfang dieses Buches konnten einige Gegenstände entweder gar nicht oder nur sehr knapp behandelt werden. Die folgende Tabelle nennt die Nummern derjenigen Werke aus dem anschließenden Verzeichnis, in denen man sich über diese Gegenstände informieren kann.

Bildgüte	8, 17
Brillenoptik	14, 15
Dämmerungsleistung	11, 18_{II}
Doppelbrechung und Polarisation als Konstruktionsmittel	1, 4, 7, 13
Dünne Schichten (Reflexminderung und Verstärkung; Strahlenteilung)	1, 2, 4, 9, 14, 21, 22
Farbenlehre	14, 18_{II}, 19
Faseroptik (fiber optics)	1, 14, 22
Feinmeßgeräte	1, 10, 16
Glas für optische Zwecke	1, 14
Herstellung und Prüfung optischer Teile	1, 14, 15
Holographie	7, 10, 20
Informationsgehalt	13, 14, 17
Interferenzfilter (auch Kaltspiegel) und Lyot-Filter	1, 2, 4, 9, 14, 22
Interferenzkontrast	9, 13, 14
Lichtquellen (auch Laser)	1, 14, 20
Messen und Prüfen	1, 11, 12
Optik und Fourier-Transformation	7
Phasenkontrast	4, 6, 7, 9, 13, 14, 21
physiologische Optik	11, 14, 18
Polarisatoren (auch Filterpolarisatoren)	1, 4, 9, 14, 22
Seidelsche Theorie	3
Strahlungsempfänger	1, 12, 14, 20, 22

Verzeichnis einiger einschlägiger Werke

1. Advanced optical techniques. (Edited by *A. C. S. van Heel.*) 1967 Amsterdam, North-Holland Publishing Co.
2. *H. Anders:* Dünne Schichten für die Optik. 1965 Stuttgart, Wissenschaftl. Verlagsges.
3. *M. Berek:* Grundlagen der praktischen Optik. Nachdruck 1970 Berlin, Walter de Gruyter & Co.
4. *M. Born* and *E. Wolf:* Principles of Optics. 2. Aufl. 1964 London, New York . . . , Pergamon Press.
5. *R. W. Ditchburn:* Light. 2. Aufl. 1963, London, Glasgow, Blackie & Son Ltd.
6. *W. Döring:* Einführung in die theoretische Physik. III Optik 1956 Berlin, Slg. Göschen Bd. 78, Walter de Gruyter & Co.
7. *M. Françon:* Moderne Anwendungen der physikalischen Optik. 1971 Berlin, Akademie-Verlag.
8. *G. Franke:* Photographische Optik. 1964 Frankfurt/Main, Akadem. Verlagsgesellschaft.
9. Handbuch der Physik (Herausg. Flügge) Bd. XXIV_1 Grundlagen der Optik 1956 Berlin, Göttingen . . . , Springer-Verlag. (Dieser Band enthält u. a. Beiträge von *Maréchal, Françon* und von *H. Wolter.*)
10. Handbuch der Physik . . . Bd. XXIX Optische Instrumente, 1967 Berlin, Göttingen . . . , Springer-Verlag. (Hier sind besonders die Beiträge von *Stroke* und *R. Schulze* zu nennen.)
11. *A. König* und *H. Köhler:* Fernrohre und Entfernungsmesser. 3. Aufl. 1959 Berlin, Göttingen . . . , Springer-Verlag.
12. *F. Kohlrausch:* Praktische Physik Bd. 1. Viele Aufl., z. B. 20. A. 1955 Stuttgart, B. G. Teubner Verlagsges.
13. *Krug, Rienitz, Schulz:* Beiträge zur Interferenzmikroskopie 1961 Berlin, Akademie-Verlag.
14. *Mütze, Foitzik, Krug, Schreiber:* ABC der Optik 1961 Hanau/Main, Verlag Werner Dausien, Edition Leipzig.
15. *H. Pforte:* Feinoptiker Teil II (Theoret. Optik für Fein-, Augen- und Brillenoptiker). 1970 Berlin, VEB Verlag Technik.
16. *K. Räntsch:* Die Optik in der Feinmeßtechnik 1949 München, Hanser Verlag.
17. *R. Röhler:* Informationstheorie in der Optik 1967 Stuttgart, Wissenschaftl. Verlagsges.
18. *H. Schober:* Das Sehen. Bd. I 4. Aufl. 1970, Bd. II 2. Aufl. 1958 Leipzig, Fachbuchverlag.

19. *H. Schönfelder:* Farbfernsehen Bd. 1 (Aufgabenstell. u. Lösungen) 1965 Darmstadt, Justus v. Liebig-Verlag.
20. *F. G. Smith* and *J. H. Thomson:* Optics. 1971 London, New York . . . , Wiley and Sons Ltd.
21. *A. Sommerfeld:* Vorlesungen über theoretische Physik, Band IV Optik, 1950 Wiesbaden, Dieterichsche Verlagsbuchhdl.
22. *J. Strong:* Concepts of classical optics (mit 17 Beiträgen anderer Autoren), 1958 San Francisco, London, W. H. Freeman and Co.

Numerierung bei Abbildungen und Formeln

Abb. 17;6 steht an 6. Stelle in § 17.
(23;4) bedeutet die 4. Formel in § 23.

Zwei Abbildungen wurden entlehnt:

Abb. 40;2 aus *J. Hartmann,* ZS. f. Instr.kde **29** (1909), Tafel nach S. 232 (Verlag Julius Springer),
Abb. 59;3 aus *K. Räntsch,* Werkstattstechnik und Maschinenbau **42** (1952), S. 434.

Liste von Formelzeichen

$\mathfrak{a}$	Strahlrichtung: Einheitsvektor (a_x, a_y, a_z)
B	Leuchtdichte in cd/m^2
$\bar{\mathrm{B}}$	Leuchtdichte in stilb
$\tilde{\mathrm{B}}$	erborgte Leuchtdichte in apostilb
$\hat{\mathrm{B}}$	Adaptationsleuchtdichte
B	effektive Leuchtdichte
B'	verfügbare oder scheinbare Leuchtdichte
d'_ν	Glasdicke oder Luftabstand } nach Fläche ν
$\mathfrak{d}'_\nu$	schiefe Dicke } nach Fläche ν
D	a) Brechkraft 1/f einer Fläche
	b) Stärke der Akkommodation } in Dioptrien
	c) reziproke Schnittweite } in Dioptrien
	d) Durchmesser – bisweilen in m
e	deutliche Sehweite oder gemessene Entfernung
E	Beleuchtungsstärke in lux
E_N	Beleuchtungsstärke im Bild einer Lichtquelle
E_0	Beleuchtungsstärke auf dem Objektiv
E_*	Beleuchtungsstärke im Bild des Sterns
f, f'	Brennweite im Objekt- und Bildraum
f_0 und f_s	Brennweite für Null- und Randstrahl
F und F'	Brennpunkte im Objekt- und Bildraum
F_{EP}	Fläche der Eintrittspupille
F_L und F_N	leuchtende und beleuchtete Fläche
g	optische Weglänge; Δg Gangdifferenz
g	Öffnungszahl
$\mathfrak{G}$	Lichterregung (Zeiger mit Vektoraddition)
h	Durchgangshöhe eines Lichtstrahls; Radius
H und H'	Hauptpunkte im Objekt- und Bildraum
H	Huygens-Helmholtzsche Invariante
H_0	Wert von H für „einzelnen Lichtstrahl"
i und i'	Einfallwinkel vor und nach der Brechung

J	Lichtstärke (auch J_a, J_b, J_L)
J'	Lichtstärke im Bild einer Lichtquelle
J	Intensität } im Beugungsbild
J/J_0	relative Intensität } im Beugungsbild
k	Index der letzten Fläche
K und K'	Knotenpunkte im Objekt- und Bildraum
$K(\xi)$	Kantenbild
l	Wellenaberration
L und L'	Bildhöhe (des Objekts und seines Bildes) auch L_ν, L'_ν
$L = E \cdot t$	Belichtung in lux sec
$L(\xi)$	Linienbild
L_K	Kennbelichtung, L_m mittlere Belichtung
(L'_ν)	Achsabschnitt beim Delanodiagramm
m	a) Extinktionsmodul b) Ordnungszahl des Spektrums
M	a) Mittelstrahl b) optischer Mittelpunkt c) energetisches Lichtäquivalent
n und n'	Brechzahl vor und nach der Brechung
N	a) Strahlungsleistung $\left(\text{mit } N_\lambda = \frac{dN}{d\lambda}\right)$ b) Lupen- oder Mikroskopvergrößerung
N'	Fernrohrvergrößerung
O und O'	Objekt- und Bildstrahl (oder -Ebene)
O	oberer Komastrahl
Ö	Öffnungsverhältnis
p, q und p', q'	rechtwinklige Koordinaten im beugenden Objekt und in der Austrittspupille
P	Randpunkt einer dünnen Linse
Q	unterer Randpunkt einer dünnen Linse
Q	Abbesche Invariante
r_ν	Radius einer brechenden Fläche
$r'_\nu = -r_\nu$	Radius einer spiegelnden Fläche
R	Radius der Vergleichskugel
R_s und R_t	Radien der sagittalen und tangentialen Bildschale

R'	Petzvalradius
$1/R'_\nu$	natürliche Krümmung der Bildschale für Fläche ν
s und s'	(auch s_ν und s'_ν) Schnittweiten vor und nach der Brechung
s, t	Variable bei der Fouriertransformation
S	Schwärzung
S	Sehschärfe; S' effektive Sehschärfe
S' oder S'_H	sagittaler Bildpunkt
t	Belichtungsdauer
T	a) Treffpunkt b) Akkommodationsbreite c) Laufzeit des Lichts
T' oder T'_H	tangentialer Bildpunkt
u und u'	(auch u_ν und u'_ν) Neigungswinkel des Strahls vor und nach der Brechung
U	unterer Komastrahl
U und U'	Umkehrpunkte im Objekt- und Bildraum
V_λ	spektrale Hellempfindlichkeit des Auges
$V(\xi, \eta)$ oder $V(x, y)$	Verwaschungsfunktion = Punktbild
w und w'	(auch w_ν, w'_ν) Neigungswinkel eines Strahls (und speziell des Blendenstrahls) vor und nach der Brechung
$\mathfrak{W}(x, y)$	Wellenfunktion
x und x'	auf die Brennpunkte F und F' bezogene Schnittweiten
x, y	a) Koordinaten für den Punkt z (x, y) der Wellenfläche b) unabhängige Variable für die Wellenfunktion
y und y'	(auch y_ν und y'_ν) Objekt- und Bildhöhe für die Abbildung der Blende (insbesondere Radien von EP und AP)
(y'_ν)	Achsabschnitt beim Delanodiagramm
z_ν und z'_ν	Schnittweiten des Blendenstrahls vor und nach der Brechung an Fläche ν
Δz	Tiefenabweichung

Griechische Buchstaben

α	a) brechender Winkel b) Absorptionszahl c) Tiefenvergrößerung
β	Abbildungsmaßstab (β_0 für den Gaußbereich)
β_Z	Abbildungsmaßstab für den Blendenstrahl
γ	Winkelvergrößerung
δ	Ablenkungswinkel
Δ	Differenzzeichen
η	a) Konvergenzwinkel b) Azimut-Differenz
ϑ	Ausstrahlungswinkel
λ	Wellenlänge
Λ	Lichtleitwert (Λ_0 für „einzelnen Lichtstrahl")
ν	a) Abbesche Zahl b) laufender Index der Flächen c) Ortsfrequenz
ξ, η	Ortskoordinaten bei der Faltung
ρ	Reflexionszahl
ρ'	Beugungsradius
σ'	Streuwinkel beim Scheinwerfer
Σ	Summenzeichen
τ	Durchlaßzahl
φ	a) Zentriwinkel b) Phase c) Brechkraft einer Linse
Φ	Lichtstrom (Φ_0 für den Halbraum)
Φ'	Lichtstrom nach Durchgang durch das optische System
ψ	Phase der Übertragungsfunktion
ω	a) Höhenverhältnis (im Gauß-Bereich) b) Raumwinkel (bildseitig ω'); auch $d\omega$ und $d\omega'$

Der Pfeil → weist im Text darauf hin, daß man das nachfolgende Wort im Register nachschlagen kann.

Als Hilfe bei der Lösung von Aufgaben aus Abschnitt F ist am Schluß der einzelnen Nummern vermerkt, in welchen Paragraphen man Näheres findet.

A. Einführung

§ 1. Für die Mehrzahl der Aufgaben in der technischen Optik kann man die Wellennatur des Lichtes unbeachtet lassen. Dann ist also

optische Abbildung gleich Strahlenvereinigung.

Wenn man Lichtstrahlen durch Zeichnung, Rechnung oder allgemeine Überlegung verfolgen will, benötigt man das

Brechungsgesetz (Snellius 1615)

a) einfallender Lichtstrahl, Normale auf der brechenden Fläche und gebrochener Strahl liegen in einer Ebene;

b) für die Einfallwinkel gilt

$$n' \cdot \sin i' = n \cdot \sin i \ ,$$

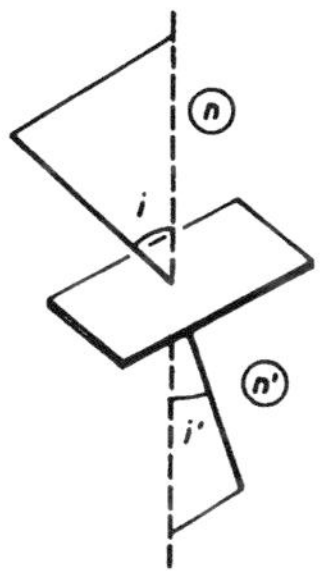

Abb. 1;1

wo n, n′ die Brechzahlen der optischen Medien vor und hinter der brechenden Fläche sind.

Anmerkung: Der hochgesetzte Strich unterscheidet bei allen optischen Formeln die Größen nach der Brechung von den entsprechenden Größen vor der Brechung.

Zur größeren Brechzahl (dem „optisch dichteren Medium") gehört also der kleinere Winkel. Sobald im dichteren Medium der sin i so groß wird, daß nach der Brechung sin i' größer als 1 würde, beobachtet man Totalreflexion (Kepler 1611).

In der Regel darf man voraussetzen, daß die betrachteten Linsensysteme Rotationssymmetrie zeigen. Das heißt: die Krümmungsmittelpunkte aller abbildenden Flächen sollen auf einer Geraden, der *optischen Achse,* liegen. Man spricht dann von *zentrierten* Systemen.

Anstatt das ganze räumliche Strahlenbündel zu verfolgen, das von einem Punkt des Objektes ausgeht, begnügt man sich bei zentrierten Systemen gern mit den Strahlen in einem sogenannten *Meridianschnitt,* d.h. in einer Ebene, die die optische Achse enthält. Hier ist die Forderung a) des Brechungsgesetzes von allein erfüllt, so daß man nur auf die Umlenkung $\delta = i - i'$ zu achten braucht. An die Stelle der (räumlichen) Strahlen*bündel* treten jetzt ebene Strahlen*büschel.*

Insbesondere spricht man vom Mittenbüschel, wenn ein Punkt der optischen Achse abgebildet wird.

Wenn man mehrere Strahlen, die von einem Objektpunkt ausgehen, durch Rechnung oder Zeichnung auf ihrem Weg durch ein optisches System verfolgt, so stellt man im allgemeinen fest, daß sie auf der Bildseite *nicht* alle durch einen Punkt gehen, daß also dort statt des Bildpunktes eine *Zerstreuungsfigur* entsteht. Bei derart unvollkommener Strahlenvereinigung spricht man von *Abbildungsfehlern* oder *Aberrationen;* näheres im Anhang I.

Von dieser Komplikation wird man frei (bei einfarbigem Licht), wenn alle vorkommenden Winkel α so klein sind, daß man – im Rahmen der geforderten Genauigkeit – $\sin\alpha = \tan\alpha$ gleich dem Winkel α in Bogenmaß setzen darf. (Anstatt arc α wird meist α geschrieben.) Damit beschränkt man sich auf das Gebiet der *Gaußischen Optik* bzw. den Bereich der *Nullstrahlen;* alle betrachteten Lichtstrahlen liegen in der Nachbarschaft der optischen Achse – man spricht vom „achsnahen Gebiet".

In der Gaußischen Optik vereinfacht sich das Brechungsgesetz zu $n' \cdot i' = n \cdot i$ (Kepler 1611). Hier genügt es, vom Objektpunkt her zwei Strahlen zu verfolgen, um die Lage des

Bildpunktes festzustellen; alle anderen würden durch den gleichen Punkt gehen. Wo es nicht ausdrücklich anders vermerkt ist, sollen die Voraussetzungen der Gaußischen Optik auch dann gegeben sein, wenn die Winkel in endlicher Größe *gezeichnet* sind.

Viele Aussagen der Gaußischen Optik stimmen mit Sätzen der projektiven Geometrie überein; diese spricht von kollinearer Abbildung. Das kann zu Mißverständnissen führen, weil diese Sätze der Mathematik auch für große Winkel gelten; sie unterliegen ja nicht dem Brechungsgesetz. Deswegen muß betont werden, daß Optik und projektive Geometrie nur im Bereich der kleinen Winkel eine (asymptotische) Übereinstimmung zeigen. Darauf sollte man besonders achten bei Definitionen für optische Größen! Manche sind so gefaßt, daß sie auch für größere Winkel anwendbar bleiben (Beispiel → Knotenpunkte); viele gelten eigentlich nur im Gaußischen Gebiet (z. B. → Brennpunkte und → Hauptpunkte); wieder andere definieren mathematische Größen (z. B. → Brennebenen und → Hauptebenen), die man in der Optik überhaupt nicht oder nur näherungsweise realisieren kann: es gibt zwar „Brennflächen" aber keine „Hauptflächen".

Besonders einfach ist die *Abbildung* eines *Achsenpunktes* zu verfolgen. Von dem zugehörigen abbildenden Büschel („Mittenbüschel") genügt (neben der optischen Achse) schon *ein* Lichtstrahl, um den Bildort zu finden. Die Lage von Objekt- und Bildpunkt kennzeichnet man durch *Schnittweiten,* welche jeweils vom Scheitel der zugehörigen brechenden Fläche aus gemessen werden. Zur Fläche ν gehören somit die Schnitt-

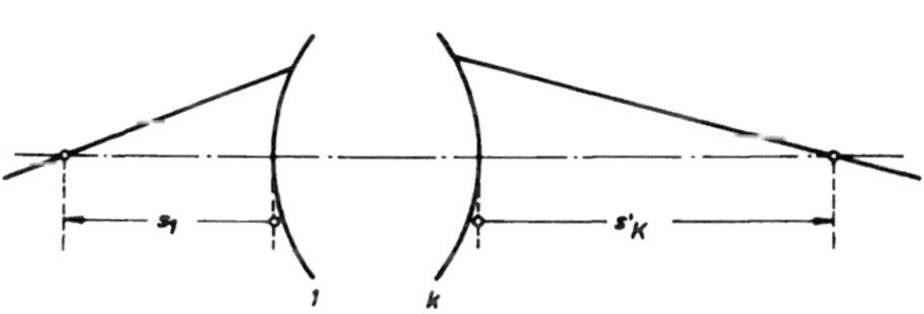

Abb. 1;2

weiten s_ν vor und s'_ν nach der Brechung; in der Abbildung sind nur Eingangsschnittweite s_1 und Endschnittweite s'_k angegeben. Am *Vorzeichen* der Schnittweite ist die *Richtung* vom Scheitel zu dem betreffenden Objekt- oder Bildpunkt zu erkennen: negatives Vorzeichen gibt an, daß diese Richtung entgegengesetzt ist zur Einfallsrichtung des Lichtes (im allgemeinen von links). In der Abbildung ist s_1 negativ und s'_k positiv zu rechnen.

Wenn der Objektpunkt speziell nach unendlich rückt ($s_1 \to \infty$, die Strahlen des *Mittenbüschels* kommen achsparallel an), so wird der Bildpunkt als *Brennpunkt* F' bezeichnet. Die

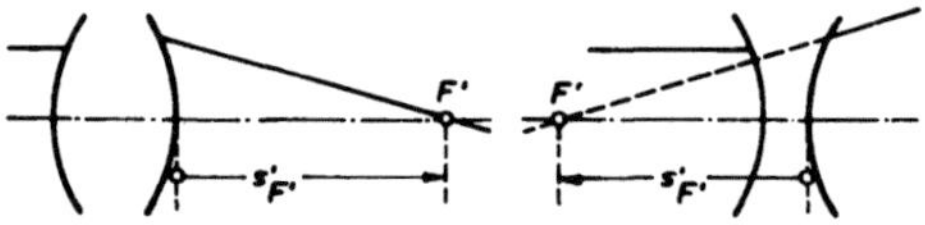

Abb. 1;3

Abbildung zeigt die Lage von F' für eine *Sammel-* oder Positivlinse (links) und eine *Zerstreuungs-* oder Negativlinse (rechts) Dieser Brennpunkt F' gehört allemal zum *Bildraum,* unabhängig vom Vorzeichen seiner Schnittweite, für die man häufig $s'_{F'}$ schreibt (anstatt exakter s' (F') zu setzen); demgemäß wird $s'_{F'}$ stets vom letzten Linsenscheitel aus gemessen. Diese Schnittweite des Brennpunktes sollte man nicht als → Brennweite bezeichnen, obwohl beide Größen manchmal im Zahlenwert übereinstimmen: die Brennweite kennzeichnet nicht die Lage, sondern die Größe des Bildes!

Entsprechend liegt im Objektraum der andere Brennpunkt F, zu dem als Bild der unendlich entfernte Achsenpunkt des Bildraumes ($s'_k \to \infty$) gehört. Dieser Brennpunkt wird manchmal mit $\bar{F}$ bezeichnet, um dem Irrtum zu begegnen, daß F' sein Bild sei (entsprechend der Verabredung S. 15).

Für das Arbeiten mit Strahlengängen ist eine *Richtungsregel* sehr nützlich:

Wenn der Objektpunkt entlang der optischen Achse verschoben wird, wandert der Bildpunkt in der gleichen Richtung.

Diese Regel bleibt auch dann gültig, wenn eine der Schnittweiten dabei durch ∞ hindurchgeht. Bei der Spiegelung scheint die Regel zu versagen. Das läßt sich aber in Ordnung bringen (vgl. § 16), weil sich auch die Lichtrichtung umkehrt.

Um sich derartige Regeln klar zu machen, bedient man sich zweckmäßig des Beispiels einer *dünnen Linse in Luft.* Hier wird jeder Lichtstrahl durch den oberen Rand um den gleichen Winkel umgelenkt – gleichgültig mit welcher Neigung w gegen-

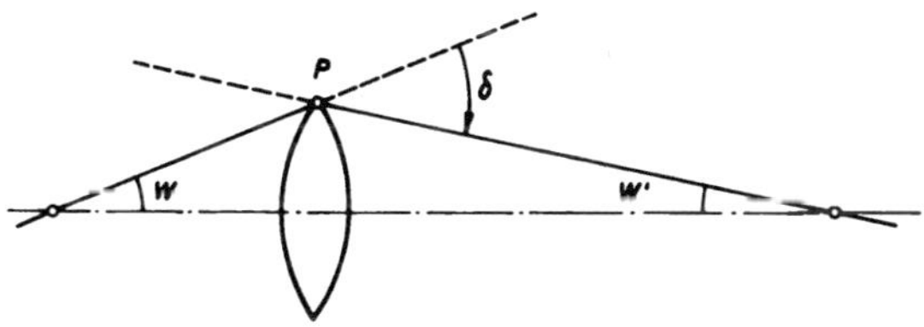

Abb. 1;4

über der optischen Achse er ankommt. Maßgebend für die Größe der Umlenkung $\delta = w' - w$ (positiv gerechnet im Uhrzeigersinn) ist allein die Größe des Keilwinkels am Linsenrand, nicht die Linsenform. Eine *Durchbiegung* der Linse, bei der sich dieser Keilwinkel nach Definition nicht ändern soll – z. B. der Übergang von der bikonvexen zur plankonvexen oder Meniskusform – hat keine Wirkung auf δ.

Der Vorgang entspricht ganz der Ablenkung durch ein Prisma mit dem brechenden Winkel α: hier gilt (für kleine α!) bekanntlich $\delta = (n - 1)\,\alpha$ unabhängig vom Einfallwinkel des Strahles. Bedenkt man nun noch, daß der Keilwinkel bei der Linse proportional zur Höhe h anwächst, so erscheint die später (§ 9) abgeleitete Formel plausibel:

> jeder Lichtstrahl, der die dünne Linse mit der Brechkraft D in der Höhe h trifft, erfährt die Umlenkung $\delta = h \cdot D$.

Für Sammellinsen ist D positiv, für Zerstreuungslinsen negativ.

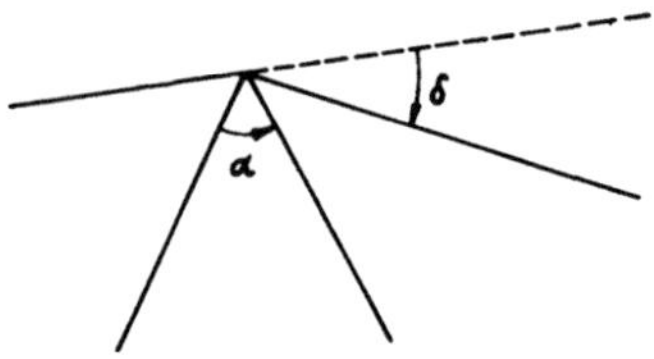

Abb. 1;5

Zeichnet man nun das Geradenpaar, das die Strahlrichtung vor und nach der Umlenkung darstellt, auf eine durchsichtige Folie, so kann man beim Drehen der Folie um den Randpunkt P die Wanderung von Objekt- und Bildpunkt entlang der optischen Achse leicht verfolgen. Bei jeder Geraden ist die eine Hälfte gestrichelt gezeichnet; kommt diese Hälfte zum Schnitt mit der optischen Achse, so bedeutet das einen *virtuellen,* d.h. nicht auffangbaren Objekt- oder Bildpunkt, also einen Punkt mit positiver Schnittweite s oder negativer Schnittweite s′ für diese Linse. Umgekehrt bedeutet $s < 0$ bzw. $s' > 0$ einen auffangbaren *(reellen)* Objekt- bzw. Bildpunkt.

Mit diesem Verfahren kann man sich auch die Abbildung durch *schiefe Büschel* klar machen, wenn man zusätzlich ein entsprechendes Geradenpaar (mit entgegengesetzt gleicher Umlenkung wegen der Höhe $-h$) um den unteren Randpunkt Q drehbar anordnet.

§ 2. Jetzt kann man auch einen Objektpunkt *seitlich* der Achse als Schnittpunkt der beiden „linken" Geraden erzeugen; der zugehörige Bildpunkt liegt im Schnittpunkt der beiden

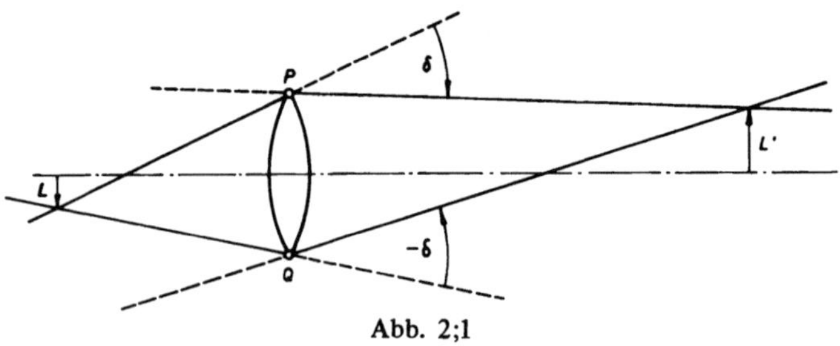

Abb. 2;1

rechten Geraden. Offenbar kann man sowohl die reellen wie die virtuellen Hälften der Geraden zum Schnitt bringen. Neben den beiden Schnittweiten s, s' benötigt man jetzt noch die *Bildhöhen* L, L' (als Pfeile senkrecht zur optischen Achse und von ihr weg gezeichnet), um die Lage von Objekt- und Bildpunkt im Meridianschnitt zu kennzeichnen. Für L und L' gelten die üblichen Vorzeichen (positiv für Pfeil oberhalb der Achse). Das Verhältnis $\beta = L'/L$ wird als *Abbildungsmaßstab* bezeichnet. Der Name „Vergrößerung" sollte hier lieber vermieden werden (vgl. § 30).

In Abb. 2;1 war die Höhe h gerade gleich dem halben Durchmesser der Linse gewählt worden. Nimmt man jetzt h = L, so daß die linke Gerade parallel zur Achse verläuft, so muß die rechte Gerade durch den Brennpunkt F' hindurch-

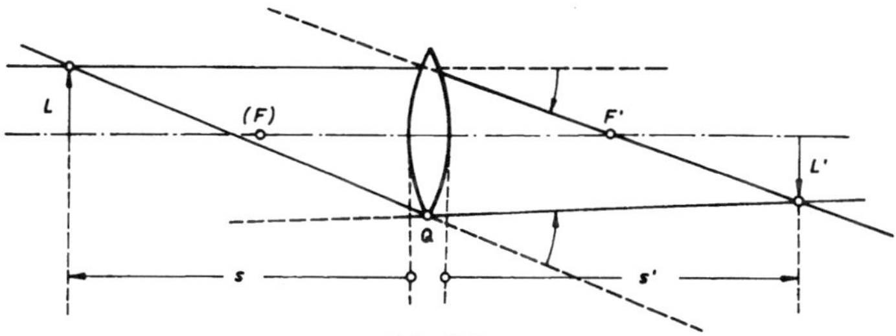

Abb. 2;2

gehen. Ihr Neigungswinkel w' stimmt (wegen w = 0) mit der Umlenkung δ überein, errechnet sich nach der Grundformel also zu $w' = D \cdot L$.

Diese Anordnung ist nützlich, wenn man prüfen möchte, wie sich der Abbildungsmaßstab β mit der Objektlage s ändert; denn bei dieser Verschiebung des Objekts gegebener Größe L bleibt das obere Geradenpaar in Ruhe, nur das untere dreht sich. Wenn das Objekt beim Verschieben in den Brennpunkt F gelangt, müssen die beiden Geraden bildseitig zueinander parallel verlaufen (mit der Neigung $w' = D \cdot L$), damit das Bild nach unendlich wandert: sowohl die Schnittweite s' wie die Bildhöhe L' werden unendlich groß, während der Quotient $-L'/s'$ endlich bleibt und schließlich gleich w' wird.

Ein Vergleich von L' mit L wäre in dieser Grenzlage offenbar nicht mehr sinnvoll; man bekäme $\beta \to \infty$. Zum Vergleich mit L wählt man hier besser den Winkel w', den man als scheinbare Bildgröße ansehen kann:

während bisher $L' = \beta \cdot L$ war,
hat man nun $w' = D \cdot L$;
(für $s' \to \infty$)

an die Stelle des Abbildungsmaßstabs β ist hier die Brechkraft D getreten.

Aus historischen Gründen benutzt man statt D lieber den reziproken Wert der Brechkraft, die *Brennweite* $f = 1/D$ der Linse.

Damit kommt man (nach Gauß) auf folgende

| *Definition* der *Brennweite:* $f = L/w'$ für $s' \to \infty$.

Ein Anwendungsbeispiel gibt der *Scheinwerfer,* hier ausnahmsweise mit Linse anstelle des Hohlspiegels als „Optik". Kombiniert man eine Lichtquelle vom Durchmesser $2L = 20\,mm$

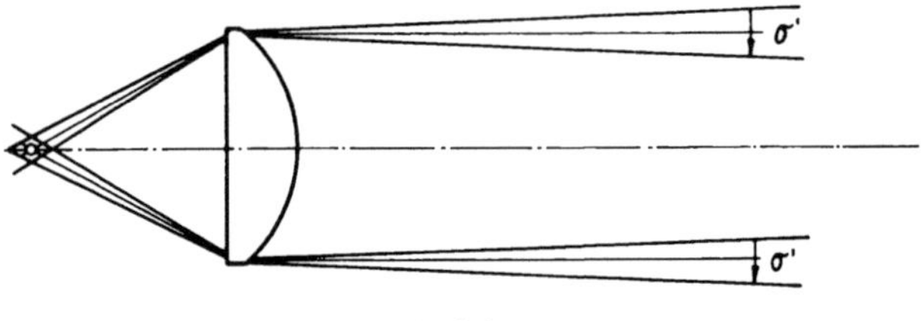

Abb. 2;3

(Krater einer Bogenlampe) mit einer Optik der Brennweite $f = 625\,mm$, so errechnet man für den sogenannten *Streuwinkel* $\sigma' = 2\,w'$ den Wert $\sigma' = 0{,}032$ (entsprechend 110 Bogenminuten). Im Abstand von 1000 m gibt das ein *Leuchtfeld* vom Durchmesser 32 m + d. Dabei ist d der Durchmesser der

Scheinwerfer-Optik, beispielsweise d = 1,5 m für einen Parabolspiegel der Brennweite f = 0,625 m.

Zur Verbesserung der Übersicht diene eine Gegenüberstellung von Mittenbüschel und schiefem Büschel einerseits, endlichem β mit $\beta \to \infty$ andererseits. Hier sind absichtlich Linsen

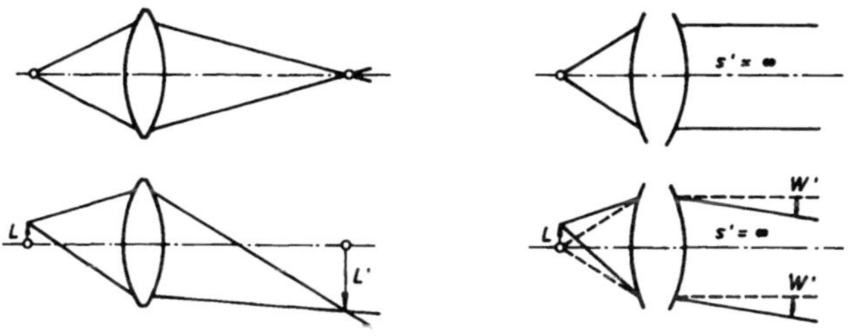

Abb. 2;4

endlicher Dicke gezeichnet worden; denn die grundlegende Formel $\delta = h \cdot D$ gilt auch hier, wenn die Durchgangshöhe h in den → Hauptebenen gemessen wird, die bei dünnen Linsen mit der Mittelebene der Linse zusammenfallen.

Neben dem Sonderfall $\beta \to \infty$ ist auch der andere Sonderfall $\beta \to 0$ zu betrachten, bei dem der abzubildende Gegenstand sehr weit entfernt und so groß ist ($s \to \infty$, $L \to \infty$), daß das Bild L' endliche Größe erhält. Am Beispiel der dünnen Linse veranschaulicht man sich diesen Übergang ähnlich wie oben in Abb. 2;2: Man wählt h = L' und verschiebt das Bild ohne

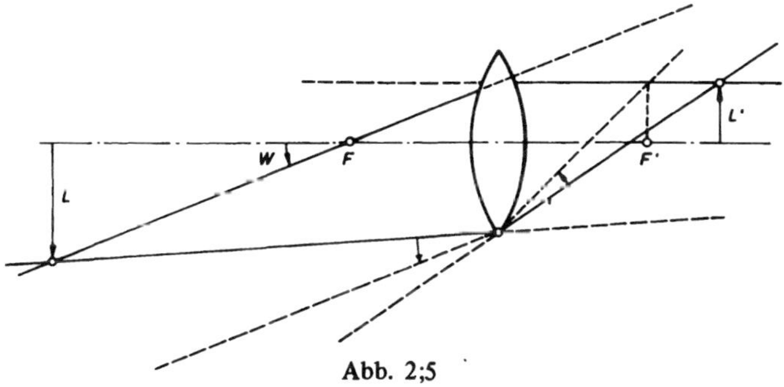

Abb. 2;5

Änderung seiner Größe von rechts her (also mit $\beta < 0$) bis zum Brennpunkt F'. Für das obere Geradenpaar ist jetzt $w' = 0$ und daher $w = -D \cdot L'$; dieser Neigungswinkel gilt auch für die untere Gerade, sobald der objektseitige Schnittpunkt nach ∞ gerückt ist. Analog wie früher bekommt man als

Definition der Brennweite: $f' = -L'/w$ für $s \to \infty$.

Als praktisches Beispiel für diese Definition der Brennweite betrachte man eine *photographische Kamera.*

Hier verbindet die Formel den *Bildwinkel* 2 w (auch Feldwinkel oder *Objektfeld* genannt) mit Bildformat 2 L' und Brennweite f'. (Wegen der Größe von w müßte man eigentlich 2 tang w statt 2 w schreiben; aber diese Feinheit darf hier vernachlässigt werden, zumal man sonst die Frage nach der → Verzeichnung stellen müßte.)

Man erkennt, daß ein Objektiv mit *längerer* Brennweite (f' deutlich größer als die Bilddiagonale) nur ein kleines Objektfeld 2 w wiedergeben kann, die Objekt-Einzelheiten aber größer und damit deutlicher zeigt als ein Objektiv mit kürzerer Brennweite. Umgekehrt muß ein *Weitwinkel-Objektiv* mit kurzer Brennweite arbeiten, damit ein großes Objektfeld auf dem kleinen Bildformat Platz findet – beispielsweise mit $f' = 35$ bei einer Kleinbildkamera mit Format 24×36 (also Diagonale der Länge 43,2, alles in mm). Als lange Brennweite würde man hier Werte $f' > 80$ ansprechen; als normales Objektiv gilt $f' = 50$.

Ein Rechenbeispiel zeige die Anwendung der Brennweite auch bei endlicher Objekt-Entfernung. Mit Objektiv $f' = 50$ abgebildet soll das Objektfeld $2\,m \times 3\,m$ auf Kleinbildformat Platz finden. Gefragt wird nach dem Mindest-Abstand a zwischen Objektiv und Kamera. Der Abbildungsmaßstab $\beta = \frac{-24}{2000}$ ist zwar noch deutlich von Null verschieden; trotzkann man a über den Winkel w abschätzen, indem man $\frac{2\,m}{a} = 2 \cdot w = \frac{-24}{50}$ setzt; $a = -4{,}2\,m$ (zu messen vom vorderen Brennpunkt des Objektivs) gibt eine brauchbare Schätzung.

§ 3. Bisher wurde stillschweigend vorausgesetzt, daß Objekt und Bild in Luft (n = 1) liegen sollten. Die Beispiele des menschlichen Auges, wo das Bild im Medium mit $n' = 1{,}33$ entsteht, oder eines Mikroskops mit Immersions-Objektiv (Brechzahl $n > 1$ für das Einbettungsmedium des Objektes) zeigen aber, daß man bei der Definition der Brennweite auch den Fall berücksichtigen muß, daß Objekt oder Bild oder beide in optischen Medien mit $n \neq 1$ liegen.

Das oben skizzierte Beispiel weist den Weg zu dieser Ergänzung, wenn man die Aufgabe betrachtet, das gleiche Objektfeld 2 m × 3 m unter Wasser (n = 4/3) aufzunehmen. Die Kamera befindet sich in Luft in einem Gehäuse mit ebener (planparalleler) Abschlußplatte, so daß sich die Umlenkung für den oben betrachteten achsparallel austretenden Lichtstrahl und damit Bildhöhe und Brennweite nicht ändert. Aber der Winkel w in Wasser ist um den Faktor 1/n kleiner als in Luft; entsprechend wird a vergrößert auf den n-fachen Wert a = – 5,6 m. An der Einstellung der Kamera ändert sich dabei nichts.

Damit ist auch klar, wie man bei der Definition der Brennweite von der bisherigen Spezialisierung auf $n = n' = 1$ freikommt: man ersetzt in den früheren Formeln w durch $n \cdot w$ und w' durch $n' \cdot w'$ und

definiert demgemäß *die Brennweite* eines optischen Systems als

$$f = \frac{L}{n' \cdot w'} \quad \text{für } s' \to \infty \quad \text{und} \tag{3;1}$$

$$f' = \frac{-L'}{n \cdot w} \quad \text{für } s \to \infty$$

Obwohl später bewiesen wird, daß im Bereich der Gaußischen Optik stets $f = f'$ ist, könnte es als störend empfunden werden, daß hier zwei Definitionen für dieselbe Größe „Brennweite“

notiert sind. Deswegen soll einstweilen zwischen f (für $s' = \infty$) und f' (für $s = \infty$) unterschieden werden, solange der Beweis noch aussteht. Im übrigen findet man die Unterscheidung zwischen f für den Objekt- und f' für den Bildraum auch in der Literatur; leider sind sich die verschiedenen Autoren weder über die Vorzeichen noch darüber einig, ob man nicht lieber $n \cdot f$ und $n' \cdot f'$ als Brennweiten bezeichnen solle.

Demgegenüber ist hervorzuheben, daß die hier gegebene *Definition zugleich* eine *Meßvorschrift* darstellt, die

a) auf jedes optische System anwendbar ist, bei dem man die Lage der Brennpunkte F, F' kennt (also nicht nur auf dünne Linsen),
b) stets numerisch übereinstimmende Werte $f = f'$ für die Brennweite liefert, sofern man im Bereich der Gaußischen Optik bleibt (!),
c) im Vorzeichen von $f = f'$ eine klare Auskunft gibt, ob es sich um ein sammelndes ($f > 0$) oder ein zerstreuendes ($f < 0$) optisches System handelt.

Die Tatsache b) beruht darauf, daß beidemal die Formel $\delta = h \cdot D$ für die Ablenkung benutzt wird. Diese Formel gilt nicht nur für dünne Linsen, wie schon bei Abb. 2;4 bemerkt. Allerdings ist nur für Systeme in Luft $\delta = w' - w$ zu setzen; im allgemeinen steht hier die Differenz der numer. Aperturen $\delta = n' \cdot w' - n \cdot w$ (vergl. § 9 und § 13).

Eine weitere Frage betrifft die Deutung der Vorzeichen bei f und β. Bei der Brennweite ist die Antwort gegeben durch die Verabredung, daß positives δ eine Umlenkung im Uhrzeigersinn (bezogen auf Luft) bedeuten soll. Dagegen ist noch zu klären, was das Vorzeichen von β bedeutet, beispielsweise der negative Wert bei reellem (also auffangbarem) Objekt und Bild. Solange nur der Meridianschnitt betrachtet wird, würde man sagen: das Bild „steht auf dem Kopf". Genauer lautet die Aussage: das Bild ist gegenüber dem Gegenstand um 180° *gedreht.* Es empfiehlt sich nicht, hier einfach von „Bildumkehr" zu sprechen. Bei komplizierten Geräten, die auch Spiegel enthalten, bliebe sonst die Frage offen, ob nur oben und unten oder auch rechts und links vertauscht sei (vergl. § 16).

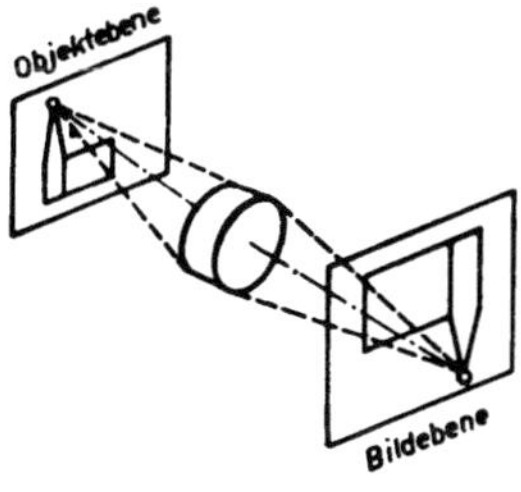

Abb. 3;1

Früher wurde festgestellt, daß der Abbildungsmaßstab β im allgemeinen von der Lage des Objektpunktes abhängt. Nachdem die beiden Brennpunkte durch die Werte $\beta = 0$ und $\beta = \infty$ hervorgehoben worden sind, interessiert man sich weiter für die *Hauptpunkte* H, H', welche durch $\beta = +1$ gekennzeichnet sind: der Punkt H des Objektraumes wird mit $\beta = +1$ in den Punkt H' des Bildraumes abgebildet. Entsprechend sind auch die *Umkehrpunkte* (oder negativen Hauptpunkte) U, U' durch $\beta = -1$ festgelegt; ihre Lage läßt sich experimentell oft bequemer finden als die Lage der Hauptpunkte. Weitere *Kardinalpunkte* eines optischen Systems findet man, wenn man vom Vergleich der Bildhöhen L, L' übergeht zum Vergleich der Neigungswinkel w für einen Strahl des Objektraumes und w' für seinen Bildstrahl. Dann kommt man zur Definition der *Winkelvergrößerung* $\gamma = w'/w$ (bisweilen auch Konvergenzverhältnis genannt). Der Wert $\gamma = +1$ kennzeichnet die *Knotenpunkte* K, K' des optischen Systems. Das heißt: jeder Lichtstrahl des

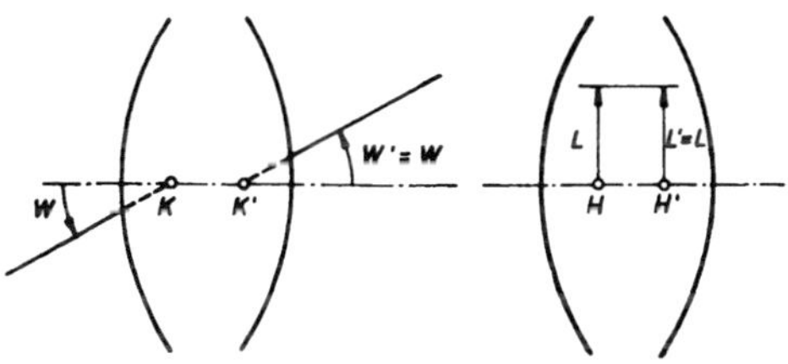

Abb. 3;2

Objektraumes, der die optische Achse im Punkt K schneidet, liefert im Bildraum einen Lichtstrahl gleicher Richtung; dieser schneidet die optische Achse im Punkt K′ (mit der Neigung $w' = w$).

Man darf übrigens nicht übersehen, daß diese ausgezeichneten oder Kardinalpunkte nicht bei jedem optischen System vorhanden sind.

§ 4. Als Beispiel soll ein *Fernrohr* näher untersucht werden – beispielsweise ein Feldstecher 5 X 30. Diese Bezeichnung – gesprochen 5fach 30 – bedeutet: Fernrohrvergrößerung γ = 5fach, Objektivdurchmesser 30 mm. Aus der Benutzung des Fernglases ergibt sich, daß sehr weit entfernte Gegenstände wieder sehr weit entfernt abgebildet erscheinen: zu $s = \infty$ gehört $s' = \infty$, das Fernrohr besitzt also keinen Brennpunkt, es ist „afokal". Wenn das Glas vom Auge entfernt gegen den hellen Himmel gehalten wird, sieht man hinter dem Okular (also näher am Auge) ein helles Scheibchen in der Luft schweben. Man kann es auf einer Mattscheibe auffangen oder mit der Lupe betrachten; im vorliegenden Fall beträgt sein Durchmesser 6 mm $= \frac{1}{5} \cdot 30$ mm. Dieses Scheibchen – früher als Ramsdenscher Kreis bezeichnet – ist die *Austrittspupille* des Fernrohrs, meist AP genannt. Hält man einen Bleistift unmittelbar vor das Objektiv, so findet man sein Bild, auf 1/5 verkleinert, in der AP: die Austrittspupille ist das Bild der Objektivöffnung, entworfen durch die Optik des Fernrohrs. Wie kommt es, daß das γ-fach vergrößernde Fernrohr einen nahe gelegenen Gegenstand (z. B. den Bleistift) im Abbildungsmaßstab $\beta = 1/\gamma$ verkleinert abbildet? Zur Beantwortung der Frage hilft ein *Modell* des (Keplerschen) Fernrohrs aus zwei

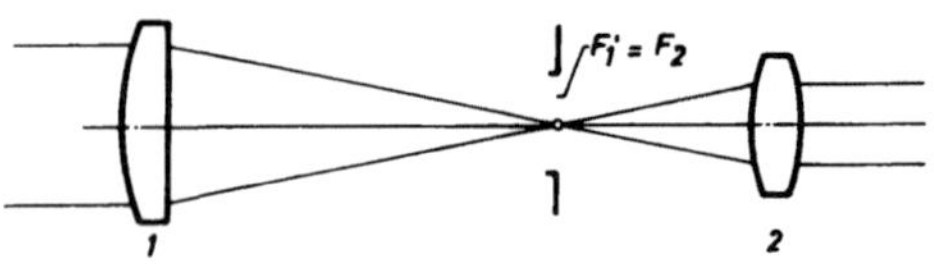

Abb. 4;1

dünnen Linsen 1 und 2. Wegen $s_1 = \infty$ muß das Bild des unendlich entfernten Objektes im Brennpunkt F_1' der Vorderlinse liegen. Andererseits setzt $s_2' = \infty$ voraus, daß es auch im Brennpunkt F_2 der Hinterlinse liegt: F_1' und F_2 müssen also zusammenfallen; in dieser gemeinsamen Brennebene liegt das *Zwischenbild,* begrenzt durch eine *Gesichtsfeld-Blende.* Bisweilen wird hier eine *Strichplatte* angeordnet, die ein Fadenkreuz zum

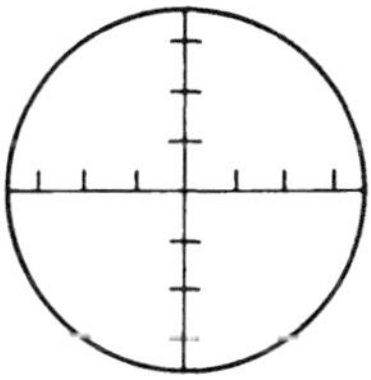

Abb. 4;2

Zielen bzw. Ausrichten oder eine Strichteilung zum Messen von Winkeln trägt. Man notiert bei dieser Gelegenheit: jedem *Punkt* des Zwischenbildes entspricht im Objektraum ein Bündel von Strahlen gleicher *Richtung,* jede *Strecke* des Zwischenbildes stellt somit einen *Winkel* im Objektraum dar.

Diese Feststellung bietet die Grundlage für eine Reihe von technischen Anwendungen des Fernrohrs. Insbesondere erkennt man die Möglichkeit, mit der Kombination aus Objektiv und Fadenkreuz in F_1', dem sogenannten *Kollimator,* eine

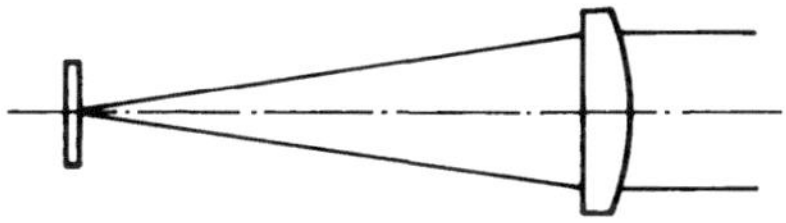

Abb. 4;3

Richtung darzustellen. Wird ein Fernrohr mit Fadenkreuz auf einem Teilkreis montiert, so entsteht ein *Goniometer* zur Winkelmessung.

Die Abbildung des Achsenpunktes G nahe bei Linse 1 läßt sich am Modell bequem verfolgen, weil die Linse 1 das abbildende Büschel nicht beeinflußt (wegen der kleinen Höhe h im

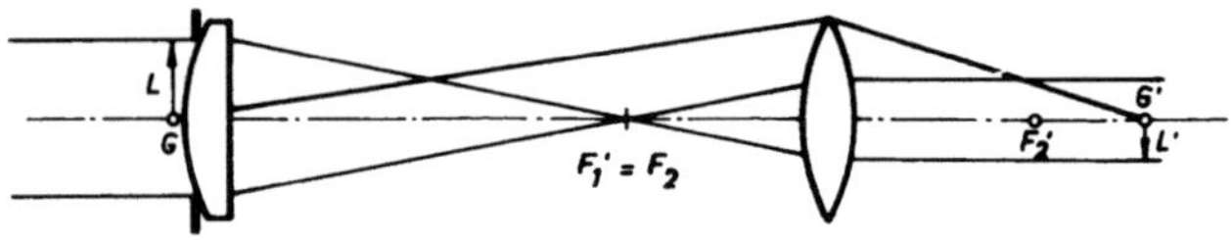

Abb. 4;4

Produkt $\delta = h \cdot D$ werden die abbildenden Strahlen nicht abgelenkt). G wird also nur durch die Linse 2 abgebildet, sein Bild G' liegt rechts vom Brennpunkt F_2'. Andererseits liefert der achsparallel mit Höhe $h_1 = L$ einfallende Strahl hinter dem Okular $L' = h_2$ und damit β. Da dieser Strahl mit $s_2' = \infty$ austritt, so folgt,

> daß der *Abbildungsmaßstab* $\beta = L'/L$ hier *unabhängig* sein muß *von der Lage* des *Objektpunktes* G.

Beim Fernrohr gibt es also keine Hauptpunkte – ebenso wenig gibt es Knotenpunkte. Auch diese Eigenschaft ist technisch interessant.

Für den oben benutzten achsparallel einfallenden Strahl gilt offenbar $\delta_1 + \delta_2 = 0$ oder $h_1/f_1 = -h_2/f_2$; wegen $h_1 = L$ und $h_2 = L'$ folgt also für den *Abbildungsmaßstab* beim *Fernrohr*

$$\beta = L'/L = -f_2/f_1 \ .$$

Verschiebt man jetzt den Punkt G in den vorderen Brennpunkt F_1, so muß der abbildende Strahl zwischen den Linsen achsparallel verlaufen, die Achse hinter Linse 2 also in F_2' schneiden. Für diesen Lichtstrahl mit $h_1 = h_2 = h$ errechnet man die Umlenkungen

$$\text{an Linse 1:} \quad \delta_1 = -w_1 = h/f_1 \quad \text{und}$$

$$\text{an Linse 2:} \quad \delta_2 = w_2' = h/f_2 \ .$$

Daraus folgt für die

Winkelvergrößerung $\gamma = w_2'/w_1 = -f_1/f_2$,

so daß beim Fernrohr tatsächlich $\beta = 1/\gamma$ sein muß, wie oben vermutet wurde.

Der scheinbare Widerspruch, daß das Fernrohr mit $\gamma = 5$ einen Gegenstand in großer aber endlicher Entfernung zwar auf 1/5 verkleinert abbildet, dieses Abbild aber unter dem 5fachen Winkel $w_2' = 5 \cdot w_1$ erscheinen läßt, erklärt sich einfach dadurch, daß dieses Bild viel näher am Auge liegt als das Objekt (Pohl). Im Beispiel beträgt der Abstand des Bildes vom Auge nur $\frac{1}{25}$ der Objektentfernung, das Fernrohr stellt räumliche Gegenstände also stark abgeflacht dar. Daraus ergibt sich nicht nur eine *unnatürliche* → *Perspektive,* sondern auch eine erheblich (hier auf das 25fache) gesteigerte Belastung der → Akkommodation des Auges. Diese ist gleichbedeutend mit entsprechender Steigerung in der *Sicherheit* der *Tiefen-Einstellung* – ebenfalls eine sehr wichtige Eigenschaft des Fernrohrs (vergl. § 31). Natürlich wird man sich bei näher kommendem Beobachtungsobjekt helfen durch entsprechende Änderung des Abstandes zwischen Objektiv und Okular (beim Feldstecher gern mit Mitteltrieb); aber dann trennt sich F_1' von F_2, das Gerät hört auf, ein Fernrohr zu sein.

§ 5. Zum Schluß dieses Abschnitts soll noch die *Messung* der *Brennweite* besprochen werden. Schon oben wurde erwähnt, daß die hier benutzte Definition nach Gauß zugleich eine Meßvorschrift darstellt. Das wird deutlicher, wenn man die Formeln (3;1) mit tang statt arc schreibt und dabei den doppelten Grenzübergang (zu großer Schnittweite und kleinen Winkeln) hervorhebt:

$$f = \lim \frac{L}{n' \cdot \text{tang}\, w'} \quad \text{für} \quad w' \to 0 \quad \text{und} \quad s' \to \infty \quad \text{und}$$

$$f' = -\lim \frac{L'}{n \cdot \text{tang}\, w} \quad \text{für} \quad w \to 0 \quad \text{und} \quad s \to \infty \, .$$

Das heißt: um die Brennweite eines Prüflings zu bestimmen, kann man entweder in der vorderen Brennebene eine Skala mit bekannten Längen L anbringen und bildseitig die zugeordneten Winkel w′ messen, oder man kann im Objektraum ein unendlich entferntes Objekt bekannter Winkelausdehnung w anordnen und in der bildseitigen Brennebene des Prüflings die Länge L′ des Bildes messen – allemal für eine Anzahl von zusammengehörigen Paaren L, tang w′ oder L′, tang w, damit der Grenzübergang zu kleinen Winkeln sicherer wird. Denn bei großen Winkeln muß man mit Störung durch → Verzeichnung rechnen, bei kleinen Winkeln werden die Meßwerte und damit die Quotienten Bildhöhe/tang zu ungenau. Die stillschweigende Voraussetzung, daß die Nullwerte für w bzw. w′ in die optische Achse zu legen sind, darf man nicht übersehen; sie ist nicht immer leicht zu erfüllen.

Die erste Methode setzt voraus, daß man zur Messung der Winkel w′ ein Goniometer besitzt; außerdem muß die Lage der Brennebene bekannt sein.

Einfacher ist die zweite Methode, wenn man einen *Kollimator* mit Winkelteilung auf der Strichplatte zur Verfügung hat. Neben dem gut korrigierten Fernrohrobjektiv und der Strich-

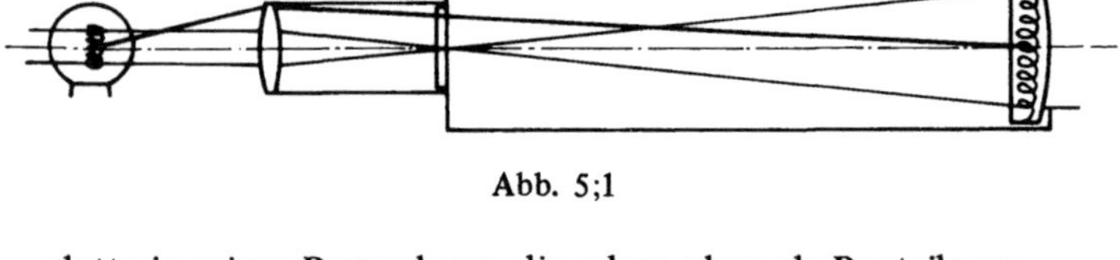

Abb. 5;1

platte in seiner Brennebene, die schon oben als Bauteile genannt wurden, gehört zum Kollimator in der Regel noch eine Beleuchtungsoptik, welche für eine gleichmäßige Ausleuchtung des Objektivs sorgen soll. Beim *Kollimatorfernrohr* kann das Okular diese Aufgabe mit übernehmen.

Es versteht sich, daß die Werte L′ in der achssenkrechten Ebene durch den Brennpunkt F′ des Prüflings zu messen sind. Wenn die Lage dieses Punktes nur ungenau bekannt bzw. eingestellt ist, wird die gemessene Brennweite entsprechend unsicher.

Natürlich muß man sicher sein, daß der Kollimator richtig „abgestimmt" ist, die Strichplatte also in seiner Brennebene sitzt. Diese *Abstimmung auf unendlich* kann man bei einem Kollimator-Fernrohr durch *Autokollimation* kontrollieren, indem man anstelle des Prüflings einen ebenen Prüfspiegel anordnet und die Strichplatte des Kollimators durch eingespiegeltes Licht durchstrahlen läßt. Bei passender Ausrichtung des Prüfspiegels erscheint das Bild des Fadenkreuzes ein wenig seitlich verschoben zum Original – und außerdem um 180° gedreht wegen der Spiegelung. In der Tiefenlage soll jedoch kein Unterschied zwischen Spiegelbild und Original bemerkbar sein. Läge die Strichteilung um die kleine Tiefenabweichung Δz vor der Brennebene, so würde das Spiegelbild um den gleichen Betrag hinter der Brennebene entstehen, gegenüber dem Original also die Einstell-Differenz $2 \cdot \Delta z$ zeigen. Diese wird als *Parallaxe* dadurch merkbar, daß der Beobachter sein Auge quer zur optischen Achse hin und her bewegt; dabei scheint sich das Bild der Teilung gegenüber dem Original *im gleichen Takt* seitlich zu verschieben.

Beim Einspiegeln des beleuchtenden Lichtes wird man durch *Strahlenteilung* dafür sorgen, daß die Beobachtung durch den Spiegel nicht behindert wird. Die Abbildung zeigt Beispiele

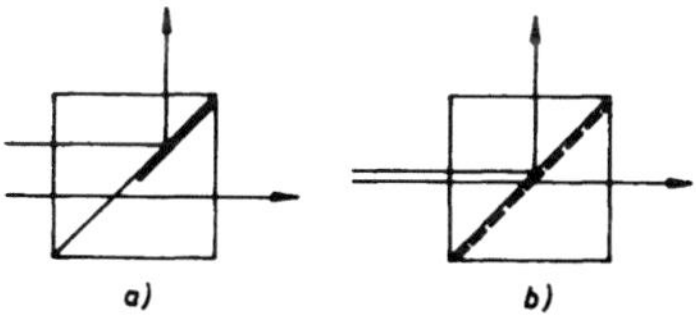

Abb. 5;2

für a) „geometrische" und b) „physikalische" Strahlenteilung. Im ersten Fall sind Teile der Spiegelfläche voll durchlässig, andere voll verspiegelt. Im zweiten Fall hat man eine halbdurchlässige Spiegelschicht („Halbspiegel"); vielfach bewirkt sie eine unterschiedliche Färbung des durchgelassenen und des gespiegelten Anteils – zum Beispiel grün und rot. Derartige Halbspiegel können übrigens auch zum Zusammenführen von Strahlengängen benutzt werden (Umkehr der Pfeilrichtung in der Abbildung); hier kann die unterschiedliche Färbung besonders nützlich sein, zumal bei komplementären Farben (deren „Addition“ ungefärbtes Licht gibt).

B. Strahlenoptik im Gaußbereich

I. Direkte Durchrechnung

§ 6. Zunächst sollen die sogenannten Nullstrahlformeln abgeleitet werden, mit deren Hilfe ein einzelner Lichtstrahl auf seinem Weg durch ein optisches System verfolgt werden kann, indem man von Fläche zu Fläche seine Schnittweiten s, s′ berechnet. Es wird sich zeigen, daß man aus den Schnittweiten nicht nur die Neigungswinkel u, u′ des Strahls, sondern auch die anderen Kenngrößen der Abbildung, z. B. Abbildungsmaßstab und Brennweite, nach einfachen Formeln gewinnt. Die Abbildung zeigt die Brechung eines Strahls, der mit der Schnitt-

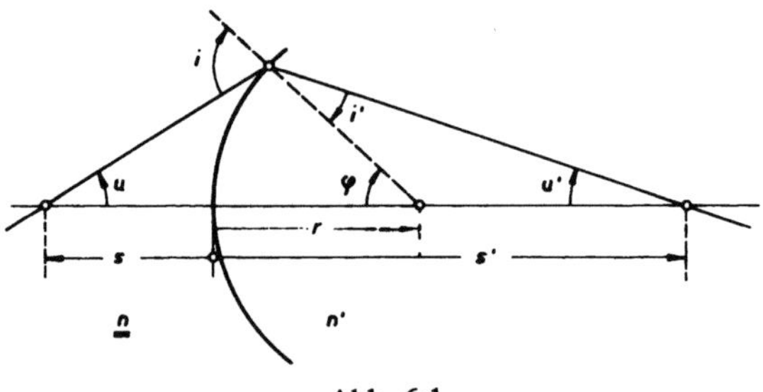

Abb. 6;1

weite s und Neigung u (beide hier negativ) auf die Fläche mit dem Radius r (hier positiv) einfällt und durch die Brechung mit den Einfallwinkeln i, i′ (beide hier negativ) derart umgelenkt wird, daß er nun Schnittweite s' und Neigungswinkel u' (hier beide positiv) bekommt.

Bei den üblichen Vorzeichen-Verabredungen ist u + i = = u' + i' gleich dem Zentriwinkel φ; und wegen der vorausgesetzten Kleinheit der Winkel gilt $\varphi = h/r$, $u = h/s$, $u' = h/s'$. Daher lautet das Brechungsgesetz hier

$$\text{(6;1)} \qquad h\,n\left(\frac{1}{r}-\frac{1}{s}\right) = h\,n'\left(\frac{1}{r}-\frac{1}{s'}\right) .$$

Beiderseits Division durch h (klein aber endlich!) führt auf die sogenannte *Abbesche Invariante*

$$\text{(6;2)} \qquad Q_0 = n\left(\frac{1}{r}-\frac{1}{s}\right) = n'\left(\frac{1}{r}-\frac{1}{s'}\right) .$$

Das ist aber nur eine andere Form für die *Nullstrahlformel*

$$\text{(6;3)} \qquad \frac{n'}{s'} = \frac{n'-n}{r} + \frac{n}{s} \quad \text{oder} \quad \frac{n'}{s'} = \frac{n}{s} + D$$

mit der *Brechkraft*

$$\text{(6;4)} \qquad D = \frac{n'-n}{r}$$

Noch ein Hinweis zu den Vorzeichen. Durch die Verabredungen in § 1 liegt alles fest, wenn man Höhen h oberhalb der Achse positiv rechnet und die Neigungswinkel u, u' und φ als Quotienten aus Höhe und Schnittweite deutet. Der Radius r gilt dann als Schnittweite des Krümmungszentrums Z, daher positiv, wenn die Fläche hohl nach rechts ist.

Aus Formel (6;3) geht hervor, daß alle Strahlen, die in der Schnittweite s übereinstimmen, auch denselben Wert s' liefern, unabhängig von der Einfallshöhe h und damit von der jeweiligen Neigung u. Damit ist die Strahlenvereinigung bewiesen für Achsenpunkte. Für Punkte seitlich der optischen Achse stützt man sich auf die *Hilfsachse,* die vom Objektpunkt 0 zum Krümmungszentrum Z der brechenden Fläche zielt und darum – als Lichtstrahl aufgefaßt – nicht „gebrochen“ wird: auf die-

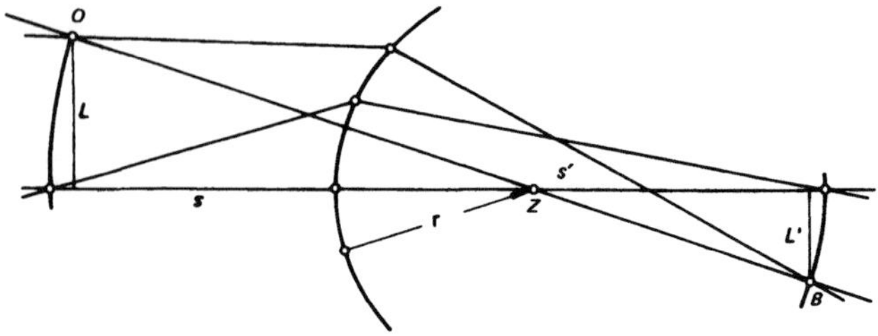

Abb. 6;2

ser Geraden durch 0 und Z muß demnach auch der Bildpunkt B liegen. Die Kreisbogen, welche von 0 und B beschrieben werden, wenn man die Hilfsachse durch Drehen um Z in die optische Achse überführt, sind wegen der Kleinheit aller Winkel nicht von Objekthöhe L und Bildhöhe L' zu unterscheiden; daher $\frac{L}{s-r} = \frac{L'}{s'-r}$. Hieraus folgt mit (6;1) die Beziehung

$$\text{(6;5)} \qquad \frac{n \cdot L}{s} = \frac{n' \cdot L'}{s'} ,$$

welche man auch in der Form

$$\text{(6;6)} \qquad \beta = \frac{s'}{n'} \frac{n}{s}$$

schreiben kann, wenn man definiert

(6;7) *Abbildungsmaßstab* $\beta = L'/L$.

Durch die Überlegung mit der Hilfsachse ist die Strahlenvereinigung auch für Objekt- und Bildpunkte seitlich der Achse gesichert. Es genügt also künftig, nur einen oder zwei Strahlen zu verfolgen, um die Abbildung eines Punktes durch ein optisches System kennenzulernen.

Bevor der Übergang zur nächsten Fläche vollzogen wird, der ein Studium ganzer abbildender Systeme (Linsen, Objektive, Fernrohre . . .) möglich macht, sollen zunächst die verschiedenen *Kardinalpunkte* definiert werden. Wenn man sie am Beispiel der Abbildung durch *eine* brechende Fläche betrachtet, so treten Unterschiede besser hervor, die beim Studium von Linsen in Luft leicht übersehen werden.

Hier interessieren von den Kardinalpunkten die Brennpunkte F, F′, die Hauptpunkte H, H′ und die Knotenpunkte K, K′; außerdem wird man die Brennweite und die Lage der Brennpunkte berechnen. Für den Brennpunkt F′ (im Bildraum) bekommt man aus (6;3) mit $s = \infty$ die Schnittweite

$s'(F') = n' \cdot \frac{r}{n' - n}$. Ebenso liefert $s' = \infty$ die Schnittweite

$s(F) = -n \cdot \frac{r}{n' - n}$ für den Brennpunkt F im Objektraum.

Man bemerkt die Symmetrie dieser Formeln und den Zusammenhang mit der Brechkraft D des abbildenden Elements, der sich durch die folgenden Formeln ausdrückt

$$(6;8) \qquad \frac{n}{s(F)} = -D\,; \quad \frac{n'}{s'(F')} = D\,.$$

Der *Hauptpunkt* H ist definiert als derjenige Objektpunkt (auf der optischen Achse), der sich mit dem Abbildungsmaßstab $\beta = +1$ abbildet, so daß ein kleines Objekt im Punkte H und sein Bild im Punkte H′ gleichgroß und gleich orientiert sind. Wegen (6;6) führt $\beta = +1$ auf die Forderung $\frac{n'}{s'} = \frac{n}{s}$. Diese widerspricht aber für $D \neq 0$ der Nullstrahlformel (6;3), sobald s und damit auch s′ von Null verschieden ist. Somit liegen beide Hauptpunkte im Scheitel der brechenden Fläche:

$$(6;9) \qquad s(H) = 0; \quad s'(H') = 0 \quad \text{falls} \quad D \neq 0\,.$$

Die Planfläche $D = 0$ hat überall Hauptpunkte.

Allgemein bekommt man durch Elimination aus (6;3) und (6;6)

$$(6;10) \qquad \frac{1}{\beta} = 1 + D \cdot \frac{s}{n} \quad \text{und} \quad \beta = 1 - D \cdot \frac{s'}{n'}\,.$$

Bei den *Knotenpunkten* K, K′ geht es um einen speziellen Wert der *Winkelvergrößerung*

(6;11) $\gamma = u'/u$:

man fragt, wo $\gamma = +1$ ist, d.h. man sucht die Schnittweiten $s(K)$ und $s'(K')$ desjenigen Lichtstrahls, der vor und nach dem Durchgang durch das optische System dieselbe Richtung $u' = u$ zeigt. Das bedeutet aber $i' = i$ und damit $i = 0$, um Widerspruch zum Brechungsgesetz zu vermeiden. Formel (6;1) gibt demnach

(6;12) $s(K) = r = s'(K')$

für die Schnittweiten der Knotenpunkte. Setzt man diese Werte in (6;6) ein, so stellt man fest, daß der Knotenpunkt hier mit dem Abbildungsmaßstab $\beta = \frac{n}{n'}$ abgebildet wird.

Die Hilfsachse in Abb. 6;2 hilft auch bei der Bestimmung der Brennweite. Dabei sollen die Definitionen (3;1) verwendet werden – einstweilen mit der Unterscheidung von f für den Objekt- und f′ für den Bildraum. Fällt die Hilfsachse mit der Neigung w ein, so trifft sie die *Brennebene* (F′), welche senkrecht zur optischen Achse durch den Brennpunkt F′ verlaufen soll, mit der Bildhöhe

$$L' = -w \cdot (s'(F') - r) = -w \cdot r \cdot \frac{n}{n' - n} .$$

Nach der Definition $f' = -\lim \frac{L'}{n \cdot w}$ bekommt man also $f' = 1/D$. Die entsprechende Überlegung für die Brennebene (F) des Objektraumes liefert $f = 1/D$. Für die Abbildung durch eine brechende Fläche sind demnach beide Brennweiten gleich dem reziproken Wert der Brechkraft D:

(6;13) $f = 1/D = f'$.

Nebenbei ersieht man aus Formel (6;10), daß hier stets $\frac{1}{\beta}\frac{n}{s} = \frac{n}{s} + D$ gilt. Beim Grenzübergang $s \to \infty$ bekommt man rechts den reziproken Wert der Brennweite. Demnach gilt wenigstens für die Abbildung durch *eine* brechende Fläche

$$f = f' = \lim \beta \cdot \frac{s}{n} \quad (\text{für } s \to \infty) \,. \tag{6;14}$$

§ 7. Nun zur *Durchrechnung eines ganzen Systems!*

Beim Übergang von Fläche ν zu Fläche $\nu + 1$ eines zentrierten optischen Systems ist offenbar

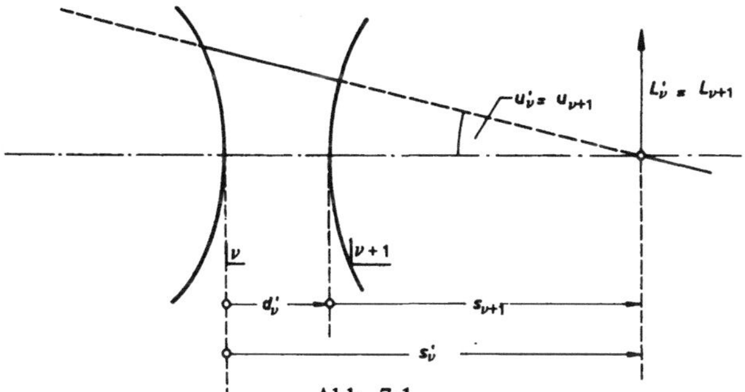

Abb. 7;1

$$L_{\nu+1} = L'_\nu \quad \text{und} \quad u_{\nu+1} = u'_\nu \tag{7;1}$$

sowie

$$s_{\nu+1} = s'_\nu - d'_\nu \,, \tag{7;2}$$

wenn man mit d'_ν den Scheitelabstand zwischen den Flächen ν und $\nu + 1$ bezeichnet. Häufig findet man für d'_ν auch die Bezeichnung „Glasdicke" oder „Luftabstand". Aus (7;1) ergibt sich für den *Abbildungsmaßstab* β_{1-k}, mit dem das ganze System abbildet, $\beta_{1-k} = \beta_1 \cdot \beta_2 \cdot \ldots \cdot \beta_k$ (ν läuft von 1 bis k). Mit (6;6) folgt daraus in Anlehnung an Definition (6;7)

$$L'_k/L_1 = \beta_{1-k} = \frac{n_1}{s_1} \left(\frac{s'_1}{s_2} \; \frac{s'_2}{s_3} \; \ldots \; \frac{s'_{k-1}}{s_k} \right) \frac{s'_k}{n'_k} \,. \tag{7;3}$$

Im Sonderfall $s_1 \to \infty$ wird $L'_1 = - n_1 \cdot w_1 \cdot f'_1$ und damit

$$L'_k = L'_1 \cdot \beta_2 \cdot \ldots \cdot \beta_k = - n_1 \cdot w_1 \, (f'_1 \cdot \beta_2 \cdot \ldots \cdot \beta_k) \,.$$

Nach Definition der Brennweite f' hat man also für das System

$$(7;4)\qquad f'_{1-k} = -\lim \frac{L'_k}{n_1 \cdot w_1} = f'_1 \cdot \beta_2 \cdot \beta_3 \cdot \ldots \cdot \beta_k\ .$$

Formel (6;14), welche hier $f'_1 = \lim \beta_1 \cdot \frac{s_1}{n_1}$ liefert, läßt sich demnach verallgemeinern zu

$$(7;5)\qquad f'_{1-k} = \lim \beta_{1-k} \frac{s_1}{n_1} \quad (\text{für } s_1 \to \infty)\ .$$

Das ist gleichbedeutend mit der praktisch nützlichen Formel

$$(7;6)\qquad f'_{1-k} = \left(\frac{s'_1}{s_2} \cdot \frac{s'_2}{s_3} \ldots \frac{s'_{k-1}}{s_k}\right) \cdot s'_k/n'_k\ .$$

Für allgemeine Überlegungen werden die Formeln (7;3) und (7;6) wesentlich übersichtlicher, wenn man berücksichtigt, daß an jeder brechenden Fläche $u_\nu = h_\nu/s_\nu$ und $u'_\nu = h_\nu/s'_\nu$ gilt und die Formel (6;6) deshalb übergeht in $\beta_\nu = \frac{n_\nu \cdot u_\nu}{n'_\nu \cdot u'_\nu}$. Zusammen mit (7;1b) $u'_\nu = u_{\nu+1}$ folgt daraus

$$(7;7)\qquad \beta_{1-k} = \frac{n_1\, u_1}{n'_k\, u'_k}$$

oder

$$(7;8)\qquad \beta_{1-k} = \frac{n_1}{s_1}\left(\frac{h_1}{h_k}\right)\frac{s'_k}{n'_k}\ .$$

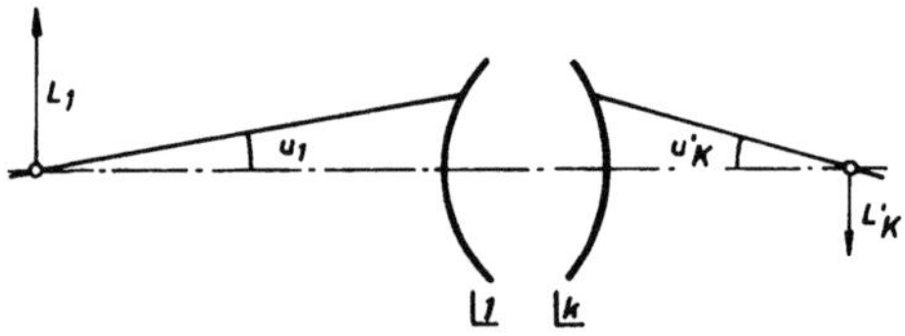

Abb. 7;2

Damit ist der Klammerausdruck in (7;3) und (7;6) gedeutet als *Höhenverhältnis* entsprechend

$$(7;9)\qquad \frac{h_k}{h_1} = \left(\frac{s_2}{s'_1} \cdot \frac{s_3}{s'_2} \cdot \ldots \cdot \frac{s_k}{s'_{k-1}}\right).$$

Umgekehrt führen (7;6) und (7;9) jetzt auf die Beziehung

$$f'_{1-k} = \frac{h_1}{n'_k \cdot u'_k} \, . \tag{7;10}$$

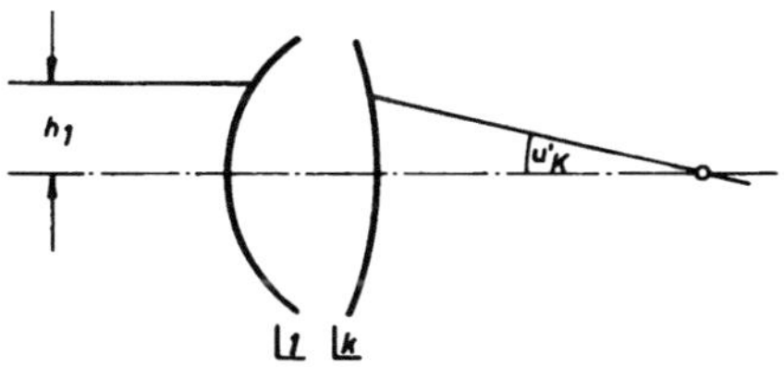

Abb. 7;3

Die beiden Formeln (7;7) und (7;10), die das Zeichnen von Strahlengängen sehr erleichtern (und umgekehrt eine bequeme zeichnerische Feststellung von f′ und β ermöglichen), findet man in Lehrbüchern vielfach in der Form

$$\beta_s = \frac{n_1 \cdot \sin u_1}{n'_k \cdot \sin u'_k} \tag{7;11}$$

bzw.

$$f'_s = \frac{h_1}{n'_k \cdot \sin u'_k} \, , \tag{7;12}$$

in der der Zusammenhang mit der *numerischen Apertur* $n \cdot \sin u$ deutlicher hervortritt. In dieser Form gelten sie aber in Strenge nur dann, wenn die sogenannte Sinusbedingung

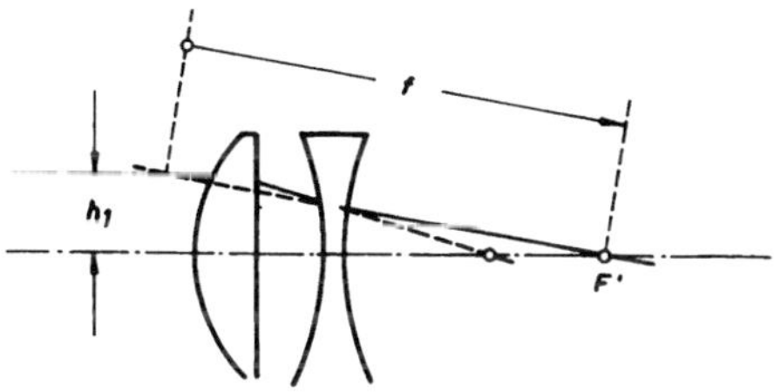

Abb. 7;4

(→ § 55) erfüllt ist. Deswegen dürfen sie beim Messen nur mit Vorsicht benutzt werden.

Die Abbildung zeigt die Anwendung der Formel (7;12). Zugleich erläutert sie die typische Eigenschaft des *Teleobjektivs:* die Baulänge dieses Objektivs ist deutlich kleiner als seine Brennweite.

Schließlich noch die Formeln für die Tiefenvergrößerung α_{1-k} und die Winkelvergrößerung γ_{1-k} sowie deren Zusammenhang! Wegen (7;2) gilt für die Wirkung einer Verschiebung $d\,s_1$ des Objektpunktes offenbar $d\,s_{\nu+1} = d\,s'_\nu$, während Differentiation bei der Nullstrahlformel (6;3) auf $\frac{d\,s'_\nu}{d\,s_\nu} = \frac{n_\nu}{n'_\nu}\left(\frac{s'_\nu}{s_\nu}\right)^2$ führt.

Definiert man die *Tiefenvergrößerung* α_{1-k} durch

$$(7;13) \qquad \alpha_{1-k} = \frac{d\,s'_k}{d\,s_1} \,,$$

so bekommt man aus diesen Formeln zusammen mit (7;3) die Beziehung

$$(7;14) \qquad \alpha_{1-k} = \frac{n'_k}{n_1} \cdot (\beta_{1-k})^2$$

oder

$$(7;15) \qquad \alpha_{1-k} \cdot \gamma_{1-k} = \beta_{1-k} \,,$$

wenn man (7;7) heranzieht und die Winkelvergrößerung γ_{1-k} analog zu (6;11) definiert durch

$$(7;16) \qquad \gamma_{1-k} = \frac{u'_k}{u_1} \,.$$

Als Nebenresultat folgt

$$(7;17) \qquad \gamma_{1-k} = \frac{n_1}{n'_k} \cdot 1/\beta_{1-k} \,.$$

Wegen (7;14) ist α_{1-k} stets positiv, daher die Verschiebung des Bildes stets gleichsinnig mit der Verschiebung des Objektes!

Ein Anwendungsbeispiel:

Wie kann man erreichen, daß das vergrößerte (räumliche) Bild eines Würfels nicht „vertieft" sondern wieder als Würfel erscheint? Gefordert wird hier offenbar $\alpha_{1-k} = \beta_{1-k}$; wegen (7;15) muß dann aber $\gamma_{1-k} = +1$ sein – und daraus folgt mit (7;17) $\beta_{1-k} = \frac{n_1}{n'_k}$: eine Vergrößerung im eigentlichen Sinn ist hier also nicht möglich.

Man vergleiche die Bemerkungen über → natürliche Perspektive.

§ 8. Um die Brauchbarkeit dieser Formeln zu prüfen und zugleich einige wichtige Linsenformen kennenzulernen, sollen nun einige Formen der *dicken Einzellinse in Luft* betrachtet

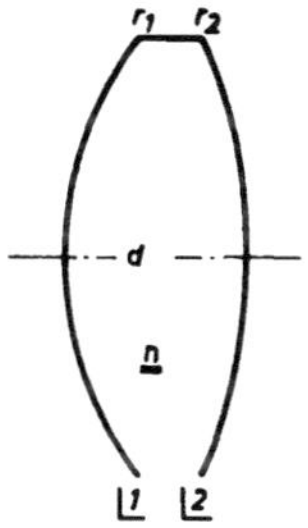

Abb. 8;1

werden. Die Abbildung erläutert die vereinfachten Bezeichnungen und gibt zugleich ein Beispiel für die Eintragung der Daten.

Zunächst sind die Formeln für die *Schnittweite* s'_2 (F') des *Brennpunktes* F' und für den Wert der Brennweite f'_{1-2} abzuleiten. Mit $s_1 = \infty$ und der Vereinfachung $n_1 = n'_2 = 1$; $n'_1 = n_2 = n$ liefern die Nullstrahlformeln der Reihe nach

$s_1' = \frac{n}{n-1} r_1$; $s_2 = s_1' - d$, daher $\frac{s_2}{n} = \frac{r_1}{n-1} - \frac{d}{n} =$

$= \frac{1}{n-1}\left(r_1 - \frac{n-1}{n} d\right)$ und $\frac{1}{s_2'} = \frac{1-n}{r_2} + \frac{n}{s_2}$ oder zusammengefaßt

$$\frac{1}{s_2'(F')} = (n-1)\left(\frac{1}{r_1 - \frac{n-1}{n} d} - \frac{1}{r_2}\right). \tag{8;1}$$

Beim Übergang zur dünnen Linse $d \to 0$ bekommt man rechts den bekannten Ausdruck $(n-1)(1/r_1 - 1/r_2)$, also die Summe $D_1 + D_2$ der Brechkräfte beider Flächen.

Für die Berechnung der *Brennweite* f_{1-2}' läßt sich Formel (7;6) benutzen, wenn man das Höhenverhältnis $\frac{h_2}{h_1} = \frac{s_1' - d}{s_1'}$ als Faktor bei (8;1) anbringt und dabei berücksichtigt, daß hier $s_1 = \infty$ und daher $\frac{d}{s_1'} = \frac{n-1}{r_1} \frac{d}{n}$ ist. So bekommt man die bekannte Formel

$$\frac{1}{f_{1-2}'} = (n-1)\cdot(1/r_1 - 1/r_2) + \frac{d}{n}\frac{(n-1)^2}{r_1 \cdot r_2}. \tag{8;2a}$$

Die Übersicht wird erleichtert, wenn man die Brechkräfte $D_1 = \frac{n-1}{r_1}$ und $D_2 = \frac{1-n}{r_2}$ der Flächen einführt:

$$\boxed{1/f_{1-2}' = D_1 + D_2 - \frac{d}{n}\cdot D_1 \cdot D_2 .} \tag{8;2b}$$

Für dünne Linsen stimmen die rechten Seiten der Formeln (8;1) und (8;2a) überein; hier wird also die Schnittweite des Brennpunktes gleich der Brennweite. Außerdem geben die Formeln noch Anlaß zu zwei allgemeinen Bemerkungen:

a) für jede Einzellinse in Luft ist $f = f'$; das folgt aus der Symmetrie im Aufbau von (8;2a, b).

b) Winkel, Schnittweiten und Dicken treten hier – wie auch früher in § 7 – nur in *reduzierter Form* auf:
jeder Winkel multipliziert mit der betreffenden Brechzahl,
Schnittweiten und Abstände bzw. Dicken dividiert durch die zugehörige Brechzahl.

> Man entnimmt daraus die Regel, daß in einer physikalisch sinnvollen Formel nur reduzierte Größen auftreten sollten. Dabei ist zu bedenken, daß Bildhöhen, Durchgangshöhen und andere Längen senkrecht zur optischen Achse bereits reduzierte Größen sind. Dasselbe gilt von Brennweiten, Brechkräften und Zentriwinkeln.

Formel (8;2a) legt es nahe, als erstes Beispiel eine Linse mit $r_1 = r_2$ zu betrachten, die sogenannte *v. Höeghsche Linse* – bekannt als Bauelement eines berühmten Weitwinkelobjektivs „Hypergon", das 1900 für v. Höegh patentiert wurde.

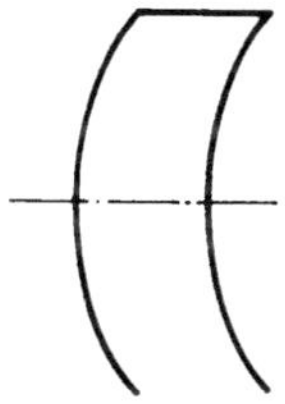

Abb. 8;2

Wegen $D_1 = -D_2$ ist die Brennweite positiv: $\frac{1}{f} = \frac{d}{n}(D_1)^2$.
Man überzeugt sich, daß auch die Schnittweite des Brennpunktes positiv ausfällt – unabhängig davon, ob die Linse dem einfallenden Licht ihre Konvexfläche oder ihre Hohlfläche zukehrt: beidemal wird die sammelnde Fläche mit der größeren Höhe durchsetzt und hat dadurch die stärkere Wirkung. Der Fall einer übermäßig hohen Glasdicke $0 < r_1 < \frac{n-1}{n} \cdot d$ ist natürlich auszuschließen.

Die Symmetrie gibt Veranlassung, hier speziell den Lichtstrahl mit $s'_1 = s_2 = \infty$ (also $h_1 = h_2$) ins Auge zu fassen. Formel (6;3) liefert dazu $s_1 = -\dfrac{r_1}{n-1} = s'_2$, also $u_1 = u'_2$ oder $\gamma_{1-2} = +1$: damit sind die Schnittweiten der beiden Knotenpunkte K, K' gefunden. Wegen $n_1 = n'_2 = 1$ sind diese Punkte zugleich Hauptpunkte. Dieses einfache Resultat regt dazu an, *auch* bei *Linsen anderer Form* zu fragen, welche Schnittweiten s'_1 und $s_2 = s'_1 - d$ hier zum *optischen Mittelpunkt* M gehören, der als „Zwischenbild" bei der Abbildung von K durch die erste Fläche entsteht und seinerseits durch die zweite Fläche nach K' abgebildet wird. Entgegengesetzt

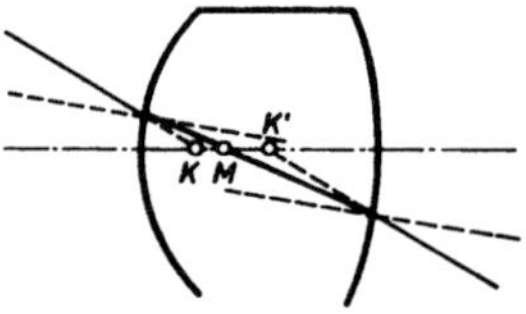

Abb. 8;3

gleiche Umlenkung an den beiden Außenflächen bedeutet „ähnliche" Lage oder gleiche Zentriwinkel $\varphi_1 = \varphi_2$; wegen $u'_1 = u_2$ ist das gleichbedeutend mit $i'_1 = i_2$ bzw. $i_1 = i'_2$ neben

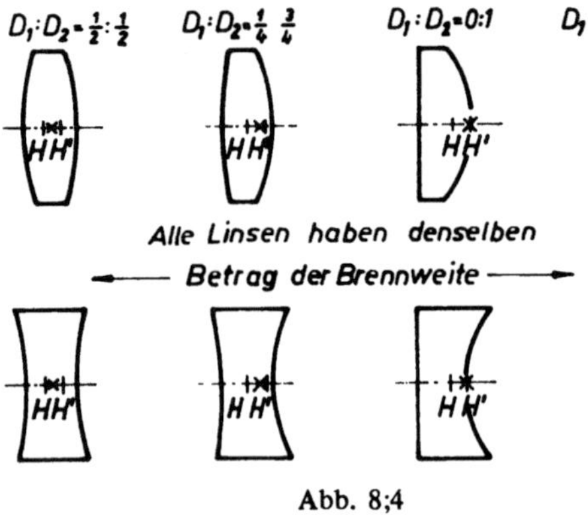

Abb. 8;4

$u_1 = u_2'$. Daraus folgt, daß hier $s_2/r_2 = s_1'/r_1$ sein muß; der Punkt M unterteilt also die Strecke d im Verhältnis der Radien.

Es folgt, daß M nur bei einer sogenannten Bi-Linse (bikonvex oder bikonkav) im Innern liegen kann, weil hier r_1 und r_2 entgegengesetzte Vorzeichen haben. Beim „Durchbiegen" der einfachen Linse in Luft (d.h. Änderung der Form bei festgehaltener Brennweite) zeigen die Knotenpunkte K, K′, die hier zugleich Hauptpunkte sind, eine entsprechende Wanderung wie M; denn auch für ihre Schnittweiten gilt $s_1/r_1 = s_2'/r_2$. Insbesondere wandert der eine dieser Punkte gleichzeitig mit M in den Scheitel, wenn die andere Linsenfläche eben wird, und tritt aus der Linse heraus bei Meniskusformen.

Als weiteres Beispiel soll die *Plankonvexlinse* betrachtet werden. Legt man die Planseite nach links (also $r_1 = \infty$ und $r_2 = -r$), so bekommt man für die Schnittweiten der beiden Brennpunkte $s_1(F) = -\left(\frac{r}{n-1} - \frac{d}{n}\right)$ und $s_2'(F') = \frac{r}{n-1}$.

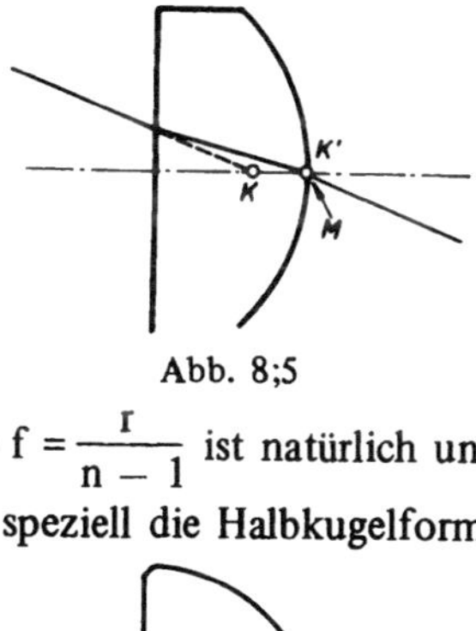

Abb. 8;5

Die Brennweite $f = \frac{r}{n-1}$ ist natürlich unabhängig von der Dicke. Wählt man speziell die Halbkugelform d = r, so ent-

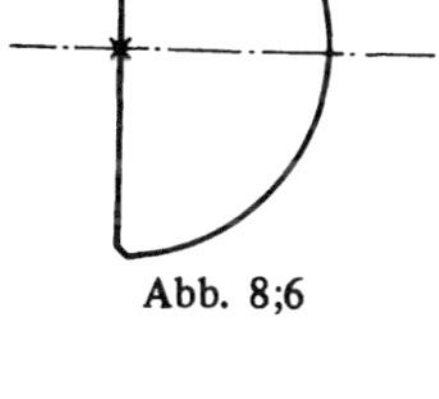

Abb. 8;6

steht die Form der *Aufsetzlupe,* die man gern auf den Gegenstand auflegt, der vergrößert gesehen werden soll. Bei der sog. Visolettlupe ist d nur wenig kleiner als r. Rechnerische Kontrolle mit $s_1 = s_1' = 0$, also $s_2 = -r = s_2'$ und daher $\beta_1 = +1$ (!) und $\beta_2 = +n$, demonstriert die beiden wesentlichen Eigenschaften:

a) das Bild erscheint in derselben Ebene wie der Gegenstand, beim Auflegen dieser Lupe gibt es also keine Bildversetzung;

b) der Abbildungsmaßstab ist gleich der Brechzahl.

Definiert man bei einer Linse oder Linsengruppe den *Treffpunkt* T als diejenige Objektlage, für die die Bildversetzung b verschwindet, dann kann man feststellen: bei der halbkugeli-

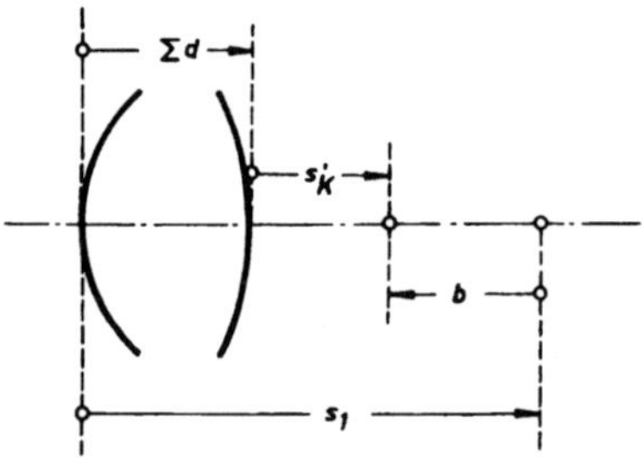

Abb. 8;7

gen Linse liegt der Treffpunkt auf der ebenen Fläche. Wie die Abbildung erläutert, ergibt sich die *Bildversetzung* mit der Gesamtdicke $\Sigma d_\nu'$ als

$$b = \Sigma d_\nu' + s_k' - s_1 \quad (8;3)$$

Die *Planparallelplatte* kann man als Beispiel eines optischen Systems ohne Treffpunkt nennen; bei ihr ist die Bildversetzung

$$b = \frac{n-1}{n} \cdot d \quad \text{(für Glasdicke d)} \quad (8;4)$$

unabhängig von der Objektlage. Dieser Umstand hilft dem Konstrukteur, wenn er durch „Einführen von Glasweg" eine Bildversetzung bewirkt.

Planparallele Platten werden häufig als Abschlußgläser verwendet. Stellt man sich vor, daß ein derartiges Glas konzentrisch zum Auge des Beobachters gebogen wird, damit man in einem großen Winkelbereich umherblicken kann, dann gelangt man zum Kugelabschlußglas, optisch beschrieben als *konzentrischer Meniskus* mit $r_1 - d = r_2$. Hier liefern die Formeln

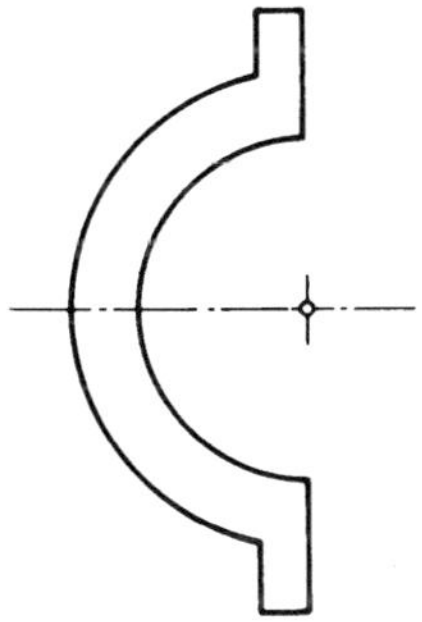

Abb. 8;8

(8;1) und (8;2) negative Werte für Brennweite und Schnittweite des Brennpunktes; trotz des Höhenunterschieds überwiegt die Umlenkung durch die Hohlfläche.

Vergleicht man nun den hier erhaltenen Wert $\frac{1}{f} =$ $= \frac{d}{n} \frac{n-1}{r_1 \cdot r_2}$ mit der reziproken Brennweite $\frac{1}{f} = \frac{d}{n} \frac{(n-1)^2}{r_1 \cdot r_2}$ bei v. Höeghs Meniskus, so wird die Frage nahegelegt, für welche Kopplung zwischen Radiendifferenz $r_1 - r_2$ und Dicke d ein System mit $s_2'(F') = \infty$, also ein *afokaler Meniskus*, zustande käme.

Formel (8;1) liefert sofort

$$r_1 - r_2 = \frac{n-1}{n} \cdot d \tag{8;5}$$

als Bedingung dafür, daß der Meniskus die Eigenschaft eines Fernrohrs aufweist. Wie groß ist dann die Winkelvergrößerung? Formel (7;17) gibt hier $\gamma = 1/\beta$; andererseits ist β bei jedem Fernrohr gleich dem Höhenverhältnis $\frac{h_k}{h_1}$ für den Lichtstrahl mit $s_1 = \infty$.

Dieses Verhältnis ist hier aber gleich dem Verhältnis der Radien; man bekommt also

(8;6a) $\gamma = \frac{r_1}{r_2}$ oder mit (8;5)

(8;6b) $\gamma = 1 + \frac{d}{n} \frac{n-1}{r_2}$ für den afokalen Meniskus.

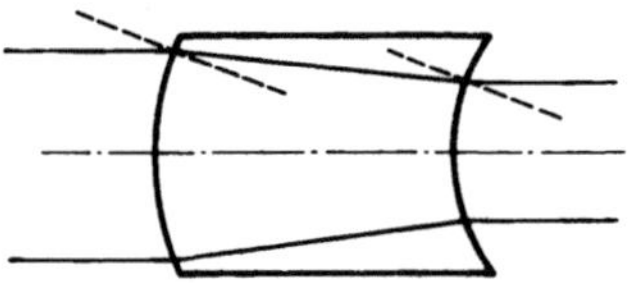

Abb. 8;9

Auf der anderen Seite liegt es nahe, neben dem konzentrischen Meniskus auch andere *konzentrische Systeme* zu untersuchen, bei denen zwar ebenfalls $r_1 = r_2 + d$ gilt, die beiden Radien jedoch im Vorzeichen unterschieden sein dürfen. An erster Stelle interessiert die *Kugellinse* mit $r_1 = +r$, $r_2 = -r$ und $d = 2r$ (unter dem Namen Stanhopesche Lupe praktisch

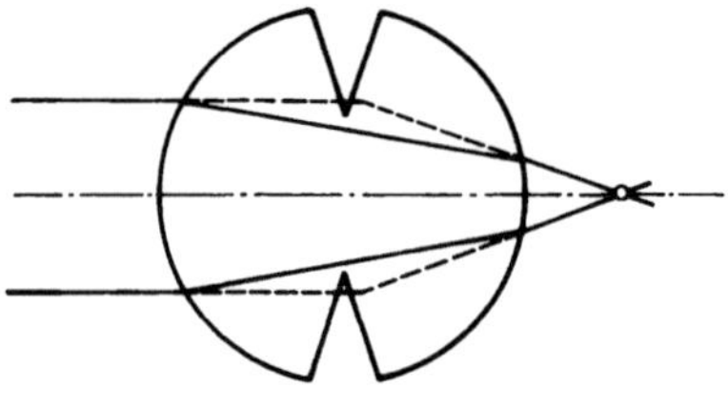

Abb. 8;10

verwendet). Für Brennweite und Schnittweite des Brennpunktes geben die Formeln (8;2) und (8;1) hier

$$f = \frac{r}{2} \cdot \frac{n}{n-1} \quad \text{und} \tag{8;7}$$

$$s_2'(F') = \frac{r}{2} \cdot \frac{2-n}{n-1}; \tag{8;8}$$

die Hauptpunkte liegen bei $s_1 = +r$, $s_2' = -r$, weil jeder Lichtstrahl mit $s_1 = +r$ ohne Ablenkung durch beide Flächen hindurchgeht und die Knotenpunkte, die man so erhält, hier zugleich Hauptpunkte sind. Denkt man sich, wie oben gezeichnet, in der Mittelebene die Aperturblende angebracht, so zeigt die analoge Überlegung wie früher bei der Halbkugel-Linse, daß diese Blende vom Objektraum her mit dem n-fachen Durchmesser erscheint (dieses objektseitige „Bild" der Blende nennt man *Eintrittspupille,* abgekürzt EP), und daß diese EP ebenfalls in der Mittelebene zu liegen scheint.

Dasselbe gilt von der *Austrittspupille* (AP) im Bildraum, ebenfalls n-fach vergrößert und in der gleichen Tiefe. Verwendet man speziell ein Glas mit $n = 2$, so wird $s_2'(F') = 0$, der Brennpunkt liegt dann auf der Oberfläche der Kugel. Offenbar kann man diese spezielle Lage des Brennpunktes auch bei anderen Werten von n erzielen, wenn man die Dicke d passend wählt: $\frac{d}{n} = \frac{r_1}{n-1}$ liefert $s_2 = s_2' = 0$. Wird Fläche 2 wieder konzentrisch gelegt, so bekommt man

$$r_1 = \frac{n-1}{n} d\,; \quad r_2 = -\frac{1}{n} d \quad \text{mit} \quad f = \frac{d}{n}\,. \tag{8;9}$$

$n = 1{,}5$ gäbe $r_1 = \frac{1}{3} d$, $r_2 = -\frac{2}{3} d$ und $f = \frac{2}{3} d$.

Wenn man nun die Fläche 2 verspiegelt, so entsteht eine Form des *Rückstrahlers,* die als „Katzenauge" bekannt ist. Ihre Eigenschaft wird besonders deutlich, wenn man die Aperturblende wieder in der Ebene des Krümmungsmittelpunktes anordnet, so daß sie mit ihrem Spiegelbild zusammenfällt: jedes ankommende Parallelbündel wird offenbar in *die* Richtung zurückgespiegelt, aus der es hergekommen ist.

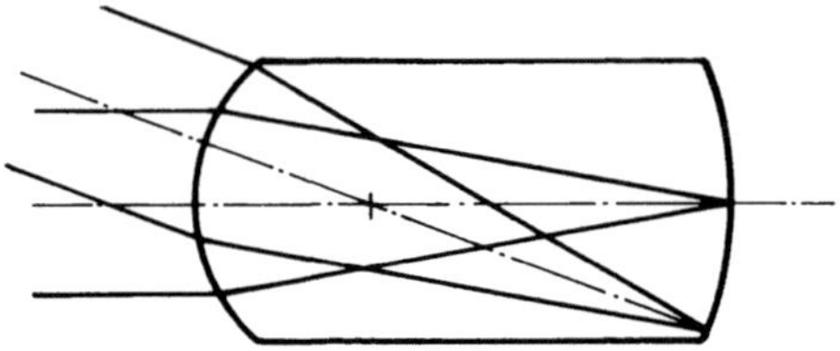

Abb. 8;11

II. Dünne Linsen

§ 9. Der Übergang zu dünnen Linsen in Luft bringt den Vorteil, daß man beim rechnerischen Verfolgen von Strahlengängen nur noch die Brennweiten der Einzellinsen neben ihrer Lage zu kennen braucht. Die Linsen*formen* sind hier unwesentlich.

Bei der einzelnen Linse, deren Flächen bisher mit 1, 2 numeriert waren, führt die Nullstrahlformel wegen $s'_1 = s_2$ auf $1/s'_2 = 1/s_1 + (n-1)(1/r_1 - 1/r_2)$. Mit leichter Änderung der Schreibweise, die den Übergang zur Numerierung der Linsen (anstatt bisher der Flächen) ermöglicht, hat man also die sogenannte *Linsenformel*

(9;1) $1/s' = 1/s + 1/f$ mit $\beta = s'/s$ und der Brechkraft

(9;2) $1/f = (n-1)\cdot(1/r - 1/r')$.

Durch Elimination je einer Schnittweite ergeben sich daraus die folgenden sehr nützlichen Beziehungen ähnlich (6;10)

(9;3) $s = f(1/\beta - 1)$; $s' = f(1-\beta)$ sowie

(9;4) $s' - s = f(2 - \beta - 1/\beta)$ für die *Bildversetzung.*

Bisweilen interessiert man sich für Anordnungen, bei denen sich die Bildversetzung nicht wesentlich ändert, wenn man die abbildende Linse verschiebt und dadurch β variiert. Differentiation des Ausdrucks (9;4) nach β führt auf die Bedingung $\beta^2 = +1$ für dieses stationäre Verhalten von $s' - s$. Wie die Abbildung zeigt, kann man durch Verschieben einer Sammellinse dem Abbildungsmaßstab Werte zwischen -2 und $-\frac{1}{2}$ geben, ohne daß sich der Objekt-Bild-Abstand um mehr als 6% seines Mittelwertes ändert: maximal $\pm 0{,}25\,f$ gegenüber dem Mittelwert $4{,}25\,f$. Man kann eine derartige Anordnung als Pankrat

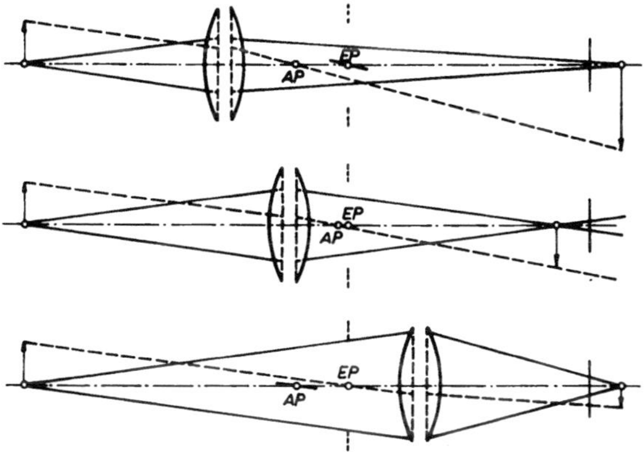

Abb. 9;1

erster Stufe bezeichnen, weil sie näherungsweise die Aufgabe löst, die einem *pankratischen System* gestellt wird entsprechend der Definition:

> Ein Linsensystem wird pankratisch genannt, wenn es eine stetige Änderung des Abbildungsmaßstabs β ermöglicht bei festgehaltener Lage von Objekt- und Bildebene.

Es wird sich später herausstellen, daß die Gültigkeit dieser Überlegungen nicht auf dünne Linsen beschränkt ist; hier lassen sie sich nur bequemer formulieren. Dasselbe gilt von den anschließenden Aufgaben und Beispielen.

Multipliziert man in der Linsenformel (9;1) beiderseits mit der Durchgangshöhe h des Lichtstrahls (gegenüber der optischen Achse der Linse), so bekommt man wegen u = h/s und u' = h/s'

(9;5) $$\boxed{u' - u = h \cdot \frac{1}{f}}$$ Das heißt:

die Umlenkung eines Lichtstrahls durch eine dünne Linse in Luft ist gleich dem Produkt aus der Durchgangshöhe h und der Brechkraft $\frac{1}{f}$ der Linse.

Mit dieser Formel kann man auch *Zentrierfehler* behandeln – natürlich nur im Bereich der Gaußischen Optik. Bei diesen geht es stets darum, daß die optische Achse einer Einzel-Linse (das ist die Verbindungsgerade der Krümmungsmittelpunkte ihrer Außenflächen) nicht zusammenfällt mit der Systemachse. Es genügt, zwei Sonderfälle zu betrachten, aus denen sich der allgemeine Fall durch Kombination ergibt:

a) Linsenachse und Systemachse sind gegeneinander verkippt, schneiden sich aber in der Linsenmitte. Die Praktiker sprechen hier von *Planschlag* der Linse. Diese Verkippung zeigt wegen h = 0 keine Wirkung auf die Systemachse; Lage und Größe des Bildes werden nicht merkbar beeinflußt.

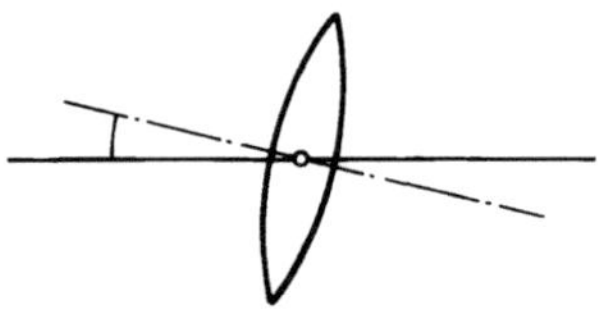

Abb. 9;2

b) Linsenachse und Systemachse sind gegeneinander parallel versetzt um die Strecke Δh. Dieser sogenannte *Radialschlag* bewirkt bei allen Strahlen einen Fehler $\Delta u' = \frac{1}{f} \cdot \Delta h$ in der Umlenkung. Entsprechend wird das Bild verschoben.

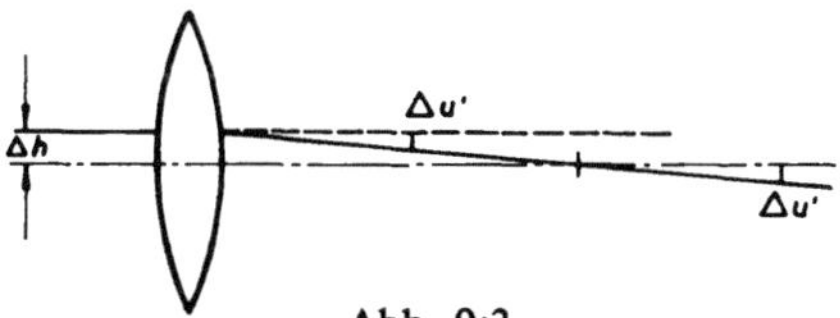

Abb. 9;3

Ein Beispiel zeige die Auswirkung eines Zentrierfehlers: Als Brillenglas für einen Kurzsichtigen (mit 5 → dptr. Fehlsichtigkeit) wird eine Negativlinse mit rund 200 mm Brennweite verschrieben. Wenn das Glas durch fehlerhaften Sitz in der Brille um 0,5 mm gegenüber der Augenachse dezentriert wird, resultiert eine Versetzung des Bildes um 8,5 Bogenminuten (entsprechend $\Delta u' = 0{,}0025$) im Vergleich zum anderen Auge, die einen Schielfehler vortäuscht und entsprechend stören kann. Man spricht hier von „prismatischer Wirkung". Umgekehrt wird gelegentlich eine Dezentration des Brillenglases ausdrücklich vorgeschrieben, um leichte Schielfehler beim Patienten auszugleichen.

Bei Meßgeräten kann man durch Dezentrieren einer langbrennweitigen Linse (um meßbare Beträge Δh) gewünschte kleine Umlenkungen $\Delta u'$ und entsprechende Bildverschiebungen $\Delta L'$ hervorrufen, die durch Keile variabler Ablenkung nur mit größerem Aufwand zu bewirken wären.

Angesichts dieser technischen Verwendung von dezentrierten Linsen darf nicht übersehen werden, daß durch Dezentration einzelner Linsen in zusammengesetzten Systemen außerordentlich störende Verschlechterungen in der Strahlenvereinigung bewirkt werden können: das sind die Zentrierfehler im eigentlichen Sinn!

Bisweilen möchte man ein ebenes Objekt abbilden, dessen Ebene nicht mehr senkrecht zur optischen Achse liegen soll – beispielsweise zum „Entzerren" eines Bildes. Man weiß, daß die Bildpunkte wieder in einer Ebene liegen. Aber um welchen Winkel $\Delta w'$ muß die *Bildebene gekippt* werden, wenn der Kippwinkel Δw für die Objektebene bekannt ist? Kippung Δw bedeutet für den Objektpunkt in der Höhe L eine Auswanderung $\Delta s = L \cdot \Delta w$. Dieser Strecke entspricht bildseitig die Verschiebung $\Delta s' = \alpha \cdot \Delta s$ (Tiefenvergrößerung!).

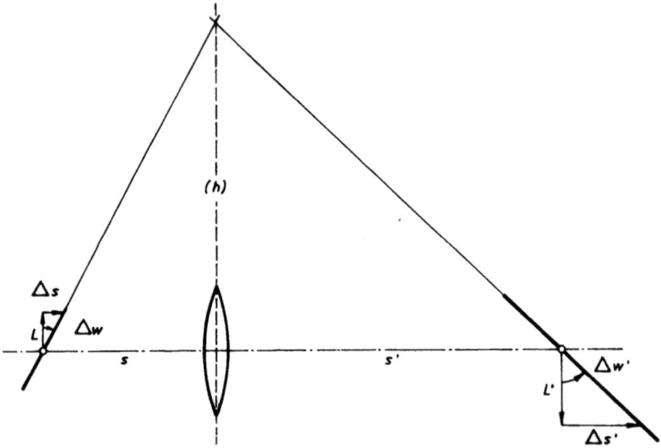

Abb. 9;4

Kombination mit $L' = \beta \cdot L$ gibt nach Formel (7;15)

$$\Delta w' = \frac{\Delta s'}{L'} = \frac{\alpha}{\beta} \cdot \frac{\Delta s}{L} = \frac{\alpha}{\beta} \cdot \Delta w = \frac{1}{\gamma} \cdot \Delta w\ .$$

Das heißt: die reziproke Winkelvergrößerung $1/\gamma$ regelt das Verhältnis der beiden Kippwinkel.

Nun ist für die dünne Linse in Luft $\gamma = 1/\beta = s/s'$; somit gilt

$$\text{(9;6)} \qquad \frac{\Delta w'}{\Delta w} = \frac{s'}{s}\ .$$

Das läßt sich bequem deuten, wenn man fragt, mit welche Höhe h bzw. h′ die Mittelebene der Linse von jeder der gekippten Ebenen getroffen wird. Man findet $h = -\dfrac{s}{\Delta w}$ und $h' = -\dfrac{s'}{\Delta w'}$ und folgert mit (9;6), daß hier $h = h'$ sein muß.

Die sogenannte *Scheimpflug-Bedingung* sagt allgemein:

> Wenn eine Objektebene, die zur optischen Achse der abbildenden Linse geneigt ist, auf eine Bildebene scharf abgebildet werden soll, dann muß diese Bildebene derart gegenüber der Achse geneigt werden, daß sie die Mittelebene der Linse in derselben Spurgeraden durchsetzt, die die Objektebene mit dieser Mittelebene liefert.

§ 10. Bisher sind nur diejenigen abbildenden Lichtstrahlen betrachtet worden, die in der Meridianebene verlaufen. (Diese Ebene enthält nach Verabredung den Objektpunkt seitlich der Achse und die optische Achse der Linse). Wie steht es mit den *windschiefen Strahlen,* welche von demselben Objektpunkt herkommend die Linse in Durchstoßpunkten außerhalb des Meridianschnitts treffen?

Nach der Überlegung in § 6 ist es sicher, daß auch diese windschiefen Strahlen durch denselben Bildpunkt hindurchgehen müssen wie die anderen abbildenden Strahlen. Aber wie kann man ihren Verlauf verfolgen, um sie beispielsweise zeichnen zu können? Das ist besonders wichtig, wenn man bei dem abbildenden System nicht mehr mit Rotationssymmetrie rechnen kann, trotzdem aber mit Gaußischer Optik arbeiten möchte.

Bei dünnen Linsen und Prismen darf man so tun, als ob die beiden Einfalls-Lote $\mathfrak{N}_1$ und $\mathfrak{N}_2$, die zu dem ankommenden Strahl $\mathfrak{a}_1$ an der ersten Fläche und dem gebrochenen Strahl $\mathfrak{a}'_1 = \mathfrak{a}_2$ an der zweiten Fläche gehören, von demselben Punkt ausgehen. Dann kommt es nur noch auf die Richtung an. Diese kann man für jede der genannten Geraden durch einen Punkt im *Richtungsdiagramm* darstellen; der Abstand zweier Punkte mißt den Winkel zwischen den Richtungen.

Dem Meridianschnitt entspricht die Gerade durch die Punkte $(\mathfrak{N}_1)$, $(\mathfrak{N}_2)$; auf dieser Geraden liegt der Punkt $(\mathfrak{O})$, der die Bezugsrichtung für die Neigungswinkel der Lichtstrahlen darstellt – bei Linsen ist das die Richtung der optischen Achse. Für einen windschiefen Strahl $\mathfrak{a}_1$ liegt der Punkt $(\mathfrak{a}_1)$ nach Definition außerhalb der Meridian-Geraden. Die Gerade

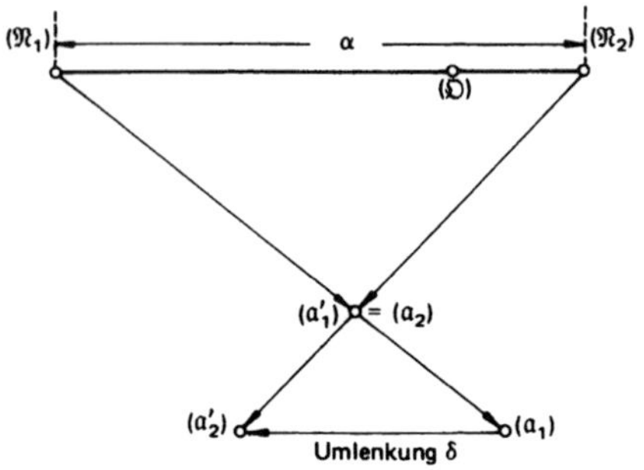

Abb. 10;1

durch ($\mathfrak{a}_1$) und ($\mathfrak{N}_1$) stellt die 1. Einfallebene dar; auf ihr muß auch der Punkt ($\mathfrak{a}_1'$) liegen, dessen Abstand von ($\mathfrak{a}_1$) und ($\mathfrak{N}_1$) durch die Brechzahl n festgelegt ist. ($\mathfrak{a}_1'$) ist aber identisch mit ($\mathfrak{a}_2$); und dieser Punkt legt zusammen mit ($\mathfrak{N}_2$) die 2. Einfallebene fest, so daß ($\mathfrak{a}_2'$) wieder auf der Geraden durch ($\mathfrak{a}_2$) und ($\mathfrak{N}_2$) liegen muß.

Man sieht: der Zeiger ($\mathfrak{a}_1$) → ($\mathfrak{a}_2'$), der nach Betrag und Richtung den Umlenkungswinkel darstellt, muß nach Konstruktion parallel zur Meridiangeraden (und damit senkrecht zur „brechenden Kante") liegen.
Das bedeutet aber:

> die Brechung wirkt nur auf diejenige Komponente des Strahles $\mathfrak{a}_1$, die man durch Projektion auf die Meridianebene bekommt. Diese wird umgelenkt um den Winkel $\delta = (n - 1)\,\alpha$; die andere, dazu senkrechte, Komponente bleibt unverändert.

Der brechende Winkel α ist bekannt als Winkel zwischen den Normalen $\mathfrak{N}_1$ und $\mathfrak{N}_2$, wird im Richtungsdiagramm also durch den Zeiger ($\mathfrak{N}_2$) → ($\mathfrak{N}_1$) dargestellt. Bei dünnen Linsen ist $\alpha = h \cdot \left(\frac{1}{r} - \frac{1}{r'}\right)$ proportional zur Höhe h des Einfallspunktes über der optischen Achse; bei Prismen wird α vorgegeben.

Ein praktisches Beispiel bietet die *Ablenkung* durch ein *Drehkeilpaar.* Die beiden Prismen mit den Umlenkungswinkeln δ_I und δ_{II} lassen sich so gegeneinander verdrehen, daß der Winkel η, den ihre brechenden Kanten miteinander bilden, beliebige Werte annehmen kann.

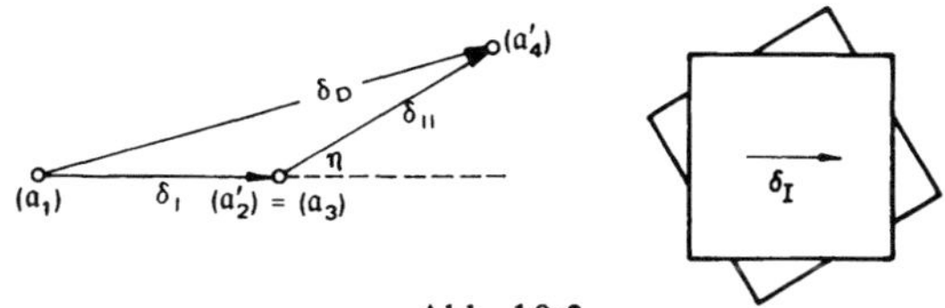

Abb. 10;2

Wegen der gemeinsamen Drehachse kann man die Richtungsdiagramme der beiden Prismen aufeinander zeichnen; sie haben ja den Lichtstrahl $a'_2 = a_3$ und damit den entsprechenden Punkt gemeinsam. Die beiden Zeiger $(a_1) \rightarrow (a'_2)$ für I und $(a_3) \rightarrow (a'_4)$ für II stoßen in diesem Punkt zusammen und schließen dort den Winkel η ein. Die resultierende Umlenkung, deren Zeiger sofort von (a_1) nach (a'_4) führt, läßt sich demnach durch Vektoraddition aus δ_I und δ_{II} gewinnen. Für die Praxis besonders wichtig ist der Spezialfall, daß man $\delta_I = \delta_{II}$ macht und die beiden Prismen um entgegengesetzt gleiche Winkel $\pm \vartheta$ gegenüber einer gerätefesten Ebene verdreht. Dann behält auch die Resultierende diese gerätefeste Richtung, und das Drehkeilpaar wirkt als Keil mit variabler Ablenkung

$$(10;1) \qquad \delta_D = 2 \cdot \delta_I \cdot \cos \vartheta \; .$$

Da ϑ zwischen 0 und 180° einstellbar ist, vermag diese Ablenkung alle Werte zwischen $+ 2 \cdot \delta_I$ und $- 2 \cdot \delta_I$ anzunehmen.

§ 11. Bei einer *Zylinderlinse* sind die beiden Außenflächen als Kreiszylinder (oder Ebene) ausgebildet. An die Stelle der optischen Achse tritt jetzt die *Achsebene,* in der die Zylinderachsen der beiden Außenflächen liegen. Dabei wird angenommen, daß diese beiden Achsen zueinander parallel verlaufen.

Für einen Lichtstrahl, der die (dünne) Zylinderlinse in der Höhe h über der Achsebene trifft, errechnet sich die Umlenkung $\delta = h \cdot \frac{1}{f}$ mit $\frac{1}{f} = (n-1)\left(\frac{1}{r_1} - \frac{1}{r_2}\right)$ ebenso wie bei der rotationssymmetrischen Linse. Als Vorzugsrichtung gilt auch hier die Meridianebene, in der die beiden Einfallslote $\mathfrak{N}_1$ und $\mathfrak{N}_2$ liegen; sie steht senkrecht auf der Achsebene. Die Ablenkung windschiefer Strahlen läßt sich auch hier mit einem Richtungsdiagramm wie in Abb. 10;1 verfolgen. Die Richtung $\mathfrak{a}_1$ des ankommenden Lichtstrahls zerlegt man in eine Komponente senkrecht zur Meridianebene (sie bleibt auch hier unverändert beim Durchgang durch die Linse) und in eine Komponente, die sich durch Projektion auf die Meridianebene ergibt: auf diesen Grundriß wirkt die Umlenkung $\delta = h \cdot \frac{1}{f}$.

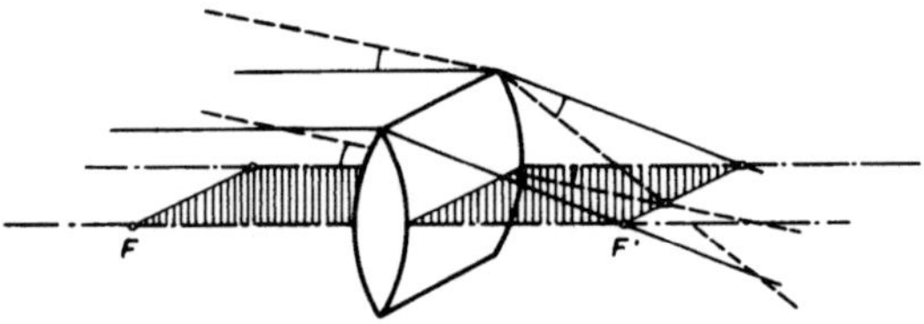

Abb. 11;1

Natürlich hat die Zylinderlinse nicht 2 Brennpunkte sondern 2 *Brennlinien;* in der Nullstrahloptik sind das Brenngerade senkrecht zur Meridianebene. Alle Strahlen, die als Parallelbündel mit Richtung parallel der Achsebene einfallen, schneiden diese Ebene nach der Brechung in der Brenngeraden, wobei der Grundriß jedes Strahls (d.h. seine Projektion auf die Achsebene) durch die Linse nicht abgelenkt wird. Die Umkehrung dieser Aussage (für Strahlen, welche die Brenngerade durchsetzen) liegt auf der Hand.

Damit ist zum ersten Mal eine *astigmatische* (das heißt: nicht punktgetreue) Abbildung aufgetreten. Allerdings zeigt dieser Sonderfall (nur in einem Hauptschnitt ist die Brechkraft von Null verschieden) noch nicht alle wesentlichen Züge.

Besser betrachtet man zwei gekreuzte Zylinderlinsen. Die beiden Achsebenen I, II, die zueinander senkrecht liegen sollen, liefern jetzt die *Linsenachse.* Zu jedem der beiden „Hauptschnitte“, die jeweils senkrecht zur gleich bezifferten Achsebene liegen, gehört eine Brennweite f_I bzw. f_{II}. Diese sollen im Beispiel verschieden groß, aber beide positiv sein. Für das ankommende Parallelbündel bekommt man also zwei Brennlinien (F'_I) und (F'_{II}); (F'_I) liege in der Achsebene I. Den Abstand a' zwischen den Schnittpunkten dieser beiden Brennlinien mit der Linsenachse bezeichnet man als *astigmatische Differenz.*

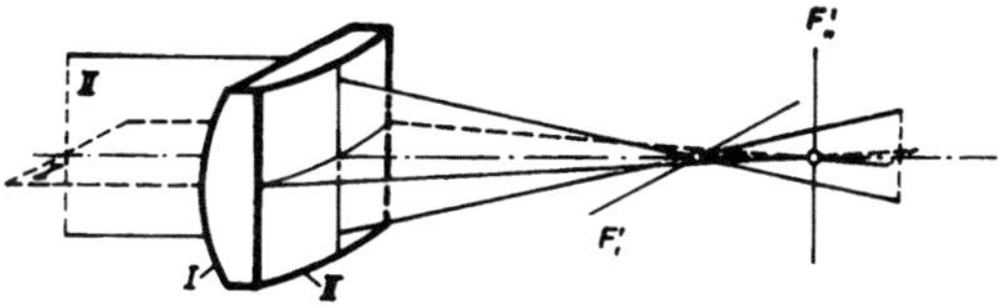

Abb. 11;2

Die Verschiedenheit der Brennweiten hat zwei Folgen:

a) für jeden Objektpunkt auf der Linsenachse (mit der Schnittweite s) hat man nun zwei Bildlinien, deren Schnittweiten sich ergeben aus $\frac{1}{s'_I} = \frac{1}{s} + \frac{1}{f_I}$; $\frac{1}{s'_{II}} = \frac{1}{s} + \frac{1}{f_{II}}$;

b) für die beiden Hauptschnitte gelten unterschiedliche Werte des Abbildungsmaßstabs $\beta_I \neq \beta_{II}$.

Die praktische Bedeutung der zweiten Aussage tritt deutlicher hervor, wenn man die beiden Zylinderlinsen I, II nicht mehr aufeinander legt, sondern ihnen den Scheitelabstand $d = f_I - f_{II}$ (für dünne Linsen!) gibt, so daß die beiden bildseitigen Brennlinien die Achse in demselben Punkt F' schneiden, die astigmatische Differenz für $s = \infty$ also verschwindet: jetzt bekommt man eine *anamorphotische Abbildung.* Die Verschiedenheit der beiden Brennweiten äußert sich darin, daß ein (passend orientiertes) Quadrat als Rechteck abgebildet wird. Im allgemeinen Fall fordert man von einem anamorpho-

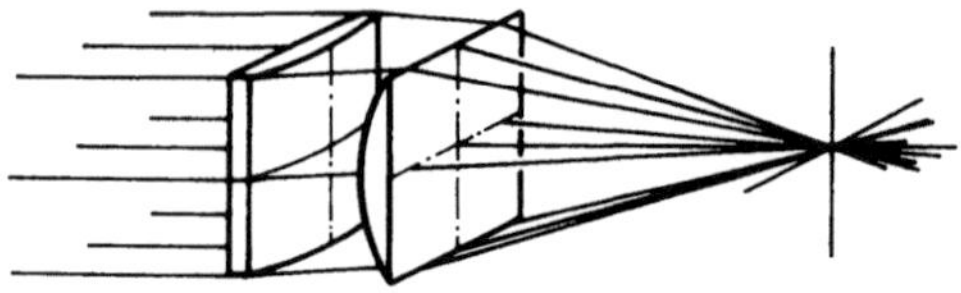

Abb. 11;3

tischen System, daß eine vorgegebene Objektebene in eine vorgeschriebene Bildebene abgebildet wird mit vorgeschriebenen Werten β_I und β_{II}. Auch hier genügen zwei Zylinderlinsen, von denen jede nur auf einen der beiden Hauptschnitte wirkt, so daß die Bestimmung der Lage s_I und der Brennweite f_I entsprechend der vorgeschriebenen Objekt-Bild-Entfernung $s_I' - s_I = s_{II}' - s_{II}$ zu dem vorgegebenen β_I nach Formel (9;4) ebenso wie bei einer gewöhnlichen Linse erfolgt. Desgleichen für Hauptschnitt II.

Anstatt die Zylinderlinse I mit einer zweiten Zylinderlinse zu kreuzen, hätte man auch eine „sphärische", das heißt: rotationssymmetrische Plankonvexlinse hinzufügen können. Wesentlich ist allein $f_I \neq f_{II}$.

Umgekehrt steckt in dieser Bemerkung die Einsicht, daß zwei gekreuzte Zylinderlinsen mit $f_I = f_{II}$ einer gewöhnlichen („sphärischen") Linse mit $f = f_I = f_{II}$ äquivalent sind. Das erkennt man am einfachsten durch spezielle → „Durchbiegung". Eine solche zylindrische Durchbiegung kann man übrigens auch bei gekreuzten Zylinderlinsen mit $f_I \neq f_{II}$ vornehmen, um eine der beiden Außenflächen sphärisch oder gar plan zu machen. Die andere Außenfläche ergibt sich dann als *Fläche doppelter Krümmung* $\frac{1}{r_I} \neq \frac{1}{r_{II}}$.

Technisch erzeugt man derartige Flächen gern als *torische Flächen,* indem man einen (kurzen) Kreisbogen rotieren läßt um eine Achse, die zwar in seiner Ebene liegt, aber nicht durch seinen Krümmungsmittelpunkt Z geht: deswegen ist bei der entstehenden Fläche der *Rotationsradius* r_R verschieden vom *Sagittalradius* r_S.

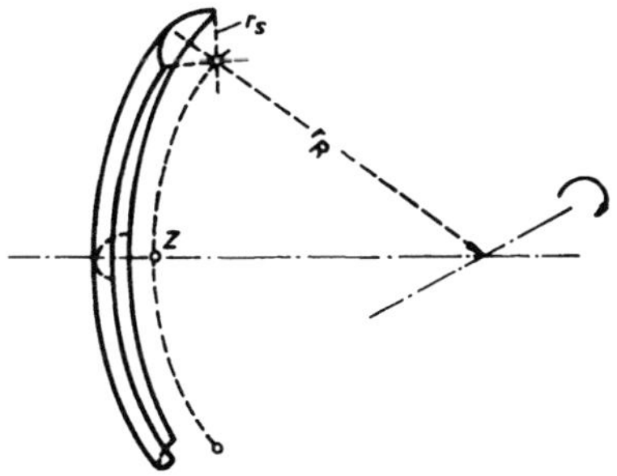

Abb. 11;4

Sehr häufig findet man einen schwachen *Astigmatismus* „in der Achse" beim *menschlichen Auge* – verursacht durch eine leichte Verformung der Hornhaut, wodurch diese zur Fläche doppelter Krümmung wird. Sobald dieser Astigmatismus des Auges stört – üblicherweise bleibt er kleiner als 1/4 dptr. (vergl. § 44) – wird ein Brillenglas mit „Zylinderwirkung" verordnet, bei dem die beiden → Scheitelbrechwerte $1/s'_I$ und $1/s'_{II}$ derart gewählt sind, daß man Fehlsichtigkeit und Astigmatismus des Patienten gleichzeitig beseitigt.

III. Listings Konstruktion

§ 12. Bei praktisch ausgeführten optischen Systemen kommen dünne Linsen sehr selten vor. Selbst bei Brillengläsern muß man die *Brechkraft* (also die reziproke Brennweite) unterscheiden vom *Scheitelbrechwert* (das ist der reziproke Wert der Schnittweite $s'(F')$ des Brennpunktes).

Trotzdem lohnt sich die eingehende Betrachtung der dünnen Linsen, weil man jedes zentrierte optische System (mit endlicher Brennweite) so behandeln kann wie eine dünne *Ersatzlinse,* wenn man die Schnittweiten nicht mehr auf die Scheitelpunkte der Außenflächen, sondern auf die Hauptpunkte H bzw. H′ des Systems bezieht:
die sogenannten *Hauptebenen,* welche man senkrecht zur optischen Achse durch H bzw. H′ hindurchlegt, übernehmen jetzt

die Aufgabe, die bisher von der Mittelebene der dünnen Linse für Objekt- und Bildraum gemeinsam gelöst wurde.

Die Begründung für dieses Verfahren gewinnt man im Zusammenhang mit *Listings Konstruktion.* Aus der Abbildung geht hervor, wie man mit Hilfe der beiden Geradenpaare ⓐ

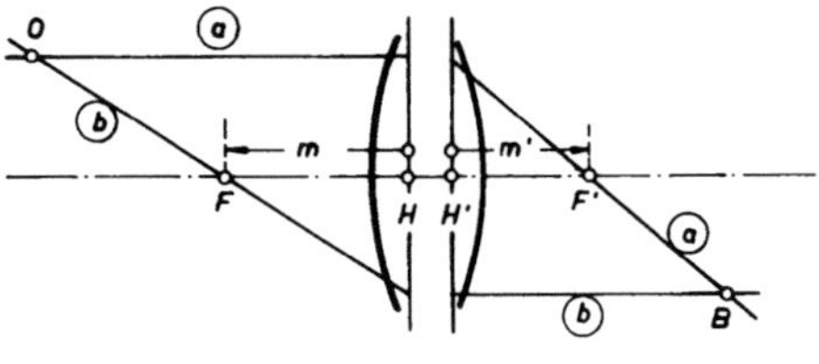

Abb. 12;1

und ⓑ zum Objektpunkt 0 den Bildpunkt B findet und damit Lage und Größe des Bildes bekommt, sobald man die Lage der beiden Brennpunkte F, F′ und der beiden Hauptpunkte H, H′ kennt. Wie die beiden ergänzenden Abbildungen zeigen, kann man sich diese Konstruktion durch zwei Versuchsreihen

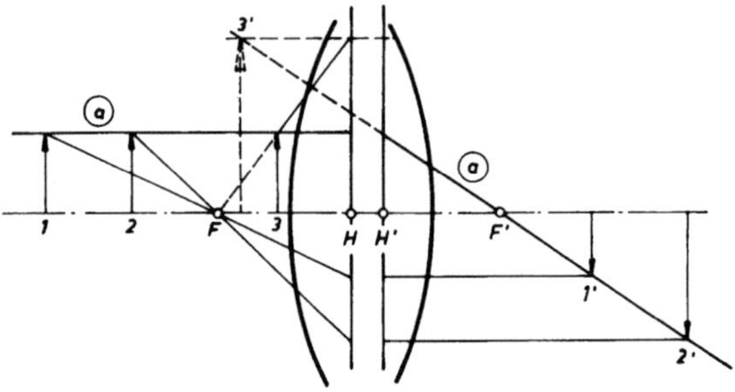

Abb. 12;2a

entstanden denken, bei denen jeweils die Bildlage und der Abbildungsmaßstab β gemessen sind für eine Anzahl verschiedener Objektlagen. Bei Reihe ⓐ ist die Objektgröße L unverändert gehalten; die Endpunkte aller L′ liegen auf der schrägen

Geraden durch den Brennpunkt F′. Man findet also L′ und damit β proportional zum Abstand x′ von F′.

Bei Reihe ⓑ ist umgekehrt L′ konstant, die „einhüllende" Gerade im Bildraum also parallel der Achse. Die entsprechende Gerade im Objektraum geht nun durch den Brennpunkt F: hier ist L und damit 1/β proportional dem Abstand x von F.

Dem Schnittpunkt der beiden Geraden des Paares ⓐ entspräche Bildlage im Hauptpunkt H′, dem Schnittpunkt der beiden Geraden ⓑ die entsprechende Objektlage in H.

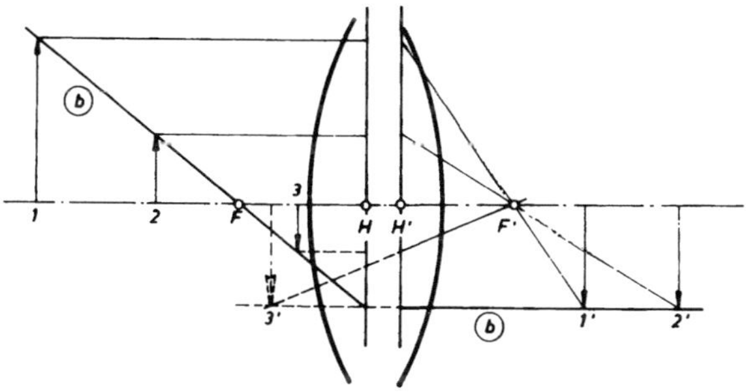

Abb. 12;2b

Es ist nützlich, sich klar zu machen, wie die Wanderung des Objektpunktes (in Abb. 12;2a) durch Drehen der objektseitigen Geraden ⓑ um den Brennpunkt F und entsprechende Parallel-Versetzung der bildseitigen Geraden ⓑ dargestellt würde, während die beiden Geraden ⓐ fest bleiben. Insbesondere die Annäherung des Objektes an die Hauptebene (H) von links oder rechts her sollte man sich überlegen.

Die Geradenpaare ⓐ und ⓑ waren als Konstruktionshilfen (Einhüllende) eingeführt worden. Man kann sie aber auch als (entsprechend verlängerte) Lichtstrahlen ansehen, weil man sich hier im Bereich der Nullstrahlen befindet, die Strahlenvereinigung also außer Frage steht:
damit ist erwiesen, daß die schrägen Geraden durch die Brennpunkte hindurch gehen müssen, und daß die Endpunkte der

Bildhöhen L′ bzw. L tatsächlich auf geraden Linien zu suchen sind.

Im allgemeinen liegen H und H′ auf solchen Zeichnungen nahe beieinander. Das darf aber nicht darüber hinweg täuschen, daß diese Punkte zu verschiedenen Räumen gehören: H liegt im Objektraum, H′ im Bildraum; dabei ist es belanglos, ob in der Zeichnung H links oder rechts von H′ erscheint! Aus dieser Lage der Hauptpunkte und der Eigenschaft, daß $\beta = +1$ für Objektlage in der Hauptebene (H), ergibt sich ihre Verwendung beim Zeichnen von Lichtstrahlen: jeder ankommende Lichtstrahl des Objektraumes schneidet (notfalls verlängert) die achssenkrechte Gerade durch H mit der gleichen Höhe h, die auch sein Bildstrahl auf der Achssenkrechten durch H′ liefert.

§ 13. Die *rechnerische Darstellung* soll zunächst für den Sonderfall untersucht werden, daß Objekt und Bild in Luft liegen, so daß $n = n' = 1$ zu setzen ist. Dann tritt die Ähnlichkeit zu den Formeln für die dünne Linse in Luft besser hervor.

Bezeichnet man die Abstände der Brennpunkte von den zugehörigen Hauptpunkten mit $\overrightarrow{H'F'} = m'$ und $\overrightarrow{HF} = m$ (wobei der Unterschied bei Vorzeichen und Richtungen zu beachten ist), so bekommt man aus Abb. 12;1 die Newtonschen Formeln in der noch unfertigen Gestalt

$$(13;1) \qquad \beta = -\frac{x'}{m'}\,; \quad 1/\beta = -\frac{x}{m}\,; \quad x \cdot x' = m \cdot m'\,.$$

Die Schnittweiten x (für das Objekt) und x′ (für das Bild) werden jeweils auf den zugehörigen Brennpunkt bezogen. Wie man aus Abb. 13;1 zusammen mit Definition (3;1) entnimmt, die hier $f = L/w'$ gibt, ist m′ gleich der Brennweite f. Jeder Lichtstrahl durch den Endpunkt von L gehört im Bildraum zum Parallelbüschel mit der Neigung $w' = L/f$. Entsprechend zeigt man, daß $-m$ gleich f′ sein muß (man legt das Bild L′ in die Brennebene (F′), vergl. S. 24). Aber gilt hier tatsächlich $f = f'$, wie es früher vermutet worden war? Das würde bedeuten $m + m' = 0$ (der Widerspruch zwischen dieser Be-

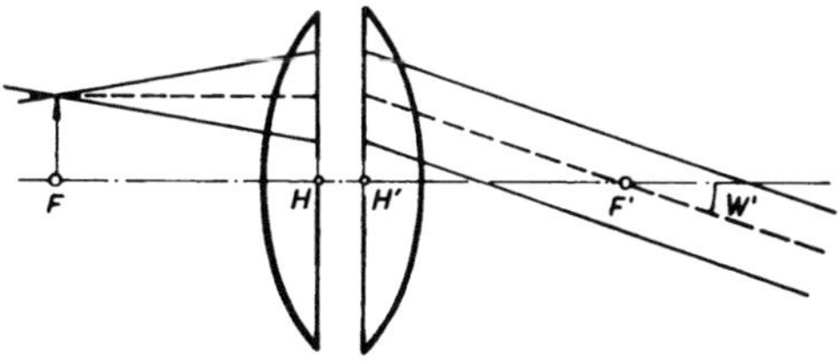

Abb. 13;1

hauptung und den Abmessungen in Abb. 12;1 ist belanglos, weil dort $n' \neq n$ vorausgesetzt ist). Die Antwort auf die gestellte Frage ergibt sich, wenn man neue *Schnittweiten* a, a' einführt, die *auf* die *Hauptpunkte* bezogen sein sollen; man nennt sie oft Objekt- und Bildweite.

Man bemerkt, daß dann

$$(13;2) \qquad a = x + m \text{ für das Objekt,} \qquad a' = x' + m' \text{ für das Bild,}$$

und daß für irgendeinen Lichtstrahl des zugehörigen Mittenbüschels, der die Hauptebenen mit der Höhe h durchsetzt, die Neigungswinkel $u = \frac{h}{a}$ im Objektraum und $u' = \frac{h}{a'}$ im Bildraum gelten. Nach Formel (7;7) bekommt man

$$(13;3) \qquad \frac{u}{u'} = \beta = \frac{a'}{a}.$$

Die Aussage $a' = \beta \cdot a$ wird durch Übergang zu den x, x' verwandelt in $x' + m' = \beta \cdot (x + m)$. Ersatz von β durch $-\frac{x'}{m'}$ und Elimination von x – beides entsprechend den Formeln (13.1) – verwandelt diese Gleichung in $x' + m' = -\frac{m\,m'}{m'} - x'\frac{m}{m'}$ oder $x'\left(1 + \frac{m}{m'}\right) = -(m + m')$. Da rechts eine Konstante steht, wäre diese Formel widersinnig, wenn der Faktor der Variablen links nicht verschwinden würde, wenn also $m + m'$ von Null verschieden wäre.

Somit ist tatsächlich $f = f' = m' = -m$ die Brennweite, und *Newtons Formeln* erhalten die bekannte Gestalt

$$(13;4)\qquad \boxed{\beta = -\frac{x'}{f}\ ;\quad 1/\beta = \frac{x}{f}\ ;\quad x \cdot x' = -f^2}\ .$$

Entsprechend verwandeln sich die Formeln (13;2) in $a = x - f$ und $a' = x' + f$. Bildet man nun (analog zur Linsenformel) versuchsweise

$$\frac{1}{a'} - \frac{1}{a} = \frac{1}{x' + f} - \frac{1}{x - f} = \frac{x - x' - 2f}{x'x + f(x - x') - f^2} = \frac{x - x' - 2f}{f(x - x' - 2f)}\ ,$$

so erscheint rechts tatsächlich die reziproke Brennweite. In Übereinstimmung mit der Linsenformel (9;1) gilt also

$$(13;5)\qquad \frac{1}{a'} = \frac{1}{a} + \frac{1}{f} \quad \text{nebst} \quad \beta = \frac{a'}{a}\ .$$

Beiderseitige Multiplikation mit der Höhe h in den Hauptebenen liefert in Übereinstimmung mit Formel (9;5)

$$(13;6)\qquad u' - u = h \cdot \frac{1}{f}\ .$$

Das heißt hier: die Umlenkung, die ein Lichtstrahl beim Durchgang durch ein optisches System in Luft erfährt, ist gleich dem Produkt aus der reziproken Brennweite des Systems und der Höhe, mit der der Strahl die Hauptebenen durchsetzt.

Die Spezialisierung auf $n = n' = 1$ (Systeme in Luft), welche oben vorgenommen wurde, um die Analogie zur dünnen Linse in Luft hervortreten zu lassen, paßt zwar zur Mehrzahl der Anwendungen; die Listingsche Konstruktion gilt aber auch für den allgemeinen Fall $n \neq n'$, der bereits in Abb. 12;1 dargestellt wurde. Für die rechnerische Behandlung dieses Falles soll der Gang an den Formeln skizziert werden.

Es bleibt bei der Verabredung $\overrightarrow{HF} = m$ und $\overrightarrow{H'F'} = m'$. Auch die Formeln (13;1) bleiben gültig. Dagegen bekommt man für die Brennweiten jetzt $f = \frac{m'}{n'}$ und $f' = -\frac{m}{n}$. Die Frage lautet jetzt, ob $\frac{m}{n} + \frac{m'}{n'} = 0$ sei, wie vermutet wird. Auch (13;2) bleibt unverändert; dagegen gilt statt (13;3) jetzt $\beta = \frac{a'}{n'} \frac{n}{a}$ wie beim Nullstrahl (6;6). Demnach ist $\frac{x' + m'}{n'} = = \beta \cdot \frac{x + m}{n}$ durch Einsetzen von $-\frac{x'}{m'}$ für β und $m \cdot m'$ für $x \cdot x'$ zu verwandeln in $\frac{x'}{m'}\left(\frac{m'}{n'} + \frac{m}{n}\right) = -\left(\frac{m'}{n'} + \frac{m}{n}\right)$, wodurch der analoge Widerspruch wie oben entstände, wenn $\frac{m}{n} + \frac{m'}{n'}$ von Null verschieden wäre. Im allgemeinen Fall ist also

(13;7) $$-\frac{m}{n} = \frac{m'}{n'} = f = f' \quad \text{die Brennweite;}$$

Newtons Formeln verallgemeinern sich zu

(13;8) $$\beta = -\frac{x'}{n'} \cdot \frac{1}{f} \; ; \quad 1/\beta = \frac{x}{n} \cdot \frac{1}{f} \; ; \quad \frac{x}{n} \cdot \frac{x'}{n'} = -f^2 \; ;$$

und für die Schnittweiten $a = x - f$ und $a' = x' + f$ gilt nun – in voller Analogie zu den Nullstrahlformeln (6;3) und (6;6)

(13;9) $$\boxed{\frac{n'}{a'} = \frac{n}{a} + \frac{1}{f} \quad \text{mit} \quad \beta = \frac{a'}{n'} \cdot \frac{n}{a}} \; .$$

Übergang zu den Neigungswinkeln $u = \frac{h}{a}$, $u' = \frac{h}{a'}$ liefert einerseits wieder die Formel (7;7) $\beta = \frac{n \cdot u}{n' \cdot u'}$ und andererseits die Beziehung

(13;10) $$n' \cdot u' - n \cdot u = h \cdot \frac{1}{f} \; .$$

In Worten: Die Änderung der numerischen Apertur, die ein Lichtstrahl beim Durchgang durch ein optisches System erfährt, ist gleich dem Produkt aus der reziproken Brennweite und der Höhe h, mit der er die Hauptebenen durchsetzt.

§ 14. Einige *Beispiele* sollen die *Anwendung der Listingschen Konstruktion* und der *Newtonschen Formeln* erläutern.

Zunächst geht es um das Zeichnen von Strahlengängen. Dabei muß man Rücksicht nehmen auf Lage und Größe der Aperturblende; bisweilen wird man nicht nur das Bild des Objektes aufsuchen, sondern auch Lage und Größe des Bildes der Blende bestimmen. Objekt und Bild sollen in Luft (n = 1) liegen.

Zunächst eine *Linse mit Vorderblende.* Für die Zeichnung würde es ausreichen, die beiden Randstrahlen des schiefen Büschels vom Objektpunkt her nach den Rändern der Blende zielen zu lassen, die Durchstoßpunkte mit der einen zur anderen Hauptebene zu übertragen und von dort die Strahlen zum Bildpunkt zu zeichnen.

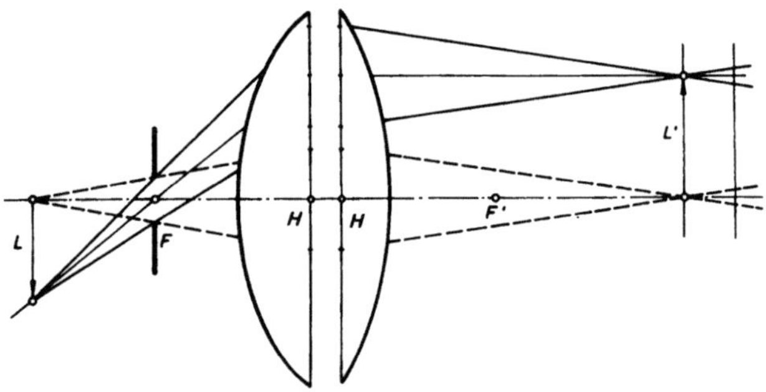

Abb. 14;1

Aber dieses Beispiel soll noch mehr zeigen. Nimmt man nämlich den Mittelstrahl des schiefen Büschels (meist *Hauptstrahl* oder *Blendenstrahl* genannt) hinzu, der hier durch den Brennpunkt F hindurchgeht und darum auf der Bildseite achsparallel verläuft, so erkennt man die Besonderheit dieses *„telezentrischen Strahlengangs“:* beim unscharfen Einstellen bekommt man statt des Punktes einen Kreis als „Bild“ des Punktes – sowohl beim Mittenbüschel wie beim schiefen Büschel; aber die *Mittelpunkte* der beiden Kreise, auf die man trotz der Unschärfe ziemlich genau einstellen kann, ***behalten*** den *richtigen Abstand* voneinander.

Außerdem sieht man, daß schiefes Büschel und Mittenbüschel in den Durchmessern übereinstimmen. Es genügt also, wenn man neben dem Mittenbüschel (gegeben durch seinen Randstrahl) anstelle des schiefen Büschels nur noch den erwähnten *Hauptstrahl* (mit den Schnittweiten a_z, a'_z gegenüber den Punkten H, H') durch Zeichnung oder Rechnung verfolgt.

Dieser Hauptstrahl hat eine doppelte Bedeutung: Einerseits spielt er beim schiefen Büschel die gleiche Rolle wie die optische Achse beim Mittenbüschel; wenn man den Durchmesser der Blende immer kleiner werden läßt, bleibt vom Strahlengang schließlich nur noch das Büschel der Hauptstrahlen einschließlich der optischen Achse übrig. Insofern sind diese Strahlen *Träger der Abbildung,* soweit es nur um die *Größe* des Bildes geht.

Andererseits bewirkt das Hauptstrahlen-Büschel offenbar die Abbildung der Blendenmitte (daher der Name Blendenstrahlen) ganz so, wie die Mitte des Objektfeldes vom Mittenbüschel abgebildet wird. Deswegen ist es sinnvoll, auch für diese *Blendenabbildung* einen Abbildungsmaßstab zu berechnen. Dieser soll β_z heißen; er ist definiert als Quotient der Pupillenradien $\beta_z = y'/y$ analog der Definition (6;7) für β. Da die Schnittweiten a_z, a'_z auf die Hauptpunkte bezogen sind, gelten für die Blendenabbildung die Formeln wie (13;5): $\frac{1}{a'_z} = \frac{1}{a_z} + \frac{1}{f}$ neben $\beta_z = \frac{a'_z}{a_z}$.

Im nächsten Beispiel geht es um eine *Linse mit Hinterblende.* Das Objekt liege im vorderen Brennpunkt; der Strahlengang entspricht also einer → Lupe. Da man bildseitig ein Parallelbüschel hat, dessen Neigung leicht zu bestimmen ist, kann man dort die Randstrahlen des schiefen Büschels festlegen und sie über die Hauptebenen in den Objektraum übertragen. Man bekommt aber mehr Information, wenn man zur bildseitigen Schnittweite a'_z des Hauptstrahls den Wert a_z für den Objektraum bestimmt und den Durchmesser 2y der sogenannten *Eintritts-*

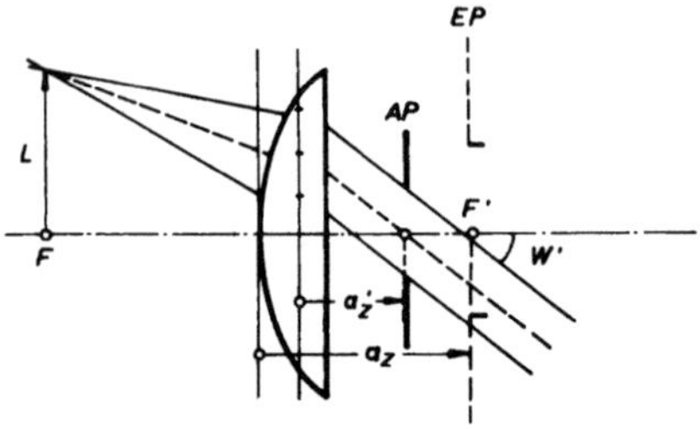

Abb. 14;2

pupille (EP) über $1/\beta_z$ aus dem Durchmesser der Blende errechnet, die hier zugleich AP ist. So kann man für jeden Wert L der Objekthöhe bequem das abbildende Büschel zeichnen, dessen Randstrahlen jeweils zum Rand der EP zielen.

Im allgemeinen wird die Blende irgendwo im Innern des optischen Systems liegen. Die bildseitig anschließenden optischen Elemente liefern durch Abbildung der Blende als ihr Bild die AP mit Radius y' und Schnittweite a_z' gegenüber H'. Dazu gehört im Objektraum die EP mit Radius y und Schnittweite a_z gegenüber H. Im ersten Beispiel fiel die EP mit der Blende zusammen; wegen der speziellen Lage war $a_z' = \infty$. Der *Name* Eintrittspupille rührt offenbar *vom* menschlichen *Auge* her: der Beobachter, der im Objektraum gegenüber steht, sieht nicht die Iris, also die Blende des Auges, sondern die Augenpupille, also das Bild der Iris, welches durch die davor liegende Teiloptik entworfen ist.

Ebenso ist die Eintrittspupille dasjenige Bild der Aperturblende, das von der vorderen Hälfte des optischen Systems in den Objektraum (also entgegengesetzt dem üblichen Lichteinfall) entworfen ist. Der zugehörige Abbildungsmaßstab ist im allgemeinen durchaus von 1 verschieden. Man würde also einen erheblichen Fehler begehen, wenn man bei einem Photoobjektiv die Vorderhälfte abschrauben, den Durchmesser d der Blende messen und dann durch Division mit der Brennweite f des gesamten Objektivs das Öffnungsverhältnis errechnen wollte! Tatsächlich ist das Öffnungsverhältnis definiert als Quotient

$\text{Ö} = \frac{\text{Durchmesser der EP}}{\text{Brennweite}}$; im Zähler muß also der Durchmesser 2y der EP stehen. Vergl. § 8.

Die große Ähnlichkeit zwischen der Listingschen Konstruktion und dem Arbeiten mit dünnen Linsen legt es nahe, ein optisches System aus einzelnen Bauelementen zusammenzusetzen, welche einzeln wie dünne Linsen (in Luft) gehandhabt werden können, obwohl sie selbst durchaus nicht dünn und möglicherweise wieder aus mehreren Linsen zusammengesetzt sind: sobald man von jedem der Bauelemente die Lage der beiden Hauptpunkte und die Brennweite kennt, läuft wegen der Formeln (13;5) alles wie bei dünnen Linsen.

Insbesondere kann man die Brennweite f_{1-k} für das Gesamtsystem und die Lage seiner Hauptpunkte H, H' berechnen, sobald man Lage und Brennweiten der Bauelemente kennt. Man geht davon aus, daß die Ablenkung $u'_k - u_1$ eines Lichtstrahls durch das Gesamtsystem gleich der Summe der Ablenkungen $u'_m - u_m = h_m \cdot \frac{1}{f_m}$ durch die einzelnen Glieder $m = 1 \ldots k$ ist. Kennt man für den Lichtstrahl also Anfangsschnittweite a_1 (bezogen auf H_1), Endschnittweite a'_k (bezogen auf H'_k) und die Durchgangshöhen h_m bei den einzelnen Hauptebenen, so liefert die Formel für die Gesamtablenkung (vergl. (13;6))

$$\text{(14;1)} \qquad \frac{h_k}{a'_k} = \frac{h_1}{a_1} + \sum_1^k \frac{h_m}{f_m}$$

a) bei endlichem Abbildungsmaßstab

$$\text{(14;2)} \qquad 1/\beta_{1-k} = \frac{h_k}{h_1}\,\frac{a_1}{a'_k} = 1 + a_1 \sum_1^k \left(\frac{h_m}{h_1}\right) \frac{1}{f_m}$$

b) für $a_1 = \infty$ mit

$$\text{(14;3)} \qquad f_{1-k} = \frac{h_1}{h_k}\, a'_k$$

die sogenannte *Maßstabsgleichung*

(14;4) $$\frac{1}{f_{1-k}} = \sum_{1}^{k} \frac{h_m}{h_1} \cdot \frac{1}{f_m}\,.$$

Das heißt: jede einzelne Brechkraft zählt für die Gesamtbrechkraft des Systems nur proportional der (in der zugehörigen Hauptebene) wirksamen Höhe des von $a_1 = \infty$ herkommenden Lichtstrahls.

§ 15. Nun sollen speziell einige zweigliedrige Systeme betrachtet werden. Entsprechend der Darstellung in der Abbildung sollen nur die beiden Brennweiten f_1, f_2 (hier zufällig

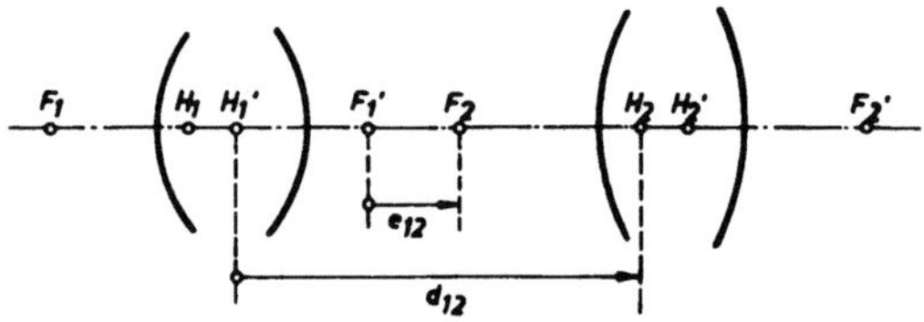

Abb. 15;1

beide positiv) und der Abstand der beiden Brennpunkte $e_{12} = \overrightarrow{F_1' F_2}$ (oder der Abstand der beiden Hauptpunkte $d_{12} = \overrightarrow{H_1' H_2}$) bekannt sein. Zunächst interessiert der Abbildungsmaßstab $\beta_{12} = \beta_1 \cdot \beta_2$ oder die Brennweite $f_{12} = f_1 \cdot \beta_2$ für die Kombination.

Wegen $x_2 = x_1' - e_{12}$ führt (13;4) auf

(15;1) $$\beta_{12} = -\frac{x_1'}{f_1} \cdot \frac{f_2}{x_2} = -\frac{x_1'}{x_1' - e_{12}} \cdot \frac{f_2}{f_1} \quad \text{und}$$

(15;2) $$f_{12} = -\frac{f_1 f_2}{e_{12}} \quad (\text{denn zu } x_1 = \infty \text{ gehört } x_1' = 0, \text{ also } x_2 = -e_{12})\,.$$

Nun gleich eine Aufgabe:

Wie muß ein zweigliedriges System gebaut sein, damit der Abbildungsmaßstab β_{12} unabhängig von der Objektlage ist? Formel (15;1) gibt sofort die Lösung: man muß $e_{12} = 0$

wählen, die Brennpunkte somit zusammenfallen lassen, also ein *Fernrohr* nehmen. Dann hat man $\frac{1}{\beta_{12}} = -\frac{f_1}{f_2}$; zugleich findet man $f_{12} = \infty$. Ein derartiges System nennt man **„*telesko-pisch*"**. Es bildet zwar einen unendlich entfernten Punkt wieder nach unendlich ab, kann aber auch für andere Objektlagen benutzt werden (!). Technische Anwendung bei der → teleskopischen Lupe nach Alb. König.

Kennt man nicht e_{12} sondern den Hauptpunkts-Abstand

$$d_{12} = f_1 + e_{12} + f_2 \,, \tag{15;3}$$

so erhält (15;2) die Gestalt

$$1/f_{12} = 1/f_1 + 1/f_2 - \frac{d_{12}}{f_1 \cdot f_2} \tag{15;4}$$

analog Formel (8;2b).

Für verschiedene Anwendungen interessiert die Lage des Hauptpunktes H' des Gesamtsystems gegenüber dem Hauptpunkt H_2' – entsprechend für H gegenüber H_1. Geht man aus von der Beobachtung (§ 7), daß für Systeme in Luft $\overrightarrow{H'F'} = f$ sein muß, so genügt es offenbar, die Schnittweite $a_2'(F')$ des Brennpunkts mit der Brennweite zu vergleichen. Formel (14;3) gibt $\frac{a_2'}{f} = \frac{h_2}{h_1} = \frac{a_1' - d_{12}}{a_1'}$, wobei hier $a_1' = f_1$:

$$\frac{a'(F')}{f_{12}} = 1 - \frac{d_{12}}{f_1} \,, \tag{15;5}$$

und damit kennt man $\overrightarrow{H'H_2'} = f_{12} - a_2'(F')$. Analog wird $\overrightarrow{HH_1}$ erhalten; man bekommt also

$$\overrightarrow{HH_1} = -f_{12} \cdot \frac{d_{12}}{f_2} \text{ und } \overrightarrow{H'H_2'} = f_{12} \cdot \frac{d_{12}}{f_1} \,. \tag{15;6}$$

Aus diesen Formeln für die Hauptpunkte der Kombination erfährt man beispielsweise, wie ein *Teleobjektiv* aufzubauen ist (Erfinder: Kepler 1611):

Hier soll die gesamte Baulänge (erst recht also $d_{12} + a_2'$) kleiner als f_{12} sein. Man muß also $\overrightarrow{H'H_2'} > d_{12}$ machen – und das fordert wegen (15;6) einen entsprechend großen Wert für den Quotienten $\frac{f_{12}}{f_1}$, der andererseits gleich β_2 ist: gefordert wird $\beta_2 > 1$. Versuchsweise wird $\beta_2 = 1{,}5$ gesetzt; mit (9;3) gibt das $a_2 = -\frac{1}{3} \cdot f_2$ und $a_2' = -\frac{1}{2} \cdot f_2$; also $f_2 < 0$. Wählt man zunächst $f_2 = -f_1$ (diese Wahl empfiehlt sich auch im Hinblick auf die → Petzvalsumme), so bedeutet das
$d_{12} = f_1 - \frac{1}{3} \cdot f_1$ oder $d_{12} + a_2' = \frac{7}{6} f_1 = \frac{7}{9} f_{12}$, wie gewünscht.

Verkleinert man nun den Betrag von f_2, wobei aber β_2 und damit f_{12} ungeändert bleiben sollen, so rückt F' näher an die Vorderlinse und damit H' noch weiter nach links.

Geht man umgekehrt von gegebenen Werten f_1 und f_2 (mit $|f_2| < f_1$) beim Teleobjektiv aus, so kann man durch allmähliches Verkleinern von d_{12} die Endschnittweite a_2' und damit die Brennweite f_{12} immer mehr anwachsen lassen, bis man mit $d_{12} = f_1 + f_2$ den Übergang zum *Galilei-Fernrohr* vollzogen

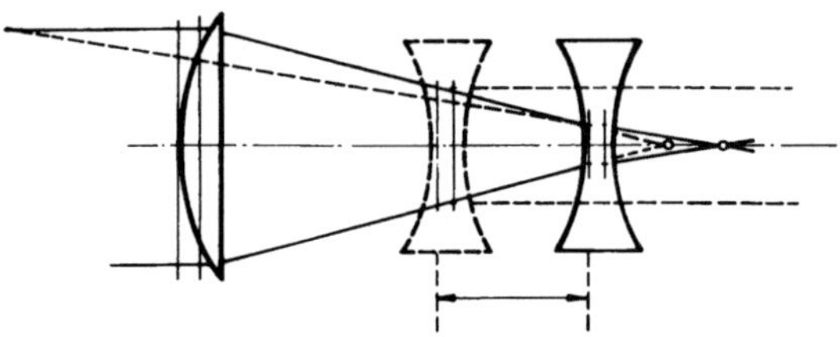

Abb. 15;2

hat. Umgekehrt kann man sich jedes *Teleobjektiv* in Gedanken aus einem *Galilei-Fernrohr* (der Vergrößerung γ) entstanden denken, auf dessen Okular eine geeignete Positivlinse der Brennweite f_3 (mit Abstand $d_{23} = 0$) aufgesetzt ist: für diese Kombination wird dann $f_{13} = \gamma \cdot f_3$ und damit γ mal so groß wie die Endschnittweite $a'_3(F')$; γ ist ja gleich dem Höhenverhältnis $\frac{h_1}{h_2}$, dessen reziproker Wert auf der rechten Seite der Formel (15;5) steht.

Bei kurzbrennweitigen Objektiven (*Weitwinkel* genannt) ergibt sich umgekehrt wie beim Teleobjektiv der Wunsch, die Endschnittweite $a'_2(F')$ größer zu machen als die Brennweite, damit man beispielsweise Platz für den ausklappbaren Spiegel bei der einäugigen Spiegelreflex-Kamera gewinnt.

Hier liegt es nahe, sich an das umgekehrte Galilei-Fernrohr anzuschließen, dessen γ-Wert wieder das Höhenverhältnis $\frac{h_1}{h_2}$ und damit den Quotienten $\frac{f_{12}}{a'_2(F')} = \gamma$ liefert: hier kleiner als 1.

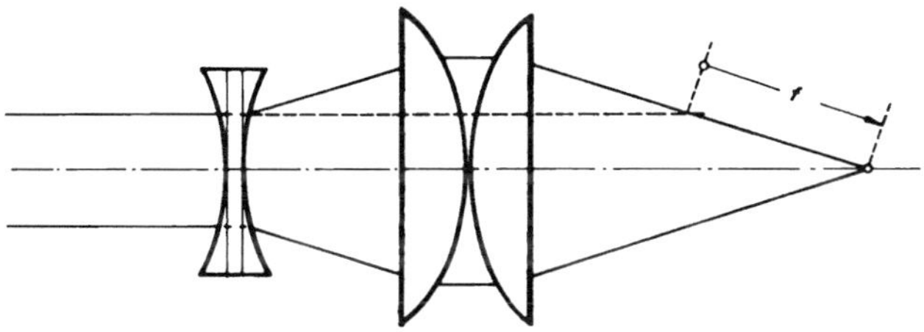

Abb. 15;3

Die hinzugefügte Sammellinse f_3 legt dann wieder Endschnittweite und Gesamtbrennweite fest. So kommt man zur Konstruktion des sogenannten *Retro-fokus*-Objektivs, gekennzeichnet durch negatives f_1.

Zum Schluß noch eine Aufgabe!

Gesucht ist ein zweigliedriges *System variabler Brennweite,* bei dem man also f_{12} und $a'_2(F')$ auf beliebige positive Werte einstellen kann. Wie erreicht man, daß bei dieser Verstellung der Hauptpunkt H' sich gegenüber der bildseitigen Linse 2 nicht verlagert, daß also $\overrightarrow{H'H'_2}$ unabhängig von d_{12} bleibt?

Kombination der Formeln (15;6) und (15;4) führt auf die Forderung, daß sich $f_{12}\left(\frac{1}{f_1}+\frac{1}{f_2}\right) = 1 + d_{12}\cdot f_{12}\cdot\frac{1}{f_1\,f_2}$ nicht ändern soll, wenn f_{12} geändert wird: das ist offenbar nur dann möglich, wenn $f_1 = -f_2$ ist; so entsteht *Bauersfelds* System aus zwei Gliedern entgegengesetzt gleicher Brechkraft

$f_1 = +f$, $f_2 = -f$, also $d_{12} = e_{12}$ und $f_{12} = \frac{1}{d}\cdot f^2$; H liegt in F_1 und H′ in F_2'.

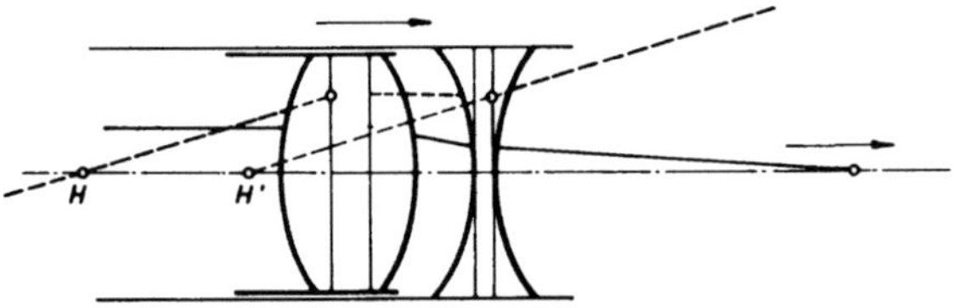

Abb. 15;4

IV. Spiegelnde Flächen

§ 16. Bei der Spiegelung wird die Richtung des Lichtes umgekehrt. Das paßt nicht zu den bisher benutzten Durchrechnungsformeln und Verabredungen über Vorzeichen. Damit steht man vor der Wahl, ob man für die Spiegelung neue Formeln in Kauf nehmen möchte (dann kann man sich an die tatsächliche räumliche Anordnung halten) oder ob man die Analogie zur Abbildung durch dünne Linsen in den Vordergrund stellen will.

Allemal wird man von der Abbeschen Invariaten (6;2) ausgehen, die hier in der Form

$$n'\left(\frac{1}{r'}-\frac{1}{s'}\right) = n\left(\frac{1}{r}-\frac{1}{s}\right) \quad \text{mit} \quad \frac{n'}{r'} = -\frac{n}{r} \tag{16;1}$$

geschrieben wird, um in der Unterscheidung zwischen r und r′ die Besonderheit der Spiegelung zu berücksichtigen. Für den Abbildungsmaßstab soll – ebenfalls versuchsweise – die Formel (6;5) übernommen werden

(16;2) $$\beta = \frac{s'}{n'}\frac{n}{s}$$

a) Im einen Fall rechnet man mit $n' = -n$, wobei das negative Vorzeichen an die Umkehr der Lichtrichtung (also quasi negative Geschwindigkeit $v' = c/n'$) erinnern soll. Dann muß man $r' = r$ setzen; das gibt die Durchrechnungsformeln

(16;3) $$\frac{1}{s'} = \frac{2}{r} - \frac{1}{s} \quad \text{mit} \quad \beta = -\frac{s'}{s}.$$

Eine Komplikation liegt darin, daß man beim Übergang zur nächsten Fläche schreiben muß

(16;4) $$s_{\nu+1} = s'_\nu + d'_\nu$$

solange die Brechzahl negativ ist.

b) Bei der anderen Wahl zählt man mit $r' = -r$ jede spiegelnde Fläche gewissermaßen doppelt. Das läßt sich deuten als Spiegelung an einer achssenkrechten Ebene, durch die man die Umkehr der Lichtrichtung beseitigt und den Strahlengang „entfaltet". Diese Methode (nach Schwarzschild) hat den Vorzug, daß die Formeln der Abbildung durch dünne Linsen auch hier gelten, bringt aber den Nachteil, daß man mehr Aufmerksamkeit auf die Strahlenbegrenzung verwenden muß.

Hier muß man $n' = n$ setzen; dann bekommt man aus (16;1 und 2)

(16;5) $$\frac{1}{s'} = \frac{2}{r'} + \frac{1}{s} \quad \text{mit} \quad \beta = \frac{s'}{s}$$

als Durchrechnungsformeln.

Wenn man am Beispiel des Hohlspiegels mit $s = r$ (also Objektlage im Krümmungsmittelpunkt) die Übereinstimmung zwischen Formeln (16;3) bzw. (16;5) und Beobachtung prüft, bekommt man die gleiche Aussage: auch das Bild liegt im Krümmungsmittelpunkt, es steht aber „auf dem Kopf".

Die Formeln (16;3) liefern hier $s' = r = s$, während (16;5) die gleiche Bildlage mit $s' = r' = -s$ beschreibt. Für β geben beide Formeln den Wert -1; in der Tat scheint das Bild um 180° gedreht, wenn man dem *einfallenden* Licht entgegen

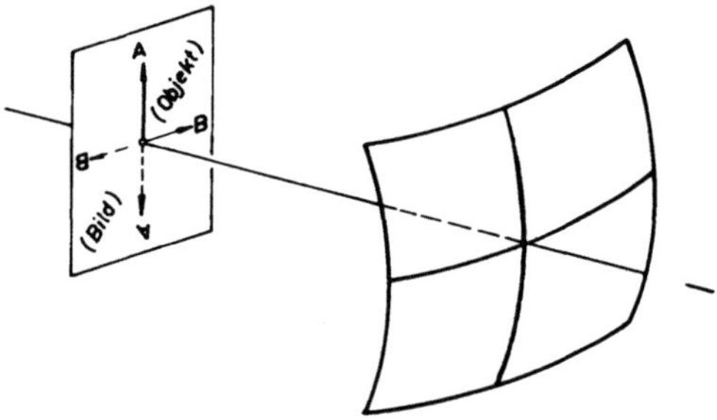

Abb. 16;1

sieht (und das Bild auf einer Mattscheibe auffängt). Beobachtet man jedoch, wie es sonst üblich ist, entgegen der Richtung des *aus*tretenden Lichtes, so erscheint das Bild „spiegelverkehrt“, wie man am Bild einer Taschenuhr bemerkt. Beide Darstellungsarten stimmen also darin überein, daß das Vorzeichen von β allein hier nur unvollkommen informiert.

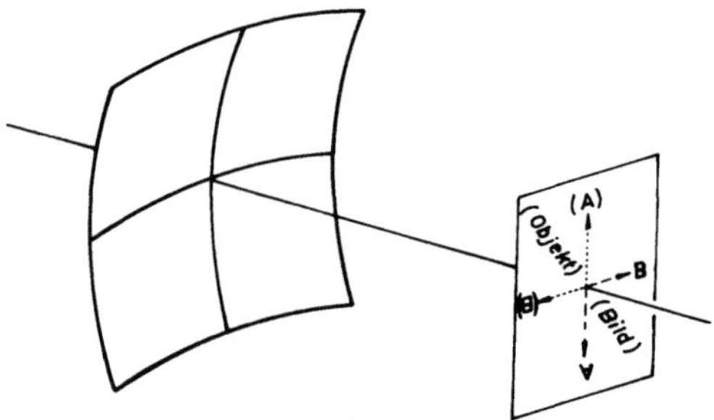

Abb. 16;2

Ihre Besonderheiten ersieht man aus der Abbildung des Strahlengangs für ein *Spiegelsystem nach Cassegrain.*

Dieses Spiegelsystem entspricht offenbar einem Teleobjektiv. Es beginnt mit dem sammelnden *Hauptspiegel* 1 (jeder Hohlspiegel besitzt die positive Brennweite $f = \frac{r'}{2}$). Darauf folgt mit

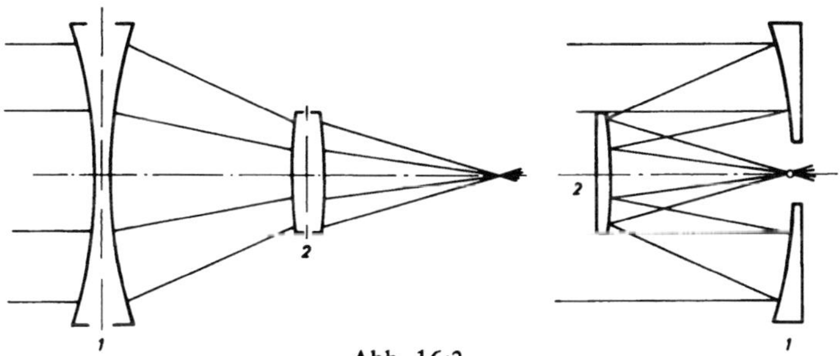

Abb. 16;3

passendem Abstand der Hilfsspiegel oder *Fangspiegel* 2, der hier als Konvexspiegel ausgebildet ist und darum die gleiche zerstreuende Wirkung zeigt wie das Negativglied beim Teleobjektiv.

Allgemein kann man feststellen, daß sich der Unterschied zwischen den Verabredungen a) und b) bei den Kardinalpunkten (mit Ausnahme der Knotenpunkte) nicht auswirkt:

die Brennpunkte liegen bei $s(F) = \frac{r}{2}$ und $s'(F') = \frac{r'}{2}$, die Hauptpunkte H, H′ auf der Oberfläche des Spiegels und die Umkehrpunkte U, U′ (mit $\beta = -1$) im Krümmungsmittelpunkt $s = r$.

Bei den Knotenpunkten jedoch, die durch $\gamma = +1$ oder $u' = u$ gekennzeichnet sind, kommen die beiden Darstellungen zu unterschiedlichen Aussagen; hier muß die praktische Aufgabe entscheiden. Die Abbildung gibt ein Beispiel (nach *Eppenstein*). Hier ist durch starre Verbindung des ebenen Spiegels mit einer Sammellinse erreicht, daß die Knotenpunkte K, K′ dort auftreten, wo für die Linse allein die Umkehrpunkte

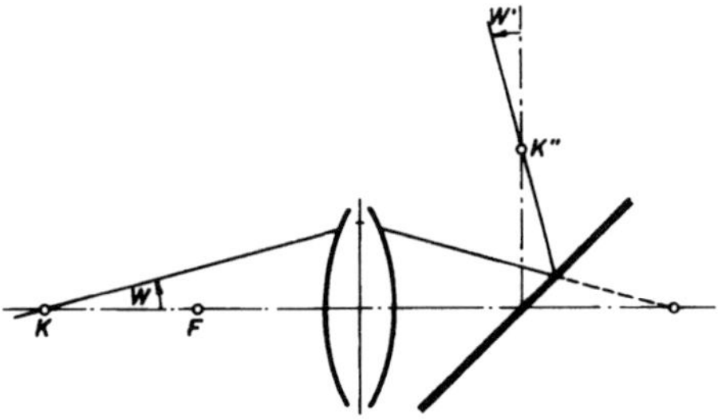

Abb. 16;4

(mit $\beta = -1$) liegen würden: jeder Lichtstrahl, der objektseitig durch K hindurch geht, verläßt das System durch K′ hindurch mit einer Richtung, die auf der Einfallsrichtung beispielsweise senkrecht steht, wenn der Spiegel die optische Achse der Linse im rechten Winkel umlenkt.

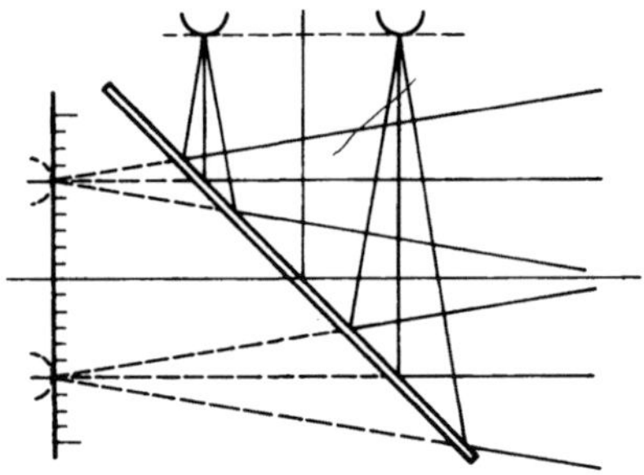

Abb. 16;5

Ein anderes Beispiel für die Verwendung eines ebenen Spiegels (diesmal ist es eine unverspiegelte Glasplatte) zeigt diese Abbildung. Hier geht es um die *parallaxfreie Messung* des Augenabstands im Spiegelbild des Patienten. Überlagerung des („virtuellen“) Spiegelbildes mit dem reellen Maßstab macht es möglich, genau in der Ebene der Pupillen zu messen.

Gerade bei ebenen Spiegeln ist die Frage nach Lage und *Orientierung des Bildes* bisweilen etwas unbequem zu beantworten. Es lohnt sich daher, diese Frage für die „Abbildung“ durch einen oder mehrere ebene Spiegel im Zusammenhang zu betrachten. Nimmt man im Objektraum ein rechtshändiges Koordinatensystem mit dem Nullpunkt N an, so sind folgende Fragen zu beantworten:

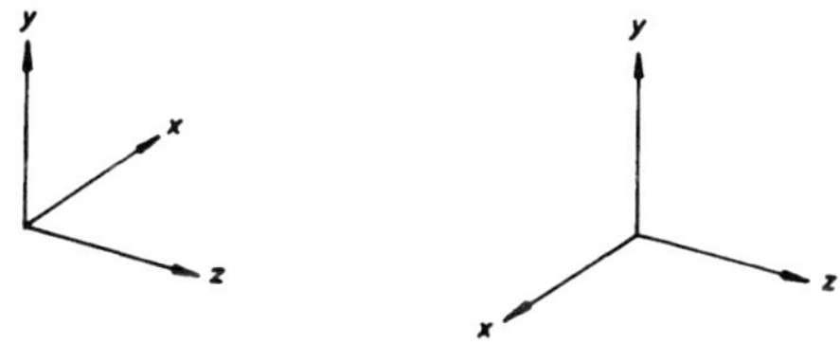

rechts – und links – händig

Abb. 16;6

a) Wo liegt das Bild N″ des Punktes N?
b) Ist das Bild des Koordinatensystems ein Rechts- oder ein Links-System?
c) Wie liegen die Spiegelbilder der z-Achse und der y-Achse?

Frage b) ist sofort beantwortet: nur eine *gerade* Anzahl von Spiegelungen gibt wieder ein Rechtssystem; jede Spiegelung verwandelt Rechtssystem in Linkssystem und umgekehrt!

Die Antwort auf Frage a) ist am einfachsten, wenn man N in die spiegelnde Fläche legt; dann fallen N″ und N zusammen. Allemal wird ja die Verbindungsstrecke zwischen irgendeinem Punkt P und seinem Spiegelbild P″ senkrecht stehen auf der ebenen Spiegelfläche; der Durchstoßpunkt mit dem Spiegel halbiert diese Strecke.

§ 17. Nun einige Beispiele!

Beim *Rundblick-Spiegel* wird der obere Spiegel mit senkrechter Drehachse gedreht, damit die „Sehlinie“ des Beobachters – als z-Achse des Koordinatensystems vorgestellt – den Horizont absuchen kann. Leider wird man hier durch *Bildsturz* gestört: sobald der obere Spiegel aus der Parallel-Stellung zum unteren herausgedreht wird, scheint sich der Horizont für den

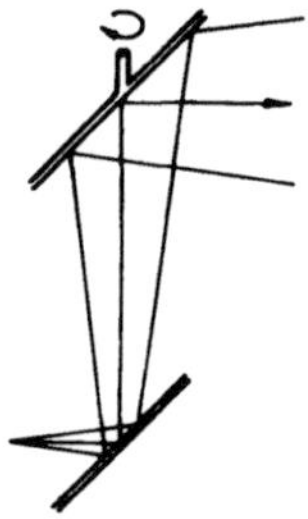

Abb. 17;1

Beobachter um die z-Achse zu drehen. Der Drehwinkel dieses Bildsturzes ist ebenso groß wie der Winkel, um den die Sehlinie gedreht wird; beispielsweise steht die Landschaft „auf dem Kopf“ beim Ausblick rückwärts. Das heißt aber: das bildseitige Koordinatensystem rotiert um seine z''-Achse, wenn diese um die gerätefeste Drehachse geschwenkt wird. Im einzelnen kann man das nachprüfen, wenn man (vom Auge ausgehend) eine Parallele zur z-Achse verfolgt, deren Versetzung gegenüber dieser z-Achse die Richtung der y-Achse festlegt. Man beobachtet dann, wie das Bild dieser Parallelen beim Rundblick um die z''-Achse herumgeführt wird.

Praktische Abhilfe gegenüber dem Bildsturz ermöglicht bekanntlich das → *Reversionsprisma.* Im Rundblickfernrohr wird es im Strahlengang zwischen den beiden ebenen Spiegeln angeordnet und mit halber (!) Winkelgeschwindigkeit (verglichen mit dem oberen Spiegel) gedreht um die gemeinsame Drehachse.

Die nächste Abbildung zeigt am Skelett des Strahlengangs für die vier *Porro-Spiegel,* wie dieser „Umkehrsatz“ z. B. beim Feldstecher wirkt. Außer der z-Achse ist noch – zunächst über ihr liegend – der gestrichelte Parallelstrahl verfolgt. Nach der 2. Spiegelung trifft er den 3. Spiegel später als die z-Achse und gerät dadurch nach der 4. Spiegelung unter diese Achse. Ergebnis: die Ausblicksrichtung – dargestellt durch die z-Achse – erfährt durch die Spiegelungen nur eine Parallel-

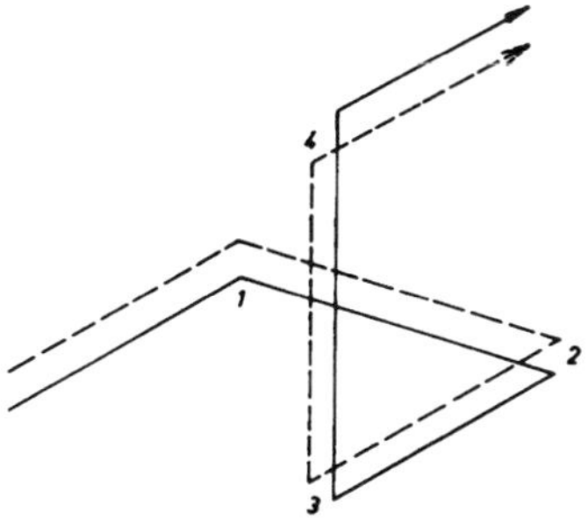

Abb. 17;2

Versetzung; aber die beiden anderen Achsen sind um 180° gedreht gegenüber der Ausgangslage.

Eine Variante dieses Spiegelsatzes, bei der Spiegel 2 nach oben umlenkt und Spiegel 3 dann wieder waagerecht, ist vorteilhaft wegen des geringeren Raumbedarfs. Nachteil für Feldstecher? (Es geht um die → Plastik.)

Der *Winkelspiegel,* bei dem zwei ebene Spiegel mit dem Winkel α zusammenstoßen, liefert bekanntlich die Umlenkung $\delta = 2 \cdot \alpha$ für den gespiegelten gegenüber dem ankommenden Lichtstrahl. In Strenge gilt das aber nur für Lichtstrahlen im *Hauptschnitt* (so nennt man jede Ebene, die auf den beiden spiegelnden Ebenen und damit auf der Spurgeraden – in der sich diese durchdringen – senkrecht steht).

Vergl. dazu § 45. Allgemeiner gültig ist die Aussage, daß der „Objektraum" in den „Bildraum" übergeht durch Drehen um die Spurgerade als Drehachse, wobei der Drehwinkel $\delta = \pm 2\alpha$ beträgt: doppelte Vorzeichen deswegen, weil der Dreh*sinn* von der Reihenfolge der beiden Spiegelungen abhängt.

Der Spezialfall $\alpha = 45°$ wird beim Vermessen benutzt, um *rechte Winkel* darzustellen. Technisch wichtig ist auch der Fall $\alpha = 90°$, weil hier die Reihenfolge der Spiegelungen belanglos ist. Allerdings wird diese Aussage ungültig durch eine winzige Abweichung (wenige Bogensekunden genügen biswei-

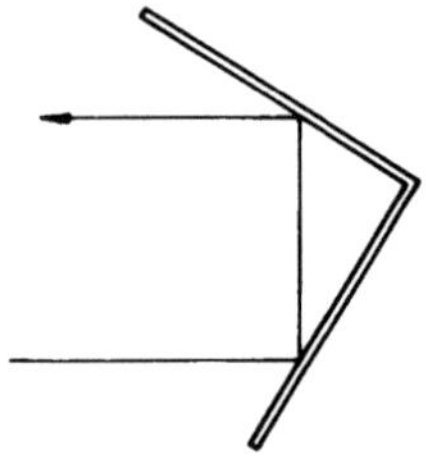

Abb. 17;3

len!) vom Winkel 90°: dann kann es sehr störende Doppelbilder geben.

Daß sich der Betrag der Umlenkung ändert, wenn der einfallende Lichtstrahl den Hauptschnitt des Winkelspiegels verläßt, wurde bereits erwähnt. Ein besonders auffälliges Beispiel findet sich beim 90°-Winkelspiegel: er liefert die Ablenkung 90° für die z-Achse, wenn er als *Dachspiegel* verwendet wird.

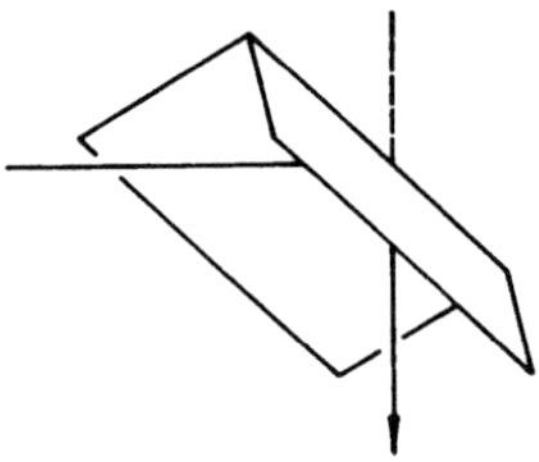

Abb. 17;4a

Die z-Achse bildet mit der Spurgeraden („Dachkante" genannt) hier einen Winkel von 45°, beschreibt also beim Drehen „des Raumes" mit Drehwinkel $\delta = 180°$ einen halben Kegelmantel, so daß im Ganzen nur 90° Ablenkung für diese Achse herauskommt.

Anders betrachtet: die Dachkante liegt in der y-z-Ebene des ursprünglichen Systems unter 45° zu den beiden Achsen geneigt. Durch die Drehung ins bildseitige System tauschen z- und y-Achse offenbar die Plätze, während die x-Achse (senkrecht zur Spurgeraden!) an der y-z-Ebene gespiegelt und damit um 180° gedreht erscheint.

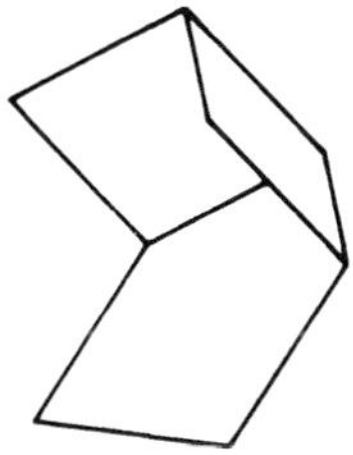

Abb. 17;4b

Fügt man zum Dachspiegel eine dritte spiegelnde Ebene senkrecht zur genannten Spurgeraden hinzu, so entsteht der *Tripelspiegel.* Dieser schickt jeden Lichtstrahl um 180° gedreht zurück; einfallender und gespiegelter Strahl liegen symmetrisch zu dem Punkt, in dem sich die drei spiegelnden Ebenen schneiden. Denkt man sich den Nullpunkt des ursprünglichen Koordinatensystems in diesen Punkt gelegt, so bleibt er offenbar in Ruhe. Aber jede der drei Achsen kehrt ihre Richtung um.

Alle diese Spiegelformen treten auch als *Spiegelprismen* auf. Beispielsweise kann ein Tripelspiegel von einem verspiegelten Würfel abgeschnitten werden.

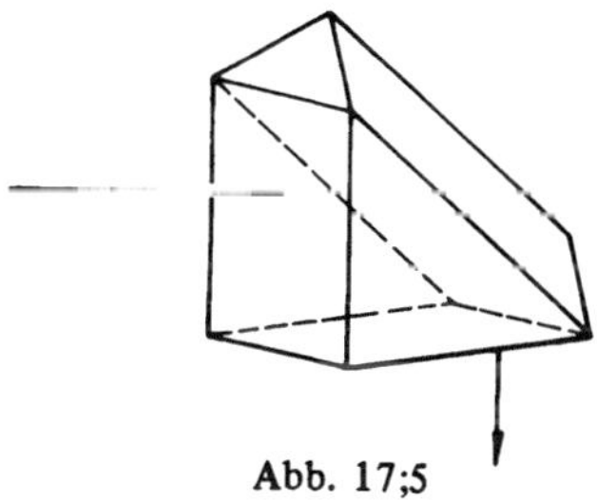

Abb. 17;5

Dem *Dachprisma* gibt man gern die hier skizzierte Form, bei der das Dach auf die Hypotenusenfläche eines einfachen 90°-Prismas aufgesetzt erscheint. Läßt man die optische Achse senkrecht durch die beiden Kathetenflächen hindurchgehen, so wird sie um 90° abgelenkt. Kippt man das Dachprisma jedoch so, daß seine Dachkante parallel der ankommenden optischen Achse liegt, dann geht diese ohne Ablenkung weiter: man hat jetzt ein *geradsichtiges Umkehrprisma;* durch die Spiegelung (an 2 Flächen!) erscheinen x- und y-Achse des Koordinatensystems um 180° gedreht mit der optischen Achse (z-Achse) als Drehachse.

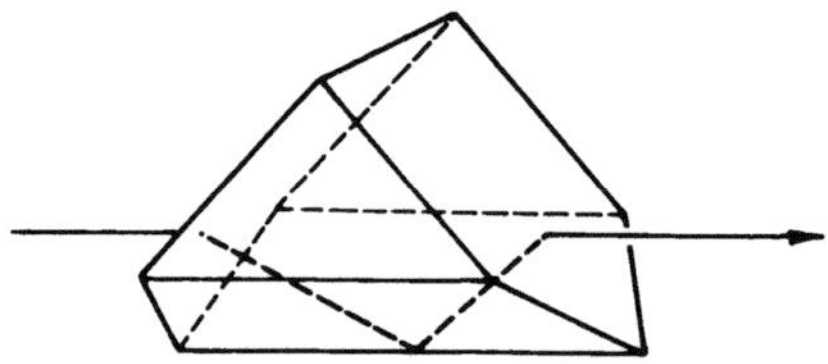

Abb. 17;6

Auch das einfache *Reversionsprisma* (ohne Dach!) wirkt hier als geradsichtiger Spiegel – allerdings verwandelt es ein Rechtssystem in ein Linkssystem und ist darum „drehempfindlich“: wenn dieses Prisma um den Sehstrahl als Achse gedreht wird, beobachtet man den „Bildsturz“. Diesmal rotiert das Bild des Horizonts doppelt so schnell wie der Spiegel.

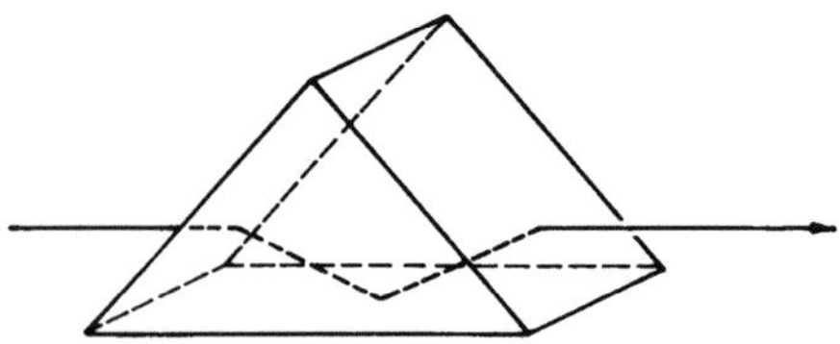

Abb. 17;7

Auch bei ebenen Spiegeln und Spiegelprismen bedient man sich gern des entfalteten Strahlenganges, um beispielsweise die Begrenzung des Bildwinkels durch den Querschnitt der Stirnflächen zu prüfen. Als Beispiel ist hier das *Pentaprisma* dargestellt, das dem Winkelspiegel mit $\alpha = 45°$ entspricht.

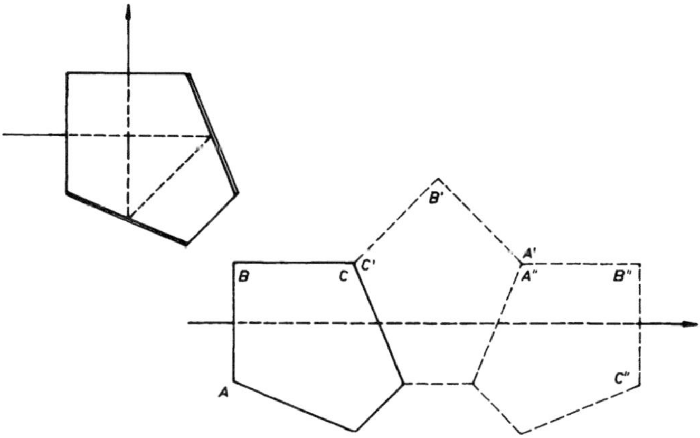

Abb. 17;8

C. Helligkeitsfragen

§ 18. Bisher war nur von der Lage und Größe des Bildes die Rede. Wenn jetzt auch seine Helligkeit berechnet werden soll, so müssen zunächst einige neue Begriffe und Formelgrößen sowie die zugehörigen Einheiten bereitgestellt werden.

Bei den praktischen Aufgaben, die hier interessieren, wird vorzugsweise das menschliche Auge benutzt, um die Helligkeit zu beurteilen. Deswegen regelt die Funktion V_λ, die man als *spektrale Hellempfindlichkeit* des menschlichen Auges bezeichnet (vergl. Abb. 18;1), den Zusammenhang zwischen den photometrischen Einheiten und Formelgrößen und den entsprechenden Größen aus der Physik. Man kann sich das Auge hier übrigens ersetzt denken durch irgendeinen anderen Strahlungsempfänger mit bekanntem Gang der spektralen Empfindlichkeit;

denn weitere Besonderheiten des menschlichen Auges spielen in diesem Abschnitt noch keine Rolle.

Eine weitere Komplikation ergibt sich daraus, daß man sich bei photometrischen Fragen im Grenzgebiet zwischen Physik und Technik bewegt. Deswegen wird als Längeneinheit manchmal das Meter, manchmal das Zentimeter verwendet, wodurch bisweilen ein Faktor 10^4 in den Formeln erscheint.

Diese Komplikationen mit neuen Größen und Einheiten geben jedoch nur *einen* der Gründe dafür, daß man es gelegentlich schwer findet, die Frage nach der Helligkeit eines Bildes zu beantworten. Ein weiterer Grund liegt darin, daß man vielfach von der Vorstellung der punktförmigen Lichtquelle (mit dem quadratischen Entfernungsgesetz) ausgeht; die Frage nach der Helligkeit im Bild der Lichtquelle läßt sich dann nicht beantworten. Dazu kommen noch die Schwierigkeiten bei der Verfolgung des Lichtstroms auf seinem Weg durch ein optisches System mit Zwischenabbildungen. Bei diesen „mehrstufigen" Abbildungen helfen Überlegungen, die im wesentlichen auf Lambert (um 1770) zurückgehen. Danach bleibt die Leuchtdichte auf dem Weg durch das optische System hindurch unverändert, so daß man sich die Verfolgung über die einzelnen Stufen der Abbildung sparen kann; vergl. § 24.

Zunächst aber geht es um die *Berechnung* der *Beleuchtungsstärke* bei einstufiger Abbildung, also um Aufgaben aus der (optischen) *Lichttechnik.*

Ausgangsgröße ist der *Lichtstrom* Φ, den eine Lichtquelle entsendet: gemeint ist diejenige Energiemenge – visuell bewertet – die pro Zeiteinheit ausgestrahlt wird.

Dieser Lichtstrom wird in lumen (lm) und nicht in Watt (W) gemessen, weil die Umrechnung von W in lm gemäß den Formeln (18;1 und 2) von der spektralen Zusammensetzung N_λ der Strahlung abhängt:

(18;1) $$\Phi = \frac{1}{M} \int_{(0)}^{(\infty)} N_\lambda \cdot V_\lambda \cdot d\lambda$$ ist der Lichtstrom und

(18;2) $$N = \int_0^\infty N_\lambda \cdot d\lambda$$ die ausgestrahlte Leistung.

Die Integrationsgrenzen sind eingeklammert, weil sie in dieser Form praktisch nicht wirksam werden. Bei (18;1) handelt es sich nur um den sichtbaren Teil des Spektrums, bei (18;2) können erhebliche Anteile im Ultraviolett oder Infrarot liegen.

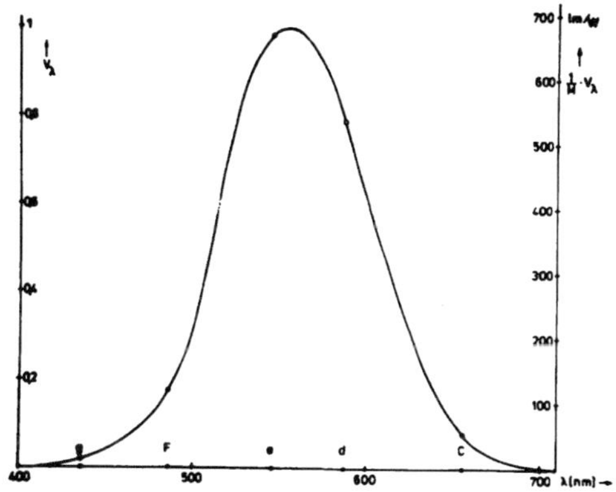

Abb. 18;1

Wie man aus der Abbildung ersieht, würde grünes Licht (Wellenlänge 555 mm) eine Ausbeute von knapp 700 lm/W geben. Bei einem „schwarzen“ Strahler günstigster Temperatur (etwa 6000 °K) bekäme man etwa 100 lm/W; Leuchtröhren geben rund 40 lm/W, Glühlampen dagegen nur 10 bis 20 lm/W je nach Leistung.

Der beleuchtende Lichtstrom kann gemessen werden, indem man ihn durch den Empfänger (beispielsweise ein Photoelement) in elektrischen Strom „übersetzen“ läßt. Als Richtwert für die Ausbeute dieser Umwandlung nennt man 300 μA/lm (Mikro-Ampère pro lumen) bei Anpassung des Empfängers an V_λ. Im Handel sind derartige Meßgeräte allerdings unter dem Namen *Lux-Meter* oder *Beleuchtungsmesser*, obwohl sie eigentlich den auffallenden Lichtstrom Φ messen und die *Beleuchtungsstärke* E aus Φ erst durch Division mit der Fläche F des Empfängers entsteht: $E = \frac{\Phi}{F}$ (gemessen in lux gleich lumen pro Quadratmeter). Einwandfreie Funktion des Auges setzt voraus, daß gewisse Mindestwerte der Beleuchtungsstärke nicht unterschritten werden. Beispielsweise fordert man für die Straßenbeleuchtung etwa 15 lux; für Schreibarbeiten sollte am Arbeitsplatz $E \geqslant 300$ lux sein, für besonders „feine" Arbeiten (z. B. Gravieren, Zeichnen, Polieren optischer Gläser) werden mindestens 1000 lux empfohlen. Auf der anderen Seite wünscht man auf dem Bildschirm im Kino maximal 100 lux (ohne die Schwächung durch den Film), weil bei höherer Beleuchtungsstärke das Flimmern leichter bemerkt wird.

§ 19. Nach diesen orientierenden Vorbemerkungen soll nun die *Beleuchtung einer ebenen Fläche durch* eine *kleine Lichtquelle* betrachtet werden.

Zunächst sollen alle vorkommenden Winkel klein sein, die Strahlung soll also „senkrecht" auf die Fläche auffallen. Wie die Abbildung durch die begrenzenden Geraden andeutet, wird geradlinige Ausbreitung der Strahlung vorausgesetzt, so

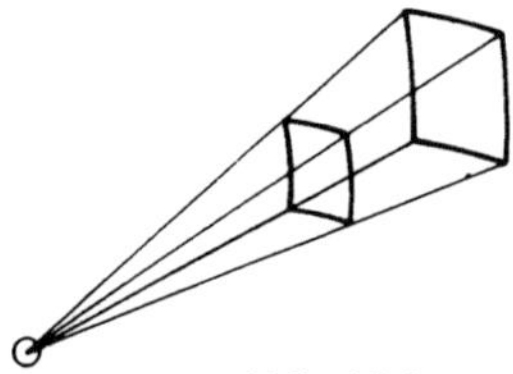

Abb. 19;1

daß ein fester Anteil $d\Phi$ des Lichtstroms in dem Raumwinkel $d\omega$ enthalten bleibt, der seine Spitze in der Lichtquelle hat (darum soll sie klein sein!) und hier durch die Geraden abgegrenzt ist. Entsprechend der Formel

$$(19;1) \qquad d\omega = \frac{dF}{a^2}$$

wächst die beleuchtete Fläche dF dann proportional dem Quadrat des Abstandes a von der Lichtquelle. Für die Beleuchtungsstärke $E(a)$, die durch

(19;2) $$E = \frac{d\Phi}{dF}$$

definiert ist, folgt daraus das quadratische Entfernungsgesetz

(19;3) $$E = J/a^2 .$$

Die Konstante J wird bekanntlich als die *Lichtstärke* der Lichtquelle bezeichnet.

Entsprechend der früheren Verabredung über die Einheiten lux und lumen muß der Abstand a in Metern gerechnet werden; man bekommt die Lichtstärke J dann in *candela* (cd).

Der Name erinnert daran, daß man die Einheit der Lichtstärke früher durch eine Wachskerze darstellte.

Kombiniert man die Formeln (19;2 und 3) mit der Definition (19;1) des Raumwinkels, so findet man für die Lichtstärke die Deutung

(19;4) $$J = \frac{d\Phi}{d\omega};$$

die Lichtstärke gibt also an, welcher Lichtstromanteil $d\Phi$ in den Raumwinkel $d\omega$ ausgestrahlt wird. Auf den Formeln (19;3 oder 4) beruht die übliche Messung der Lichtstärke mit Hilfe des Beleuchtungsmessers. Umgekehrt errechnet man den Lichtstrom $d\Phi$, den ein optisches System aus einer (kleinen!) Lichtquelle bekannter Lichtstärke aufnimmt, nach (19;4) als $d\Phi = J \cdot d\omega$, sobald man den Raumwinkel $d\omega$ kennt, unter dem die Öffnung (Eintrittspupille) des optischen Systems von der Lichtquelle aus erscheint. Das quadratische Gesetz (19;3) gilt in Strenge nur für ausreichend große Werte $a > a_g$ des Abstandes. Deswegen wäre es falsch, aus dieser Formel ein Anwachsen der Beleuchtungsstärke zu beliebig großen Werten zu folgern, wenn man mit dem Empfänger nahe genug heran geht. Denn der Lichtstromanteil $d\Phi(a)$, den eine Fläche gegebener Größe dF empfängt, kann ja nicht größer werden als der Gesamt-Lichtstrom der Lichtquelle.

Deswegen wird das Produkt $a^2 \cdot E(a)$ so lange mit a anwachsen – und darum kleiner sein als die Lichtstärke J der Lichtquelle! – solange $a < a_g$ ist:

die *Grenzentfernung* a_g definiert man tatsächlich als denjenigen Mindestwert des Abstandes a, von dem ab das Produkt $a^2 \cdot E(a)$ praktisch konstant ist.

§ 20. Das optische System, welches aus der Lichtquelle (J) den Lichtstrom $d\Phi = J \cdot d\omega$ aufnimmt, entwirft im allgemeinen wieder ein Bild dieser Lichtquelle. Kann man auch diesem *Bild* eine *Lichtstärke zuschreiben?*

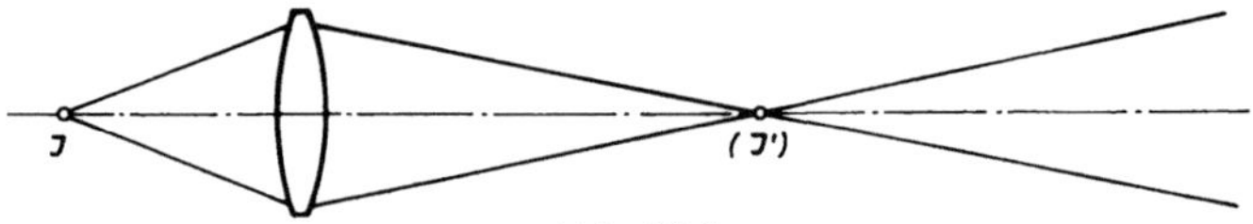

Abb. 20;1

Die Frage setzt stillschweigend voraus, daß man auch das Bild als „klein" betrachten darf; demgemäß ist es in der Abbildung als Punkt dargestellt. Außerdem versteht es sich, daß dieses Bild nur in denjenigen Raumwinkel $d\omega'$ ausstrahlen kann, der dem objektseitigen Raumwinkel $d\omega$ gemäß den Formeln (20;1) durch die optische Abbildung zugeordnet ist:

(20;1a) $$d\omega = \pi \cdot u^2 \; ; \quad d\omega' = \pi \cdot u'^2 \; .$$

Wegen der Kopplung zwischen dem Abbildungsmaßstab β und den Neigungswinkeln u, u′ in Formel (7;7) gilt nun

(20;1b) $$d\omega = \beta^2 \cdot d\omega' \; .$$

Darf man also annehmen, daß der aufgenommene Lichtstrom $d\Phi$ von dem System verlustfrei wieder ausgestrahlt wird, so erhält man für das Bild der Lichtquelle die Lichtstärke J′ aus der Formel $J \cdot d\omega = d\Phi = J' \cdot d\omega'$ als

(20;2) $$J' = \beta^2 \cdot J \; .$$

Ein praktisches Beispiel bietet sich beim *Diaprojektor*. Man beobachtet, daß die Leuchtfläche der Lichtquelle in der Objektivöffnung vergrößert abgebildet erscheint; diese vergrößerte Abbildung bewirkt im wesentlichen der Kondensor (vergl. § 38).

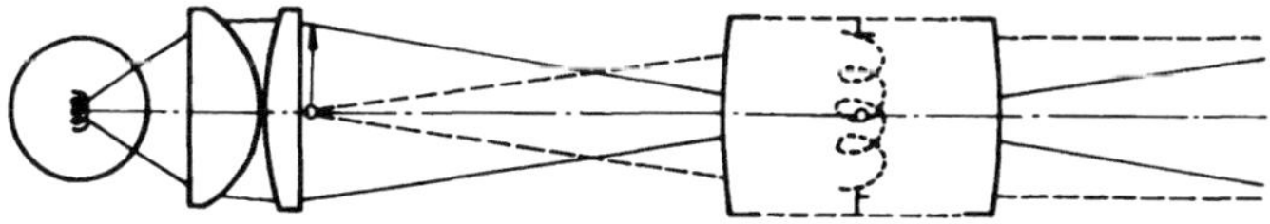

Abb. 20;2

Bei einem praktischen Beispiel wurde $\beta = -4$ gemessen. Auf dem Bildschirm erhielt man $E' = 118$ lux (im Abstand $a = 4.7$ m, woraus man für den Projektor $J' = 2600$ cd errechnen könnte). Andererseits gab die Lichtquelle allein für denselben Abstand a nur $E = 10$ lux, woraus der *Verstärkungsfaktor* $J'/J = E'/E = 11{,}8$ folgt. Dafür, daß er kleiner als $\beta^2 = 16$ ausfällt, gibt es mehrere Gründe:

Das Bild der Lichtquelle kommt nicht in voller Große zur Wirkung, weil es von der Fassung des Objektivs beschnitten wird. Außerdem geht ein Teil des Lichtstroms durch Reflexion, Absorption und Streuung verloren.

Bisher war die Überlegung beschränkt auf kleine Winkel und senkrechten Einfall der Strahlung. Diese Einschränkung soll jetzt aufgegeben werden. Denn es zeigt sich, daß die Lichtstärke im allgemeinen von der Ausstrahlungsrichtung abhängt. Daraus ergeben sich interessante Folgerungen für den Gang der Beleuchtungsstärke auf dem Projektionsschirm, der von einem Strahler mit bekannter Richtungsabhängigkeit der Lichtstärke beleuchtet wird. Einige Beispiele derartiger *Strahlertypen* sollen das verdeutlichen.

Der Einfachheit halber wird *Rotationssymmetrie* vorausgesetzt: $J = J(\vartheta)$ hängt nur vom Winkel ϑ zwischen Rotationsachse und Strahlungsrichtung ab. Nach einem Vorschlag von *Straubel* beschränkt man sich auf den Ansatz

$$J(\vartheta) = J_0 \cdot \cos^m \vartheta \,. \tag{20;3}$$

Hier genügt es, die drei Fälle $m = 0$, $m = 1$ und $m = 3$ zu betrachten; zur Vereinfachung der Schreibweise wird nur der *Halbraum* $0 \leqslant \vartheta = \pi/2$ berücksichtigt. Dann bedeutet

(20;4) $J = J_0$ (also m = 0)

den sogenannten *Kugelstrahler*.

(20;5) $J = J_0 \cdot \cos\vartheta$ (also m = 1)

bezeichnet man als *Lambert-Strahler*, während man den Fall m

(20;6) $J = J_0 \cdot \cos^3\vartheta$

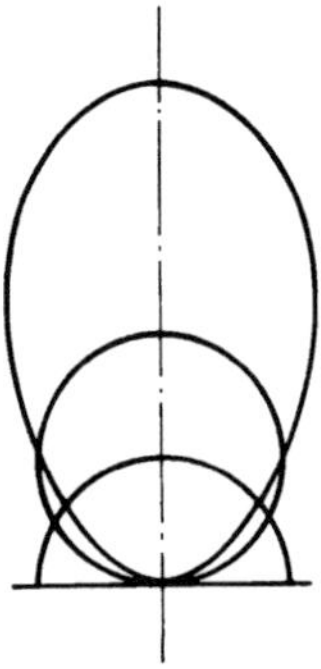

Abb. 20;3

als einen *Keulenstrahler* ansprechen kann. Die Abbildung zeigt die Profile dieser Ausstrahlungsdiagramme. Dabei sind die Maximalwerte J_0 derart gestuft, daß in allen drei Fällen der Lichtstrom $\Phi_\circ$, den ein solcher Strahler in den Halbraum aussendet, denselben Wert annimmt. Wegen $d\omega = 2\pi \cdot \sin\vartheta \cdot d\vartheta$, also $\Phi_\circ = 2\pi \cdot \int_0^{\pi/2} J(\vartheta) \cdot \sin\vartheta \cdot d\vartheta$ gilt hier

(20;7) $$\Phi_\circ = \frac{2 \cdot \pi}{m+1} \cdot J_0 .$$

Je größer m ist, desto größer ist das Verhältnis $J_0/\Phi_\circ$, desto größer ist also der Maximalwert für die Lichtstärke, den man mit gegebenem Lichtstrom – also auch mit gegebener elektrischer Leistung – erreichen kann. Rechnet man mit einer Lichtausbeute von etwa 13 lumen pro Watt, so benötigt man beim Kugelstrahler 1 Watt pro candela, beim Lambert-Strahler

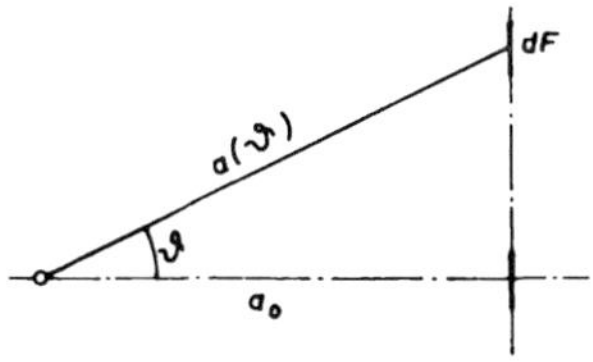

Abb. 20;4

die Hälfte – deswegen sprach man früher von „Halbwatt-Lampen" – und beim Keulenstrahler m = 3 nur ein Viertel dieses Wertes.

Nun zum *Gang der Beleuchtungsstärke* – hier speziell auf einem ebenen Schirm senkrecht zur Rotationsachse $\vartheta = 0$ des Strahlers. Diese Orientierung bedeutet, daß ein Strahl, der mit Richtung ϑ ausgesandt wird, auf dem Schirm mit Einfallwinkel ϑ auftrifft, so daß ein Flächenelement d F des Schirms vom Strahler aus unter dem Raumwinkel $d\omega = \frac{dF \cdot \cos\vartheta}{a^2} = \frac{dF}{a_0^2} \cdot \cos^3\vartheta$ erscheint. In diesen Raumwinkel wird der Lichtstrom $d\Phi = J(\vartheta) \cdot d\omega$ ausgestrahlt; daraus errechnet sich die Beleuchtungsstärke $E(\vartheta) = \frac{J(\vartheta)}{a_0^2} \cdot \cos^3\vartheta$. Vergleich mit dem „Zentralwert" E (0) für $\vartheta = 0$ gibt somit

$$\frac{E(\vartheta)}{E(0)} = \frac{J(\vartheta)}{J(0)} \cdot \cos^3 \ . \tag{20;8}$$

Spezialisierung auf den Ansatz von Straubel (20;3) liefert

$$E(\vartheta) = E(0) \cdot \cos^{m+3}\vartheta : \tag{20;9}$$

je höher also m, desto stärker prägt sich der Abfall der Beleuchtungsstärke aus. Insbesondere bekommt man für den *Lambert-Strahler*

$$E(\vartheta) = E(0) \cdot \cos^4\vartheta \ . \tag{20;10}$$

Dieser $\cos^4$-Abfall kann z. B. bei einem Vergrößerungsgerät mit Bildwinkel $2\vartheta = 90^\circ$ sehr störend wirken; denn $(\cos 45^\circ)^4$ ergibt sich gleich 1/4: am Rand hat man also nur 1/4 der Beleuchtungsstärke gegenüber der Mitte des Bildfelds.

Mit Straubel soll nunmehr gefragt werden, wie sich der *Strahlertyp* bei *optischer Abbildung ändert.*

Gegeben ist die Funktion $J(\vartheta)$, gesucht wird $J'(\vartheta')$ für das Bild der Lichtquelle, wenn das Gesetz der Zuordnung zwischen den Winkeln ϑ und ϑ' bekannt ist. Dabei ist zu beachten, daß diese Winkel in der üblichen Schreibweise u und u′ heißen; es sind ja die Neigungswinkel des abbildenden Strahls gegenüber der optischen Achse, die hier auch Rotationsachse der Strahler sein soll.

Zweckmäßig wird man hier (bei den Winkeln endlicher Größe!) ausdrücklich punktförmige Abbildung fordern, also Freiheit von → sphärischer Abberration. Der Lichtstromanteil, der objektseitig in den Raumwinkel („Ringapertur") $d\omega = 2\pi \cdot \sin\vartheta \cdot d\vartheta$ (zwischen ϑ und $\vartheta + d\vartheta$) gestrahlt wird, errechnet sich als $d\Phi = 2\pi \cdot J(\vartheta) \cdot \sin\vartheta \cdot d\vartheta$; bildseitig erscheint er als $2\pi \cdot J'(\vartheta') \cdot \sin\vartheta' \cdot d\vartheta'$.

Interessant ist der Sonderfall, daß man als Strahler einen Lambert-Strahler voraussetzt und diejenige Winkelzuordnung sucht, für die man auch *bildseitig einen Lambert-Strahler* bekommt. Das bedeutet die Forderung $2\pi \cdot J_0 \cdot \cos\vartheta \cdot \sin\vartheta \cdot d\vartheta = 2\pi \cdot J_0' \cdot \cos\vartheta' \cdot \sin\vartheta' \cdot d\vartheta'$ oder mit (20;2)

$$(20;11) \qquad \frac{d\sin^2\vartheta}{d\sin^2\vartheta'} = J_0'/J_0 = \beta_0^2 ,$$

wenn man mit β_0 den Wert des Abbildungs-Maßstabs in Achsnähe (also den Gaußischen Wert) bezeichnet.

Die Lösung ist sehr einfach:
die Abbildung muß der Sinusbedingung gehorchen, die schon bei (7;11) erwähnt wurde und hier fordert, daß $\sin\vartheta = \beta_0 \cdot \sin\vartheta'$ gilt. Zusammen mit der verlangten Freiheit von sphärischer Aberration heißt das:

das Bild eines Lambert-Strahlers ist dann und nur dann wieder ein Lambert-Strahler, wenn das abbildende System → aplanatisch korrigiert ist.

§ 21. Bisher wurde die Beleuchtungsstärke betrachtet, die von einer kleinen Lichtquelle oder ihrem (kleinen) Bild auf einem Schirm hervorgerufen wurde. Um die einfache Formel (19;3) zu ermöglichen, durfte der Abstand zwischen Lichtquelle und Schirm einen Mindestwert nicht unterschreiten. Jetzt soll die Lichtquelle selbst auf den Schirm abgebildet werden; gesucht ist wieder die Beleuchtungsstärke. Ausführlicher:

Die *Beleuchtungsstärke* E_N *im Bild einer* flächenhaften kleinen *Lichtquelle* mit bekannter Lichtstärke J_L wird gesucht. Wieder soll die Lichtquelle klein genug sein, damit man den Lichtstrom $d\Phi$, den das abbildende System aufnimmt, nach der Formel (19;4) als $d\Phi = J_L \cdot d\omega$ berechnen kann. Der beleuchteten Fläche F_N entspricht durch die Abbildung im Objekt die Fläche F_L als Lichtquelle. Die Winkel werden wieder als klein vorausgesetzt, damit man nicht durch Abbildungsfehler gestört wird. Wie früher in (20;1b) hat man also zwischen dem beleuchtenden Raumwinkel $d\omega'$ und dem aufnehmenden Raumwinkel $d\omega$ die Verbindung $d\omega = \beta^2 \cdot d\omega'$; ebenso ist $F_N = \beta^2 \cdot F_L$ der Zusammenhang zwischen der leuchtenden Fläche und ihrem Bild. In der Abbildung sind die Neigungswinkel u und u' eingetragen, mit denen die Raumwinkel durch $d\omega = \pi \cdot u^2$ . . . zusammenhängen.

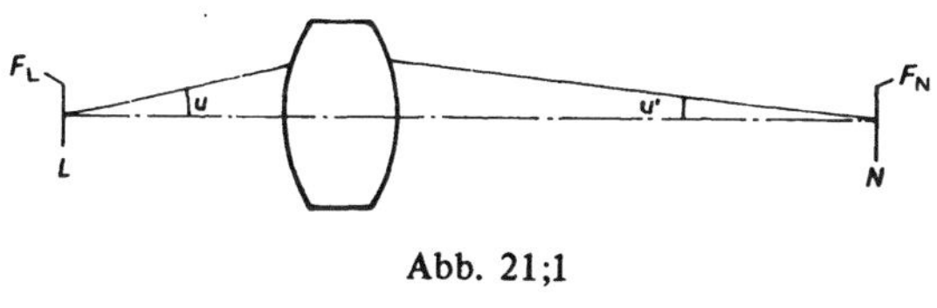

Abb. 21;1

Der Lichtstrom $d\Phi$, den das abbildende System ohne Verluste an die beleuchtete Fläche weitergeben soll, erzeugt dort die Beleuchtungsstärke

$$E_N = \frac{d\Phi}{F_N} = \frac{J_L \cdot d\omega}{\beta^2 \cdot F_L} = \frac{J_L}{F_L} \cdot \frac{d\omega}{\beta^2} .$$

Damit ist die Aufgabe schon gelöst.

Definiert man den Quotienten

(21;1) $$\frac{J_L}{F_L} = B$$

als *Leuchtdichte* der Lichtquelle, so lautet die Antwort ausführlich:

> die Beleuchtungsstärke E_N im Bild der kleinen flächenhaften Lichtquelle ergibt sich als Produkt aus der Leuchtdichte B und dem beleuchtenden Raumwinkel $d\omega'$
>
> (21;2) $$E_N = B \cdot d\omega' ,$$
>
> unter dem die wirksame Öffnung der abbildenden Optik von einem Punkt der beleuchteten Fläche F_N aus (in Luft) erscheint.

Man bemerkt, daß die objektseitige Apertur hier ebensowenig vorkommt wie die Entfernung von der Lichtquelle. Wenn diese Entfernung groß genug ist, kann man im Ausdruck für $d\omega'$ den Winkel u' ersetzen durch $h/f = \frac{1}{2} D/f$, wo D den Durchmesser der Optik für das ankommende Parallel-Büschel bedeutet. Mit dem schon in § 14 eingeführten Ausdruck kann man $f^2 \cdot d\omega' = \frac{\pi}{4} \cdot D^2$ als *Fläche* F_{EP} der Eintrittspupille bezeichnen. Für $s \to \infty$ gilt somit

(21;3) $$E_N = B \cdot F_{EP}/f^2 .$$

Diese Formel kann man verwenden, um die Leuchtdichte B einer weit entfernten Lichtquelle – beispielsweise der Sonne – zu bestimmen. Wenn man nun eine technisch brauchbare Einheit für die Leuchtdichte einführen möchte, so muß bedacht werden, daß die Formeln (21;2 und 3) die Größe B in candela pro Quadratmeter voraussetzen, wenn man E_N in lux haben möchte.

Diese Einheit (gelegentlich als nit bezeichnet) würde bei technischen Lichtquellen sehr große Zahlen für B geben. Deswegen ist hier die Einheit ***stilb*** = candela/cm^2 vorzuziehen, zumal man sie näherungsweise realisieren kann durch die Leuchtdichte der Flamme einer Wachskerze.

Bezeichnet man mit $\bar{B} = 10^{-4} \cdot B$ die in stilb (sb) gemessene Leuchtdichte, so gilt statt (21;2) die Formel

$$(21;4) \qquad E_N = 10^4 \cdot \bar{B}\, d\omega' \,.$$

Nicht selten findet man noch eine dritte Einheit, die speziell für die → erborgte Leuchtdichte verwendet wird, das apostilb = $= \frac{1}{\pi} \cdot 10^{-4}$ stilb. Wenn die Maßzahl $\tilde{B}$ für Leuchtdichte in apostilb (asb) verwendet wird, so kann man umrechnen gemäß

$$(21;5) \qquad \tilde{B} \text{ (in asb)} = \pi \cdot 10^4\, \bar{B} \text{ (in sb)} = \pi \cdot B \text{ (in cd/m}^2\text{)} \,.$$

Zur Orientierung eine Tabelle von Werten der

Leuchtdichte $\bar{B}$ in stilb			
Sonne	120 000	Xenon-Höchstdrucklampe	bis 250 000
Landschaft im Sonnenschein	$^1/_3$ bis 5	Beck-Bogenlampe	120 000
Vollmond	$^1/_4$	Normale Bogenlampe (positiver Krater)	bis 20 000
Landschaft bei Vollmond	10^{-6} bis 10^{-5}	Glühlampe (Klarglas)	200 bis 2000
		Glühlampe (mattiert)	etwa 5
Nachthimmel (sternklar ohne Mond)	etwa 10^{-7}	Leuchtstofflampe	etwa 1
		Flamme der Wachskerze	etwa 1

Als Leuchtdichte-Normal dient der schwarze Körper. Er zeigt die Leuchtdichte $\bar{B}$ = 60 sb bei der absoluten Temperatur T = 2047 °K (das ist die Erstarrungstemperatur von geschmolzenem Platin), wenn man senkrecht zur Oberfläche beobachtet. Neben ihrer Bedeutung für technische Aufgaben vermitteln die Formeln (21;2 bis 4) eine wichtige allgemeine Einsicht. Versteht man unter E_N ein Maß für die Beleuchtungsstärke auf der Netzhaut unseres Auges und billigt man die *Hypothese,* daß diese Beleuchtungsstärke der Reiz sei, dem die Empfindung *„Helligkeit"* entspricht, so erkennt man:

Die Leuchtdichte eines Gegenstandes (gleichgültig, ob er Selbstleuchter ist wie die Sonne oder ob er mit erborgter Leuchtdichte strahlt wie der Mond) ist maßgebend dafür, wie hell dieser Gegenstand im Verhältnis zu anderen erscheint. Der sogenannte *Pupillenreflex* stützt diese Hypothese: der Durchmesser unserer Augenpupille vermindert sich sehr rasch, wenn dem Auge eine hohe Leuchtdichte dargeboten wird. Allerdings muß man bedenken, daß der Einfluß der → Adaptation bei dieser Deutung für E_N beiseite gelassen wird.

§ 22. In der *Photographie* gibt Formel (21;3) die Begründung dafür, daß man beim Abblenden des Objektivs die Belichtungsdauer t proportional dem Quadrat der *Öffnungszahl* g = f/D erhöhen muß. Man stützt sich dabei auf die Erfahrung, daß es nur auf die *Belichtung* L = E · t (gemessen in lux · sec) ankommt. In Strenge stimmt diese Aussage übrigens nur für mittlere Werte t. Sowohl bei sehr kleinen Werten t (Blitzgerät) wie bei mehrstündiger Belichtung muß man länger belichten als es einem festgehaltenen Produkt E · t entsprechen würde *(Schwarzschild-Effekt).*

Außerdem ist zu bedenken, daß die spektrale Empfindlichkeit einer photographischen Schicht im allgemeinen nicht mit der Funktion V_λ des Auges übereinstimmt. Obwohl man der Einfachheit halber gern auch hier die visuellen Größen E und B benutzt, müßte man eigentlich die → Strahlungsgrößen verwenden. Das ist wichtig für die Funktion des *Belichtungsmessers.* In der üblichen Bauart soll dieser die mittlere Leuchtdichte B des Objektfeldes messen, gemittelt über den räumlichen Bildwinkel des jeweils benutzten Objektivs. Entsprechend (21;2) bestimmt er B aus der Messung von E, wobei die Anpassung an die spektrale Empfindlichkeit einer „durchschnittlichen" photographischen Schicht angestrebt wird.

Der Ausdruck *mittlere Leuchtdichte* erinnert daran, daß der Gegenstand, den man photographiert, als Mosaik aus vielen kleinen Lichtquellen erscheint. Jede von diesen hat ihre eigene Leuchtdichte B(x, y); entsprechend soll im Bild jeder dieser Bausteine seine eigene Beleuchtungsstärke $E(x, y) = \omega' \cdot B(x, y)$ erhalten. So einfach ist der Zusammenhang allerdings nur dann, wenn die Bilder dieser Bausteine wieder sauber nebeneinander liegen ohne Lücke oder Überschneidung. Andernfalls werden die Werte von B(x, y) entsprechend dem → Faltungssatz der optischen Abbildung „verwischt" erscheinen. Auf diese „saubere" Abbildung kann man sich jedoch nur im Bereich der Gaußischen Abbildung verlassen. Im Bereich größerer Werte für Öffnungsverhältnis und Bildwinkel muß man durch Korrektur der → Abbildungsfehler dafür sorgen, daß das Bild des Punktes genügend klein ausfällt.

Um Beispiele für die Größenordnung zu gewinnen, kann man sich auf die Faustregel stützen, daß bei einem Film mit 15/10°DIN Empfindlichkeit (gesprochen: 15/10 Grad DIN oder einfach 15 DIN) die *mittlere* Belichtung etwa 1/10 lux sec betragen sollte. Noch 1/12 dieses Wertes – entsprechend dunkleren Partien des Objektfeldes – gäbe eine merkbare Schwärzung auf dem Negativ; vergl. hierzu § 49.

Die Skala der DIN-Grade ist logarithmisch gestuft. Änderung um 1/10°DIN bedeutet einen Faktor $1{,}26 = \sqrt[10]{10}$ bei der Belichtung. Bei Negativmaterial mit 20/10°DIN genügen also schon 0,032 lux sec und bei 25/10°DIN sogar 0,01 lux sec für die mittlere Belichtung.

Auf der anderen Seite bekommt man mit t = 1/50 sec und dem Öffnungsverhältnis 1 : 8 (also u' = 1/16) die Belichtung $E \cdot t = 2{,}45\,\bar{B}$ lux sec für ein Objekt der Leuchtdichte $\bar{B}$ sb. Bei einem Film mit 15/10°DIN liefert die Faustregel hier demnach $\bar{B} = 0{,}041$ sb als Sollwert für die mittlere Leuchtdichte. Durch Übergang auf 1 : 2 und t = 1/25 sec gewinnt man einen

Faktor 32: jetzt ergibt sich $\bar{B} = 0{,}0013$ sb oder $\tilde{B} = 40$ asb als Sollwert.

Bisher sollte die Lichtquelle zwar klein, aber nicht gerade punktförmig sein. Auf die Photographie von *Sternen* läßt sich obige Überlegung also nicht unmittelbar anwenden. Hier hilft die Tatsache, daß auch punktförmige Objekte durch die *Beugung* mit endlichem Durchmesser abgebildet werden. Somit kann man die Beleuchtungsstärke E_* im Bild eines Fixsterns als Quotient aus dem aufgenommenen Lichtstrom und einem Näherungswert $F_N = \pi \cdot (\rho')^2$ für die Fläche des Beugungsbildes errechnen, wenn man für ρ' den Radius des ersten dunklen Ringes (im Beugungsbild) einsetzt, den man aus der Wellenlänge λ des Lichtes und der bildseitigen numerischen Apertur des Objektivs errechnet. Man weiß nämlich, daß rund 84% des durchgelassenen Lichtstroms $d\Phi$ auf diese Fläche F_N fallen. Bei $s = \infty$ liefert die Theorie für diesen *Beugungsradius* $\rho' = 0{,}61 \cdot \lambda \cdot f/h$, wo h den Radius der Eintrittspupille des Objektivs und f dessen Brennweite bedeutet. Für beliebiges s gilt $\rho' = 0{,}61\,\lambda/u'$, wo u' der bildseitige Neigungswinkel des Randstrahls im Mittenbüschel sein soll. Speziell für „weißes Licht" kann man den Beugungsradius in mm gleich

$$(22;1) \qquad \rho' = 3 \cdot 10^{-4}/u' \quad \text{oder} \quad \rho' = g \cdot 6 \cdot 10^{-4}$$

setzen, wenn man mit $g = 0{,}5\,f/h$ die Öffnungszahl des Objektivs bezeichnet.

Damit hat man zugleich eine Abschätzung für die Grenze, unterhalb deren ein „Stern" als punktförmig zu behandeln ist: bei einem Objektiv mit der Öffnungszahl g soll der lineare Durchmesser 2 w f, den man aus dem Winkeldurchmesser 2 w des Sterns errechnet, kleiner als $g \cdot 10^{-3}$ bleiben:

„Bilddurchmesser in μm kleiner als Öffnungszahl" lautet die Erklärung für „punktförmig".

Aber woher bekommt man den Lichtstrom $d\Phi$, den das Objektiv vom Stern her aufnimmt?

Als Produkt aus der Beleuchtungsstärke E_0, die der Stern auf dem Objektiv bei senkrechtem Einfall hervorbringt, und aus der Fläche $(\pi/4) \cdot D^2$ der Objektivöffnung (genauer: der Eintrittspupille des Objektivs) ergibt sich

$$(22;2) \qquad d\Phi = E_0 \cdot \frac{\pi}{4} \cdot D^2 \; .$$

Natürlich muß man D hier in Metern messen, wenn E_0 in lux und $d\Phi$ in lm gemeint ist. Kombination von (22;2) mit der Bemerkung, daß F_N proportional ρ'^2 und damit zu $(f/D)^2$, liefert

$$(22;3) \qquad E_* \text{ proportional } D^4 \qquad \text{für gegebenes f:}$$

verdoppelt man den Durchmesser, so wird der vierfache Lichtstrom aufgenommen, während F_N auf 1/4 des bisherigen Wertes vermindert wird, so daß E_* tatsächlich den Faktor 16 bekommt.

§ 23. *Lambert* (1728–1777), dem man grundlegende Beiträge zur Photometrie verdankt, gab eine überraschende *Deutung* für die Wirkung des *Brennglases:*

> Die Beleuchtungsstärke im Bild der Sonne, das mit einem Brennglas erzeugt wird, ist zahlenmäßig ebenso groß wie sie sein würde, wenn die Oberfläche des Glases mit der Leuchtdichte der Sonne strahlen würde.

Die Aussage überrascht deswegen, weil man die Leuchtdichte eines Strahlers unwillkürlich mit seiner Temperatur in Verbindung bringt. Bei der Sonne sind das etwa 6000° – die Vorstellung, daß man ein Glas mit so hoher Temperatur in der Hand halten soll, erklärt die Überraschung.

Allerdings überlegt man sogleich, daß diese Wirkung ja nur für das kleine Sonnenbild gelten soll, das von der Mitte der Linse aus unter dem Raumwinkel $\frac{\pi}{4}\left(\frac{1}{100}\right)^2 = 0{,}785 \cdot 10^{-4}$ erscheint und damit zur Größe des Halbraums 2π im Verhältnis 1 : 80 000 steht. Trotzdem lohnt es sich, die Sache näher zu betrachten.

Zunächst die rechnerische Prüfung der Behauptung.

Die entsprechende Formel (21;3) wurde schon früher durch Umformung der Aussage $E_N = B \cdot d\omega'$ erhalten: $E_N = B \cdot F_{EP}/f^2$. Man muß sich nur entschließen, das Produkt $B \cdot F_{EP}$ als Lichtstärke der „strahlenden" Linsenfläche aufzufassen, die *Größe* B also gewissermaßen von der Lichtquelle *abzulösen.* Davon wird später noch die Rede sein.

Zunächst aber interessiert die „verdichtende" Wirkung der Linse auf die von der Sonne herkommende Strahlung: der Lichtstromanteil, der ohne Linse den Kreis vom Durchmesser D (der Linse) beleuchten würde, wird durch die Linse auf den Kreis vom Durchmesser $\frac{1}{100}$ f konzentriert, weil die Sonne unter dem Winkeldurchmesser 1/100 erscheint. Entsprechend erhöht sich die Beleuchtungsstärke von E_0 auf E_N gemäß dem *Verdichtungsfaktor* $\frac{E_N}{E_0} = \left(\frac{100\,D}{f}\right)^2$ proportional zum Quadrat des Öffnungsverhältnisses der Linse.

Aber wichtiger als diese Rechnung ist die allgemeine Überlegung. Sie führt zunächst zu Lamberts *Strahlungsformel* (23;1) und schließlich zu einer verallgemeinerten Deutung der Leuchtdichte. Entsprechend der Abbildung denkt man sich zwei Flächen mit den Flächeninhalten F_a und F_b, deren Normalen nicht notwendig in Richtung der Geraden liegen, welche die Mittelpunkte der Flächen verbindet. Dazwischen sei Luft (n = 1). Zunächst wird F_a als Strahler mit der Leuchtdichte B angenommen. Als *Lambertstrahler* (gemäß Definition (20;5) zeigt er in Richtung der Verbindungsgeraden die Lichtstärke $J_a = B \cdot F_a \cdot \cos \epsilon_a$. Der Empfänger F_b im Abstand a erscheint

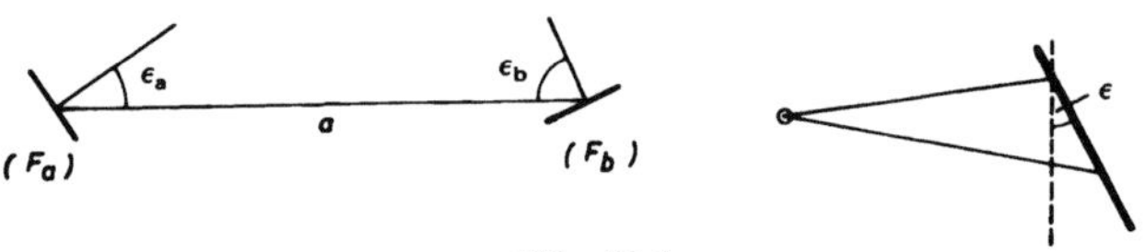

Abb. 23;1

wegen seiner Schräglage unter dem Raumwinkel $d\omega = \frac{F_b \cdot \cos \epsilon_b}{a^2}$; nach (19;4) empfängt er also den Lichtstrom

$$\Phi_{ab} = B \cdot \frac{F_a \cdot \cos \epsilon_a \cdot F_b \cdot \cos \epsilon_b}{a^2} \quad \text{Lamberts Strahlungsformel} \tag{23;1}$$

Entsprechend der früheren Verabredung über Kleinheit der Winkel muß a^2 groß sein gegenüber den Flächengrößen F_a und F_b.

Die Schreibweise Φ_{ab} nimmt Lamberts wichtige Einsicht schon vorweg, die in der Symmetrie auf der rechten Seite der Gleichung zutage tritt:

Für die Größe des zugestrahlten Lichtstroms ist es gleichgültig, ob F_a als Strahler und F_b als Empfänger wirkt, oder ob F_b strahlt und F_a bestrahlt wird, sofern man beide Male den gleichen Wert für die Leuchtdichte einsetzt (und jedesmal den Typ des Lambertstrahlers voraussetzt!).

In der Strahlungsformel ist übrigens die Verallgemeinerung der früher gegebenen Formel (19;3) auf den Fall $\epsilon \neq 0$ enthalten: für schräg liegenden Empfänger gilt

$$E = \frac{J}{a^2} \cdot \cos \epsilon \,. \tag{23;2}$$

Formel (23;1) ermöglicht zwei praktisch interessante Anwendungen.

Im ersten Beispiel wird angenommen, daß F_a und F_b beide in der Oberfläche derselben Kugel mit dem Radius R liegen, daher $\epsilon_a = \epsilon_b = \epsilon$ und $a = 2 \cdot R \cdot \cos \epsilon$. Formel (23;1) liefert

$$\Phi_{ab} = B \frac{F_a \cdot F_b}{(2\,R)^2} \tag{23;3}$$

oder

$$E_b = \frac{B \cdot F_a}{4\,R^2} \,. \tag{23;4}$$

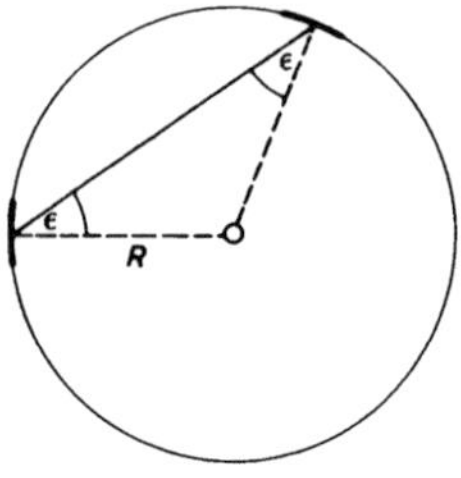

Abb. 23;2

Das heißt, die Beleuchtungsstärke an irgendeiner Stelle F_b ist unabhängig von der gegenseitigen Lage von Strahler und Empfänger, die im Winkel ϵ zum Ausdruck kam. Der Strahler mit der Lichtstärke $J_a = B \cdot F_a \cdot \cos \epsilon$ liefert also überall auf der Innenfläche der Kugel denselben Wert (23;4) für die Beleuchtungsstärke. Diese Aussage ist wichtig für die *Projektion* im *Innern* einer *Planetariums-Kuppel:*
sofern der Projektor 1. die Eigenschaft des Lambertstrahlers hat und 2. nahe genug an der Kugelwand steht, liefert er überall auf der Wand denselben Wert für die Beleuchtungsstärke.

Bei der zweiten Aufgabe geht es um das sogenannte $\cos^4$-Gesetz für den *Abfall* der *Beleuchtungsstärke* bei der *Abbildung* eines ebenen Schirms durch ein verzeichnungsfreies Objektiv mit Vorderblende. F_a ist hier die Fläche der Vorder-

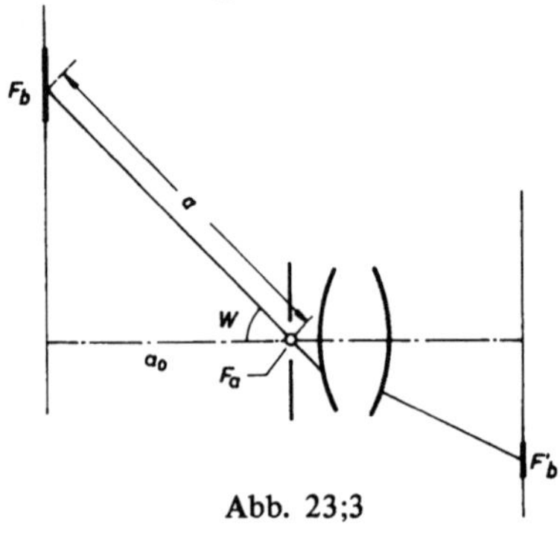

Abb. 23;3

blende, F_b die Größe eines Flächenelements der Objektebene.

Da man aus der Abbildung $\epsilon_a = \epsilon_b = w$ und $a = \frac{a_0}{\cos w}$ entnimmt, liefert (23;1) für den aufgenommenen Lichtstrom $\Phi_{ab}(w) = \frac{F_a \cdot F_b}{a_0^2} \cos^4 w = \Phi_{ab}(0) \cos^4 w$ die Abnahme mit $\cos^4 w$. Wegen der Verzeichnungsfreiheit weiß man, daß die Fläche des Bildelements F_b' mit der Größe des zugehörigen Objektelements F_b verbunden ist durch $F_b' = \beta^2 \cdot F_b$, wobei β unabhängig vom Winkel w gleich dem Gaußischen Wert ist.

Somit gilt für die Beleuchtungsstärke

$$E(w) = \Phi_{ab}/F_b' = \frac{1}{\beta^2} \frac{F_a}{a_0^2} \cdot B \cdot \cos^4 w \quad \text{oder}$$

$$(23;4) \qquad \boxed{E(w) = E(0) \cdot \cos^4 w}$$

unabhängig davon, wie der Strahlengang bildseitig aussieht.

§ 24. Ihre eigentliche Tragweite zeigt Lamberts Überlegung jedoch erst dann, wenn man den Lichtstrom Φ von Fläche zu Fläche durch ein optisches System hindurch verfolgt und zur Vereinfachung verabredet, daß Lichtverluste durch Reflexion und Absorption unbeachtet bleiben sollen, und daß keine Streuung auftritt.

Man wird dann auf die Vermutung geführt, daß die Erhaltung des Lichtstroms Φ gleichbedeutend sei mit der Erhaltung der Leuchtdichte B, daß sich also der Quotient Φ/B bei der optischen Abbildung nicht ändere.

Demgemäß sagt ein bekannter Satz aus der Theorie der *Scheinwerfer* (*Mangin*, 1874), daß man die Lichtstärke J' eines Scheinwerfers als Produkt aus der Leuchtdichte B der Lichtquelle und der Fläche F_a der Austrittspupille erhalte: $J' = B \cdot F_a$. Für einen Scheinwerfer mit 1,5 m Durchmesser und eine Beck-Bogenlampe mit $\bar{B} = 120\,000$ sb als Lichtquelle liefert diese Formel die Lichtstärke J' größer als 2,1 Milliarden candela. Diese Zahl ist ebenso überraschend wie Lamberts

Deutung des Brennglases; wegen der Abbildungsfehler würde sie – ebenso wie diese – nur im Bereich der Gaußischen Optik streng richtig sein.

Deswegen sollte man nur mit Vorsicht behaupten, die Austrittspupille eines optischen Systems strahle mit der Leuchtdichte der Lichtquelle; Abbes → Strahlungssatz gibt eine präzisere Formulierung.

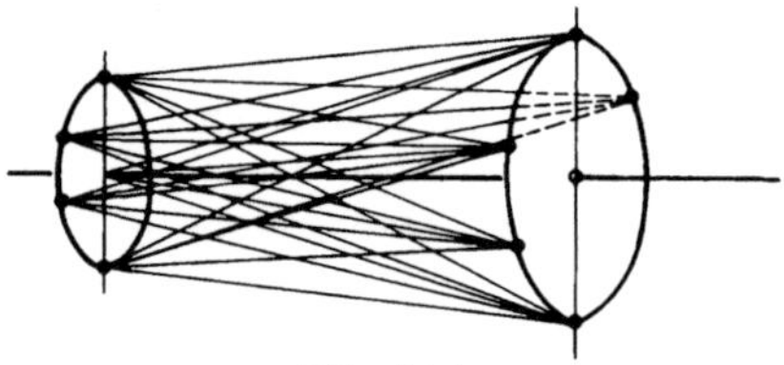

Abb. 24;1

Im Gaußischen Bereich liefert Lamberts Formel (23;1) für den Quotienten Φ/B den Ausdruck $\frac{F_a \cdot F_b}{a^2}$ für den sogenannten Lichtleitwert; dabei ist aber noch $n = 1$ zwischen den Flächen vorausgesetzt. Auf die Gestalt der beiden Flächen kommt es nicht an; wichtig ist nur, daß jeder Punkt der Fläche F_b von jedem Punkt der Fläche F_a bestrahlt wird – und umgekehrt. In der Sprache der Strahlenoptik bedeutet das: zwischen jedem Punkt der Fläche F_a und jedem Punkt der Fläche F_b läuft ein Lichtstrahl. Derartige Flächenpaare sollen künftig *einander adjungiert* (beigeordnet) heißen; die zugehörigen Lichtstrahlen bilden einen sogenannten *Strahlenköcher*.

(Adjungierte Flächenpaare sollte man nicht verwechseln mit Flächenpaaren, die durch optische Abbildung einander zugeordnet = *konjugiert* sind!)

Man findet adjungierte Flächenpaare überall dort, wo man – beispielsweise nach Abbildung durch die Flächen 1 bis ν des optischen Systems – das Objektbild L'_ν (mit Schnittweite s'_ν) und das Blendenbild y'_ν (mit Schnittweite z'_ν) ins Auge faßt. Wenn man beide Bilder als kreisförmig voraussetzt, so ist hier

$F_a = \pi \cdot y_\nu'^2$ und $F_b = \pi \cdot L_\nu'^2$; der rechnerische Zusammenhang ergibt sich wegen $u_\nu'(s_\nu' - z_\nu') = y_\nu'$ aus der Tatsache, daß die Größe $L_1 \cdot n_1 \cdot u_1$ bei der optischen Abbildung ihren Wert nicht ändert:

$$(24;1) \qquad L_1 \cdot n_1 \cdot u_1 = L_1' \cdot n_1' \cdot u_1' = \\ = L_2 \cdot n_2 \cdot u_2 = \ldots = L_\nu' \cdot n_\nu' \cdot u_\nu' = H\,.$$

Diese Formel ist nämlich nur eine andere Schreibweise für die früher als (7;7) abgeleitete Beziehung $\dfrac{L_\nu'}{L_1} = \beta_{1-\nu} = \dfrac{n_1 \cdot u_1}{n_\nu' \cdot u_\nu'}$. Der Buchstabe H für diese Invariante soll an *Huygens* und *Helmholtz* erinnern, die sich neben vielen anderen Autoren (z. B. R. Smith, Lagrange) mit den Eigenschaften dieser Größe beschäftigt haben. Die bisher verwendete Schreibweise für H ist noch etwas einseitig, indem sie nur den Objektstrahl verwendet. Dieser hängt aber mit den Daten des Blendenstrahls zusammen. Denn die Neigung u' für den Randstrahl des Mittenbüschels wird begrenzt durch den Rand des Blendenbildes y'; entsprechend zielt der Blendenstrahl maximaler Neigung w' nach dem Rand des Objektbildes L'. Wie die Abbildung zeigt, gilt also $u_\nu' = \dfrac{y_\nu'}{s_\nu' - z_\nu'}$ und $w_\nu' = \dfrac{L_\nu'}{z_\nu' - s_\nu'}$. Deswegen kann man (24;1) ergänzen durch die Formeln

$$(24;2) \qquad H = -y_\nu' \cdot n_\nu' \cdot w_\nu' \quad \text{und}$$

$$(24;3) \qquad H = \frac{n_\nu' \cdot L_\nu' \cdot y_\nu'}{s_\nu' - z_\nu'}\,.$$

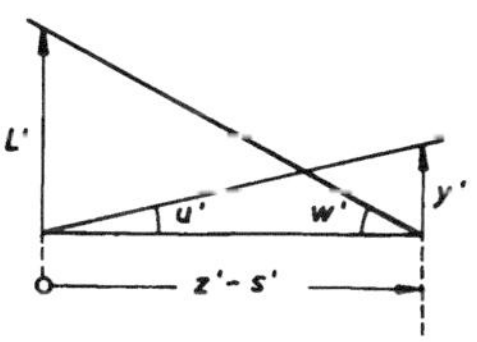

Abb. 24;2

Man hat also die Wahl, ob man die Daten der Objektabbildung in (24;1) oder der Blendenabbildung in (24;2) bevorzugen will, oder ob mit (24;3) die Radien von Objekt- und Blendenbild hervortreten sollen.

Schreibt man nun $\Lambda = (\pi \cdot H)^2$ oder mit (24;3)

$$\Phi/B = \Lambda = \frac{n'^2 \cdot F_a \cdot F_b}{a_\nu'^2} \quad , \tag{24;4}$$

wo $a_\nu' = s_\nu' - z_\nu'$ als *Strahlenweite* bezeichnet wird, so ist die Formel für den Lichtleitwert Λ gefunden und gleichzeitig die frühere Vermutung bestätigt.

Als Nebenresultat bekommt man aus (24;4) die Verallgemeinerung der Formel (21;2) auf $n' \neq 1$:

$$E_N = B \cdot n'^2 \cdot d\omega' \ . \tag{24;5}$$

Formel (21;3) ändert sich nicht.

Dabei ist es gleichgültig, ob die Leuchtdichte dem Blendenbild mit Radius y' oder dem Objektbild mit Radius L' zugeschrieben wird, und ob man die *Lichtquelle* auf die Eintrittspupille oder auf das Objektfeld abbildet (vergl. § 38). Das Ergebnis kann man auch so formulieren:

Der Lichtstrom Φ, den man durch ein optisches System hindurchleiten kann, errechnet sich als Produkt $\Phi = B \cdot \Lambda$ aus der Leuchtdichte B der Lichtquelle und einer geometrischen Kenngröße Λ des Systems, die man (nach G. Hansen) als *Lichtleitwert* bezeichnet.

Diese Bezeichnung spielt an auf die Analogie zum Ohmschen Gesetz, wobei Φ der elektrischen Stromstärke und B der Spannung entspricht. Manche Autoren bevorzugen für Λ den Namen „geometrischer Lichtstrom".

Zum Schluß muß noch einmal betont werden, daß diese Überlegungen einstweilen nur für den Bereich der Gaußischen Optik gelten. Wegen der Möglichkeiten zur Erweiterung sehe man § 35 und 36

D. Das Auge und einige optische Instrumente

Das menschliche Auge und seine Unterstützung durch optische Instrumente steht hier im Vordergrund, weil seine wesentlichen Eigenschaften bei der Planung vieler optischer Geräte bekannt sein müssen. Außerdem ist unser Sehapparat wichtig als Modell eines Strahlungsempfängers.

I. Leistungen unseres Sehapparats

§ 25. Eine Erklärung der Funktion des Sehapparats würde selbst dann nicht in den Bereich der technischen Optik gehören, wenn sie möglich wäre. Hier muß man sich mit Modellen begnügen, die den Vorgang verständlich machen und die zahlenmäßige Beschreibung erleichtern.

Vor allem ist zu bedenken, daß das *Auge* (wie künftig anstatt Sehapparat kurz geschrieben werden soll) *kein Meßgerät* ist: meßbar sind zwar die „eingegebenen" Reize, aber nicht die „ausgegebenen" Empfindungen. Nur die *Gleichheit* von Empfindungen kann man unter gewissen Umständen feststellen; darauf beruhen beispielsweise die visuellen Photometer.

Um so bemerkenswerter ist die Sicherheit, mit der man voraussagen kann, wie sich „das Auge" gegenüber wohl definierten Reizen verhält, sofern sein Anfangszustand sicher genug bekannt ist (A. Kühl).

Der Konstrukteur erhofft von der physiologischen Optik die Information darüber, welche Parameter bekannt sein müssen, damit ein Reiz als „wohl definiert" gelten darf.

Zunächst sollen folgende sieben Leistungen unseres Sehapparats im Überblick besprochen werden:

1. Wahrnehmen und Unterscheiden
2. Farbensehen
3. Akkommodation
4. Adaptation
5. Beidäugiges Sehen
6. Räumliches Sehen
7. Nonien-Sehschärfe und Sicherheit der lateralen Einstellung.

Diese Liste ist keineswegs vollständig. Es fehlt beispielsweise die Fähigkeit des Auges, einerseits ein ziemlich ausgedehntes Gesichtsfeld im „indirekten Sehen“ zu überwachen, andererseits aber ein interessierendes Objekt durch Blickbewegung zu verfolgen, ohne sich beim „direkten Sehen“ durch die indirekt gesehene Umgebung stören zu lassen.

1. Beim *Wahrnehmen* und *Unterscheiden* geht es nicht nur um verschiedene Lichtreize, die wahrgenommen und später beurteilt werden sollen, sondern auch um Unterschiede der Form oder der Anzahl. Auf einer höheren Stufe wäre hier das „Augenmaß“ und das Schätzen von Entfernungen zu nennen.

Allemal kann die erwartete Leistung nur dann vollbracht werden, wenn der zugrundeliegende Reiz – z. B. die Leuchtdichte oder die Ausdehnung eines „Sehdings“ – größer ist als ein gewisser Mindestwert, der Schwellenwert: beim Wahrnehmen geht es um die *absolute Schwelle,* beim Unterscheiden um die *Unterschiedsschwelle.*

Es sieht so aus, als ob die (subjektive) Empfindung, die dem (objektiven) Reiz entspricht, gequantelt wäre, sich also nicht beliebig fein unterteilen ließe. Die physiologische Optik prüft dann, welche Reiz-*Menge* unter den jeweiligen Nebenbedingungen diesem Empfindungs*quantum* zu entsprechen scheint.

Genauere Untersuchung zeigt zum Beispiel, daß die *Sehschärfe* jedes Beobachters von der Leuchtdichte und vom Kontrast der Sehobjekte abhängt. Darauf beruht die sogenannte → Dämmerungsleistung bei Fernrohren. Verwandt hiermit ist die Erscheinung, daß ein Gegenstand beim Blick durch Fernrohr oder Lupe heller erscheinen kann als er dem unbewaffneten Auge erscheint, obwohl die Beleuchtungsstärke E_N auf der Netzhaut durch diese Geräte nicht gesteigert werden kann!
Das menschliche Auge vermag zwei Punkte (Sterne gleicher Helligkeit) im allgemeinen dann getrennt zu sehen, wenn sie mit einem Winkelabstand w' von mindestens einer Bogenminute erscheinen. Deswegen definiert man den Betrag der Sehschärfe S als reziproken Wert des kleinsten Winkelabstands w'_{min} zwischen zwei Sternen gleicher Helligkeit, bei dem sie noch getrennt (also „aufgelöst“) erscheinen

$$(25;1) \qquad S = 1/w'_{min} \quad (w'_{min} \text{ in Winkelminuten}) .$$

Für die praktische Prüfung der Sehschärfe verwendet man übrigens den *Landoltschen Ring.* Dieser gilt als „aufgelöst", wenn die Lage der Unterbrechung noch erkannt wird. Wenn die Testobjekte genügend Kontrast zeigen und hell genug beleuchtet werden, vermag ein aufmerksamer Beobachter mit diesem Objekt Werte S nahe 2 zu erreichen.

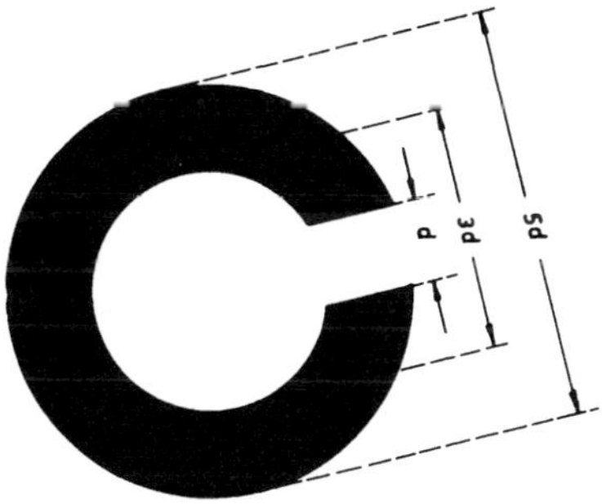

Abb. 25;1

Ein Patient wird als *schwachsichtig* bezeichnet, wenn seine Sehschärfe deutlich unter 1 liegt (z. B. $S = 1/3$). Man versucht, ihm mit einem kurz gebauten → Galilei-Fernrohr zu helfen, das nach Art eines dicken Brillenglases getragen wird (Fernrohrbrille).

2. Das *Farbensehen* verleiht den gesehenen Dingen eine zusätzliche Qualität; sie werden farbig gesehen. Farbunterschiede können technisch ausgenutzt werden, um die gegenseitige Verschiebung von Teilbildern besser hervortreten zu lassen; vergl. § 5 und § 46. Andererseits werden Farbsäume als Abbildungsfehler sehr störend empfunden.

Wie die Erfahrung zeigt, können diejenigen Eigenschaften eines Farb*reizes,* welche für den Farb*eindruck* wesentlich sind, durch drei Kennzahlen („Normfarbwerte") festgelegt werden. Diese berechnet man nach den Regeln der niederen Farbmetrik aus der spektralen Energie-Verteilung N_λ desjenigen farbigen Lichtes, das diesen Farbreiz darstellt. Daraus folgt, daß Farbreize mit durchaus unterschiedlicher spektraler Verteilung dieselben Normfarbwerte und damit denselben Farbeindruck liefern können; man spricht dann von „bedingt gleichen Farben". Die nach den Regeln (DIN 5033 Bl. 2) errechneten Kennzahlen gelten unter gewissen Voraussetzungen für alle Beobachter mit normalem Farbensinn. Manche Menschen haben einen abweichenden Farbensinn (anomale Trichromaten) oder sind vermindert leistungsfähig (verwechseln zum Beispiel Rot und Grün); aber nur wenige sind tatsächlich farbenblind, sehen die Dinge also unbunt wie auf einer Schwarz-Weiß-Photographie.

§ 26. 3. Bei der *Akkommodation* handelt es sich um das „Scharfstellen" des Auges auf das gesehene Objekt. Dieser Vorgang vollzieht sich in der Regel ohne merkbare Anstrengung. Man bemerkt aber, daß die Scharfstellung nicht mehr möglich ist bei Objekten, die näher liegen als der *Nahpunkt* oder weiter entfernt sind als der *Fernpunkt,* für die also die Schnittweite s (negativ!) außerhalb des Bereiches $s_{Fern} \leqslant s \leqslant s_{Nah}$ liegt. Für *normalsichtige* Beobachter ist $s_{Fern} = \infty$, für *kurzsichtige* negativ, während ein *weitsichtiger* Beobachter, bei dem die Lage des Fernpunktes über ∞ hinaus zu positivem s_{Fern} führt, in obiger Schreibweise schwer zu kennzeichnen ist. Man umgeht diese Schwierigkeit, indem man mit den reziproken Werten der Schnittweite arbeitet; dann kann man sagen, daß stets

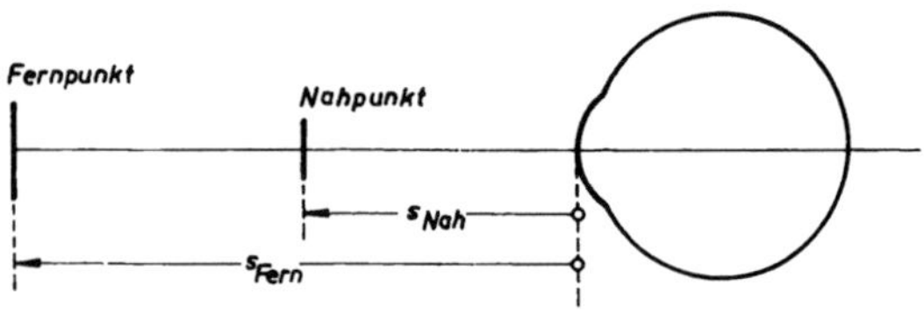

Abb. 26;1

$\frac{1}{s_{Nah}} \leqslant \frac{1}{s} \leqslant \frac{1}{s_{Fern}}$ gilt. In Anlehnung an die Gepflogenheiten der Brillenoptik mißt man beim Auge die Schnittweiten in

Metern, ihre reziproken Werte in *Dioptrien* (dptr.). In Analogie zum Begriff der Brechkraft kann man dann in der Größe

$$(26;1) \qquad D = \frac{1}{s_{Fern}} - \frac{1}{s} = D_{Akk}$$

ein Maß für die *Stärke der Akkommodation* (und damit der *Anstrengung* beim Akkommodieren) sehen. $D = 0$ oder $s = s_{Fern}$ entspricht dann dem „entspannten" Zustand.

Die Erfahrung zeigt, daß man bei D_{Akk} mit einer „Unschärfe" rechnen muß, die selbst unter günstigen Umständen mindestens $\frac{1}{4}$ dptr. beträgt. Das ist zugleich ein Maß für die *Tiefe* des gleichzeitig scharf gesehenen Bildes. Auch bei der Stufung der *Brillengläser* kann man sich auf $D = \frac{1}{4}$ dptr. stützen. Das Maximum der Größe D_{Akk} bezeichnet man als *Akkommodationsbreite* T

$$(26;2) \qquad T = \frac{1}{s_{Fern}} - \frac{1}{s_{Nah}} .$$

Durch Umrechnung auf Schnittweiten liefert T die *akkommodierbare Tiefe,* die z. B. bei der mikroskopischen Beobachtung interessiert. Die Größe T ist bei Kindern größer als 10 dptr. und nimmt ab mit zunehmendem Alter. Diese Abnahme wird als *Alterssichtigkeit* (Presbyopie) störend empfunden, sobald T beim normalsichtigen Beobachter kleiner wird als 2 dptr.: man wird beim Lesen an die Reichweite der Arme erinnert und sieht die Buchstaben unter zu kleinen Winkel.

Zur Abhilfe durch Brillengläser vergl. § 28.

4. Unter *Adaptation* versteht man die unwillkürliche Anpassung des Sehapparats an die jeweils herrschenden Lichtverhältnisse. Bei diesem Vorgang wirken zusammen

a) eine schnelle Regelung des Pupillen-Durchmessers,
b) eine langsame Änderung der Empfindlichkeit im „Empfangsapparat" des Auges, vergleichbar dem Übergang zu einem Film mit anderer DIN-Empfindlichkeit in der Photographie.

Sobald die Adaptation vollzogen ist, kann der erreichte Zustand durch Angabe der „Adaptations-Leuchtdichte“ $\hat{B}$ zahlenmäßig beschrieben werden. Wie man aus der Abbildung ersieht,

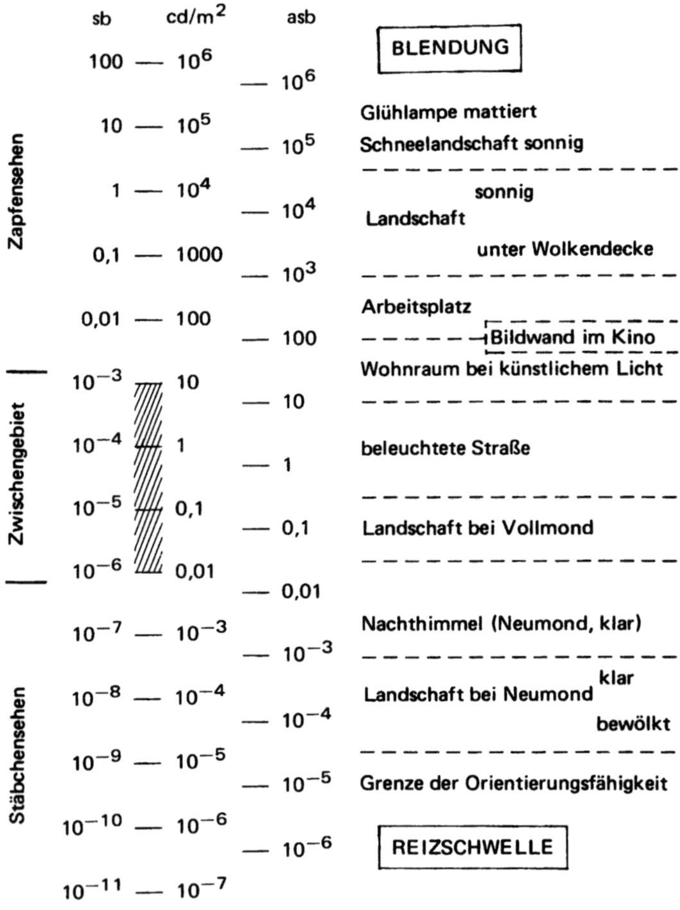

Abb. 26;2

kann das Auge insgesamt einen Bereich von 12 Zehnerpotenzen in der Leuchtdichte verarbeiten. Das gilt aber nur, sofern es jedes Mal Zeit findet zum Adaptieren; sonst ist der Bereich zwischen absoluter Schwelle und Blendung erheblich kleiner:

5 Zehnerpotenzen bei $\hat{B}$ = 10 asb (Innenräume bei künstlichem Licht),

4 Zehnerpotenzen bei $\hat{B}$ = 10 000 asb (Tageslicht im Freien).

Allerdings zeigt das Auge nur im Bereich höherer Leuchtdichten, also beim *„Zapfensehen"*, die gewohnte Sehschärfe und Fähigkeit zum Farbensehen. Im Bereich des *„Stäbchensehens"* werden bunte Farben nicht mehr „farbig" gesehen, und die Verminderung der Sehschärfe ist sehr deutlich; dafür werden Bewegungen besser erkannt. Auf diese Leistungsänderungen muß man Rücksicht nehmen beim Planen von Meßgeräten; das Zwischengebiet sollte möglichst vermieden werden, weil das Auge hier „unberechenbar" reagiert.

Bisher war bei den Angaben über „das Auge" vorzugsweise an die Leistungen in der Nähe der sogenannten fovea gedacht, die als gelber Fleck das Zentrum der Netzhaut markiert. Außerhalb dieses Zentralbereichs ändert sich vieles; beispielsweise liegt die *Flimmergrenze* dann schon bei merklich niedrigeren Leuchtdichten als in der fovea.

§ 27. 5. Beim *beidäugigen* (binokularen) *Sehen* wird man nicht gewahr, daß zwei verschiedene Augen gleichzeitig abbilden; der Beobachter sieht ein einheitliches Bild (sofern man ihn nicht durch besondere Hilfsmittel künstlich in Verlegenheit bringt). Technische Voraussetzungen für das einheitliche Bild sind

a) das gemeinsame *Richten* beider Augenachsen (oftmals mit erheblicher Winkelgeschwindigkeit) und speziell das Einstellen des richtigen *Konvergenzwinkels* zwischen den Achsen der Augen, sowie

b) die gemeinsame Regelung der Akkommodation, passend zum Konvergenzwinkel.

Beides vollzieht sich unbewußt; darum bedarf es einiger Übung, die *Kopplung* zwischen *Akkommodation* und *Konvergenz* aufzuheben.

Die Lösung der entsprechenden Aufgabe, zwei unabhängige Kameras präzise auf dasselbe Ziel zu richten (und bei Bewegung gerichtet zu halten) ist der Technik heute nicht mehr fremd. Dagegen ist nicht zu sehen, wie die *Verschmelzung* von zwei unabhängigen Aufnahmen zu einem einheitlichen Bild darzustellen wäre. Das gilt erst recht von der Aufgabe, auch noch den *Raumeindruck* nachzubilden.

6. Deswegen ist neben dem binokularen das *räumliche Sehen* als besondere Qualität zu nennen. Ein normaler Beobachter wird mit unbewaffnetem Auge unwillkürlich räumlich sehen; beim Gebrauch binokularer Geräte bedarf es bisweilen einer kurzen Gewöhnung.

Die Möglichkeit, beim binokularen Sehen einen Raumeindruck zu bekommen, hängt an einer leichten Verschiedenheit der Bilder, die auf der Netzhaut des linken und des rechten Auges entstehen. Diese Einsicht verdanken wir *Wheatstone*, 1838. Wheatstone war sogar imstande, einen Raumeindruck dadurch hervorzurufen, daß er im Stereoskop jedem Auge eine besondere (ebene!) Zeichnung darbot. Voraussetzung für den räumlichen Eindruck war lediglich, daß die perspektivischen Zentren für die beiden Zeichnungen unterschiedlich gewählt waren entsprechend dem *Augenabstand*.

Der Vorgang läßt sich rechnerisch bequem analysieren, wenn man als Beispiel für ein räumliches Objekt eine ebene Wand mit einem davor liegenden Gegenstand (Stab) betrachtet. Durch abwechselndes Schließen der beiden Augen bemerkt

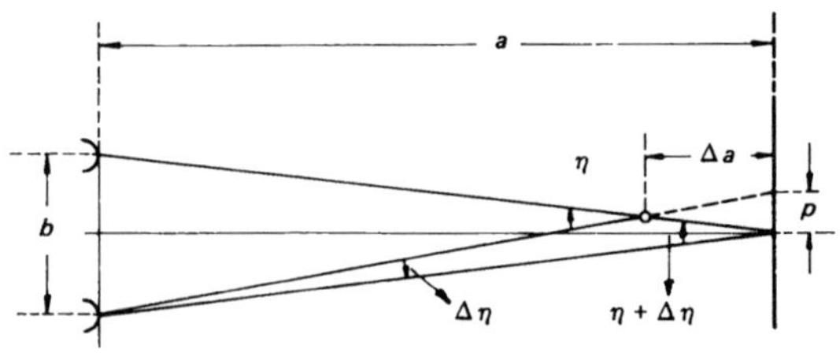

Abb. 27;1

man die Verschiedenheit der beiden Bilder, gekennzeichnet durch die *parallaktische Verschiebung* p („Bildsprung").

Anders ausgedrückt: zum Stab gehört ein anderer Konvergenzwinkel („Parallaxe") η als zu einem benachbarten Punkt des Hintergrundes; die Differenz $\Delta\eta$ dieser Parallaxen ist mit dem Beobachtungsabstand a und dem Bildsprung p verbunden durch

(27;1) $$p/a = \Delta\eta \; .$$

Andererseits hängt η mit dem Augenabstand b („Basis") zusammen durch $b = a \cdot \eta$, woraus folgt

(27;2) $$\Delta\eta = b \cdot \Delta\left(\frac{1}{a}\right) = -\frac{b}{a} \cdot \frac{\Delta a}{a} \; .$$

Offenbar muß der Quotient (27;1) einen Mindestwert überschreiten, damit die Verschiedenheit der beiden Netzhautbilder durch räumliches Hervortreten des Stabes merkbar wird. In Analogie zur Sehschärfe könnte man vermuten, daß dieser Schwellenwert für $\Delta\eta$ durch eine Bogenminute gegeben sei. Tatsächlich genügt aber schon der zehnte Teil $\Delta\eta = 3 \cdot 10^{-5}$ (entsprechend 6 Bogensekunden), sofern der Beobachter genügend Übung besitzt.

Beispiel: Zu $b = \frac{1}{16}$ m (Augenabstand ca. 63 mm) und $a = 100$ m liefert Formel (27;2) als Mindestwert $\Delta a = -4{,}8$ m. Das heißt, der Unterschied zwischen den Entfernungen 95 m (Stab) und 100 m (Wand) sollte wahrgenommen werden.

Auf diesem Schwellenwert beruht die Gepflogenheit, Fehler beim Entfernungsmessen in Vielfachen des *Mindestfehlers* $b \cdot \Delta\left(\frac{1}{a}\right)_{min} = 3 \cdot 10^{-5}$ anzugeben. Andererseits darf $\Delta\eta$ aber auch nicht übertrieben groß sein, sonst „zerfällt" das Bild. Die Grenze – bisweilen als Fusionsgrenze bezeichnet – liegt nach *Lüscher* beim Winkelunterschied 70 Bogenminuten; dieser Maximalwert für $\Delta\eta$ ist vergleichbar mit dem Durchmesser der → fovea.

7. Eine zahlenmäßig vergleichbare Winkelgenauigkeit findet man bei zwei Leistungen des *Einzel*auges, die sich ebenfalls nur durch Kombination der Resultate von mehreren Einzel-Empfängern auf der Netzhaut plausibel machen lassen:

Die *Noniensehschärfe* ermöglicht es, daß die Versetzung der beiden Striche beim Nonius bemerkt wird, sobald sie unter einem Winkel größer als 6 Bogensekunden erscheint (und die

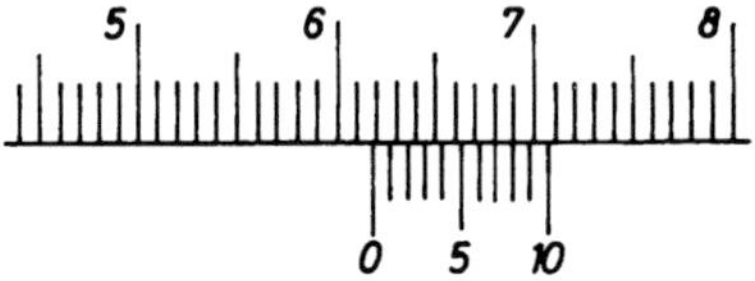

Abb. 27;2

Striche lang genug sind!). Überraschend groß ist auch die *Sicherheit* beim Reproduzieren der *lateralen Einstellung,* mit der z. B. ein Fadenkreuz auf einen Maßstabsstrich eingestellt werden kann. Bei günstigen Voraussetzungen hinsichtlich Kontrast, Leuchtdichte und Strichbreite lassen sich die Einstellungen auf wenige Bogensekunden genau reproduzieren.

§ 28. Verschiedene Gründe sprechen dafür, als *Modell* des *menschlichen Auges* eine *photographische Kamera* mit entsprechenden optischen Daten zu betrachten:

Objektiv f = 17 vom Öffnungsverhältnis d/f = 1 : 2,1 (entsprechend einem Pupillen-Durchmesser d = 8 mm), das sich bis 1 : 8,5 (mit d = 2 mm) abblenden läßt. Wegen des Einflusses der Helligkeit zeigt das Auge bei Tageslicht Werte des Öffnungsverhältnisses zwischen 1 : 4 und 1 : 6 je nach Alter des Beobachters. Die weitere Abnahme auf 1 : 8,5 setzt ziemlich hohe Leuchtdichten (oberhalb von 1000 asb) voraus.

Das *Gesichtsfeld* des Auges ist (beim indirekten Sehen!) erheblich größer als bei der normalen Kamera: wenn man die nutzbare Fläche der Netzhaut zugrunde legt, bekommt man etwa 120° Durchmesser. Allerdings fällt die Abbildungsschärfe rasch ab, sobald man sich von der fovea (das ist der gelbe Fleck der Netzhaut, genannt fovea centralis) entfernt, die das Zentrum des Gesichtsfeldes markiert.

Diese fovea besitzt etwa 1° bis 1,5° Durchmesser; das Maß ist wichtig für den Bau von visuellen Photometern und Farbmeßgeräten, weil man nur in diesem Bereich mit der vollen Leistung des hell-adaptierten Auges rechnen kann (man spricht dann von *fovealem* im Gegensatz zum *extrafovealen Sehen*). Wenn man die Sehschärfe des Auges mit der Kamera vergleicht, so findet man das Auge überlegen im Zentralbereich der Netzhaut und vergleichbar innerhalb eines Bereichs von etwa 7° Durchmesser, wenn man einen Film durchschnittlicher Empfindlichkeit verwendet. Diese starke Einschränkung des Feldes für das indirekte Sehen stört praktisch nicht, weil das Auge in einem Kugelgelenk leicht drehbar ist. Der *Augendrehpunkt* für diese Blickbewegung liegt etwa 15 mm hinter dem Hornhautscheitel; dieses Maß interessiert für das Zusammenwirken des Auges mit einem Brillenglas.

Für *binokulare* Beobachtung *brauchbar* ist nur ein Schwenkbereich mit etwa 60° Durchmesser; auf diesen Wert nimmt man Rücksicht bei der Planung von Okularen.

Es liegt nahe, die *Fehlsichtigkeit* durch falsche Baulänge des Augapfels zu erklären: das kurzsichtige Auge ist für seine Optik zu lang gebaut – dazu paßt die Gefahr der Netzhautablösung bei starker Kurzsichtigkeit. Beim photographischen Objektiv entspräche diesem Fehler ein falsches *Abstimm-Maß* beim Einbau in die Kamera.

Andererseits ist es bekannt, daß man den Mechanismus der *Akkommodation* beim menschlichen Auge nicht wie bei der Photokamera auf eine Änderung des Abstandes zwischen Linse und Bildebene zurückführen kann; die *Brechkraft* der Linse wird *geändert.* Trotzdem ist es nützlich, den Vorgang an einer Kamera mit verschiebbarem Objektiv f = 17 nachzubilden.

Zur Vereinfachung soll die Eingangsschnittweite x jetzt in mm angegeben und auf den vorderen Brennpunkt bezogen werden. Dann tritt der Zahlenwert x = 1000 s an die Stelle des Wertes s, und die Newtonsche Formel liefert – zusammen mit der Verabredung in (26;1) $x' - x'_{Fern} = f^2 \left(\frac{1}{x_{Fern}} - \frac{1}{x}\right) =$

$$= \frac{f^2}{1000}\left(\frac{1}{s_{Fern}} - \frac{1}{s}\right) = \frac{f^2}{1000} \cdot D_{Akk} \text{ oder}$$

$$(28;1) \qquad x' - x'_{Fern} = \frac{f^2}{1000} \cdot D_{Akk} = 0{,}29 \cdot D_{Akk} ,$$

wenn man D_{Akk}, die Stärke der Akkommodation, wieder in dptr. angibt. Das heißt: der Steigerung der Akkommodation um $\Delta D = +1$ dptr. entspricht im Modell die Vergrößerung des „Auszugs“ der Kamera (also des Abstandes a' zwischen Objektiv und Bildebene) um $\Delta a' = +0{,}29$ mm.

Mit dem Modell kann man übrigens nicht nur den Vorgang der Akkommodation, sondern auch die Eigenschaften des fehlsichtigen Auges darstellen, wenn man eine Skala für die Fehlsichtigkeit D_{Fern}

$$(28;2) \qquad D_{Fern} = \frac{-1}{s_{Fern}} = 1000 \cdot x'_{Fern}/f^2$$

hinzufügt, wobei man sich erinnert, daß bei x'_{Fern} der Nullpunkt für die Skala der Akkommodations-Werte D_{Akk} liegen sollte. Deswegen eignen sich derartige Modelle auch zur optischen Erprobung von augenärztlichen Geräten und Verfahren. Ordnet man die Skala für die Akkommodation D_{Akk} verschiebbar über der Skala für D_{Fern} (Fehlsichtigkeit) an, so bekommt man für den resultierenden Auszug $\Delta a' = x'$

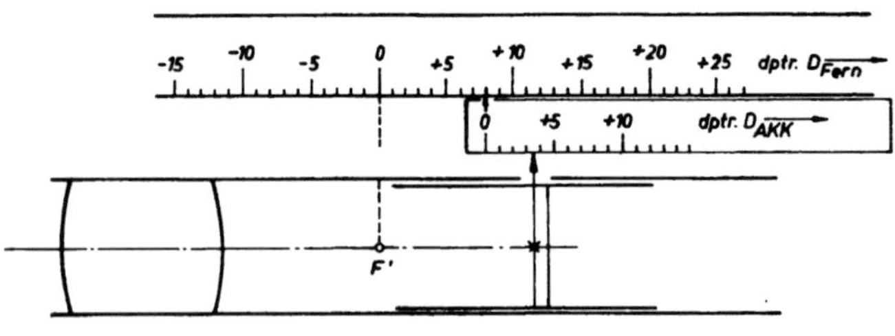

Abb. 28;1

$$\Delta a' = \frac{f^2}{1000}(D_{Akk} + D_{Fern}) \text{ gemäß (28;1)} . \tag{28;3}$$

Bei dieser Verabredung bedeutet $D_{Fern} = +3$ dptr. die Kurzsichtigkeit 3 dptr. Diese kann man ausgleichen durch ein Brillenglas mit dem → Scheitelbrechwert $D = -D_{Fern}$ (hier also $D = -3$ dptr.) im vorderen Brennpunkt des Auges.

Der früher erwähnten Unsicherheit D = 1/4 dptr. bei der Akkommodation entspräche im Modell ein Spielraum $\Delta x' = 0{,}07$ mm für die Bildlage. Wie paßt dieser Wert zu der Angabe über die *„Schärfentiefe"* des entsprechenden Objektivs in der Photographie?

Wie ließe er sich optisch erklären?

Bei punktscharfer Abbildung gehört zur Bildablage $\Delta x'$ ein Unschärfekreis, dessen Durchmesser U entsprechend dem Öffnungsverhältnis d/f errechnet wird aus

$$U = |\Delta x'| \cdot d/f \text{ (für große Objektabstände)} . \tag{28;4}$$

Für Werte des Öffnungsverhältnisses zwischen 1 : 8 und 1 : 4 gäbe diese Formel zu $\Delta x' = 0{,}07$ mm für die zugelassene Unschärfe Werte U zwischen $9 \cdot 10^{-3}$ und $18 \cdot 10^{-3}$ mm, während eine Faustregel der Photographen

$$U = f/1000 \text{ (für } f \leqslant 50 \text{ mm)} , \tag{28;5}$$

auf der manche Tabellen für die zulässige Tiefe beruhen, hier Werte U bis $17 \cdot 10^{-3}$ mm erlauben würde. Zahlenmäßig ist diese Übereinstimmung recht befriedigend. Aber wie erklärt man beim Auge einen Wert U, der zu der empirisch gefundenen Zahl für ΔD passen würde?

In Analogie zur Photographie wird man vermuten, daß hier mindestens folgende drei Einflüsse zusammenwirken:

1. Aberrationen (und Ausführungsfehler!) des Objektivs,
2. Unschärfe durch Beugung,
3. mangelhafte Auflösung der lichtempfindlichen Schicht.

Die Einflüsse 1. und 2. kann man hier gemeinsam abschätzen. Denn die Erfahrung zeigt, daß das menschliche Auge die optimale Schärfe der Abbildung dann liefert, wenn die Pupille den Durchmesser d = 2 mm besitzt. In der Sprache der photographischen Optik könnte man sagen:
für die Optik des Auges liegt die *kritische Blende* beim Öffnungsverhältnis 1 : 8,5. Das heißt: blendet man stärker ab, dann stört die Beugung, weil der Radius ρ' des ersten Beugungskreises zunimmt (vergl. § 22). Wird die Blende jedoch weiter geöffnet, so kann die Verkleinerung von ρ' nicht ausgenutzt werden, weil jetzt die Abbildungsfehler so rasch anwachsen, daß die Unschärfe wieder zunimmt. Nun errechnet man nach (22;1) zu d/f = 1 : 8,5 den Wert $\rho' = 5 \cdot 10^{-3}$ mm und damit $U > 2 \cdot \rho' = 10 \cdot 10^{-3}$ mm; die beobachtete Unsicherheit ΔD scheint damit erklärt. In der Photographie hingegen sind die Objektive zu gut korrigiert als daß man Werte ähnlich (28;5) auf den Wert der kritischen Blende zurückführen könnte; hier muß also der Einfluß 3. der lichtempfindlichen Schicht herangezogen werden.

§ 29. In diesem Zusammenhang ist neben kritischer Blende und Unschärfe ΔD der Akkommodation noch ein dritter Erfahrungswert für das menschliche Auge zu betrachten, die *Sehschärfe S* = 1, die Tatsache also, daß zwei gleichhelle „Sterne" mit dem Winkelabstand w = 1 Bogenminute unter günstigen Bedingungen noch getrennt gesehen oder „aufgelöst" werden können. Wegen arc $1' = 3 \cdot 10^{-4}$ entspricht diesem Winkel auf der Netzhaut die Strecke $\Delta L' = 5 \cdot 10^{-3}$ mm in bemerkenswerter numerischer Übereinstimmung mit dem Beugungsradius ρ' für die „kritische Blende" mit d = 2 mm.

Auch diese Übereinstimmung ist nicht zufällig. Denn nach der *Auflösungsregel* von Lord Rayleigh können zwei (gleichhelle) Sterne nur dann getrennt gesehen („aufgelöst") werden, wenn ihr Abstand mindestens gleich dem Beugungsradius ρ' ist, der nach Formel (22;1) zur abbildenden numerischen Apertur gehört. Die Vorschrift Rayleighs, das Maximum des einen Sterns auf das Minimum des anderen fallen zu lassen, ist übrigens nur Mittel zum Zweck. Wesentlich ist, daß in der

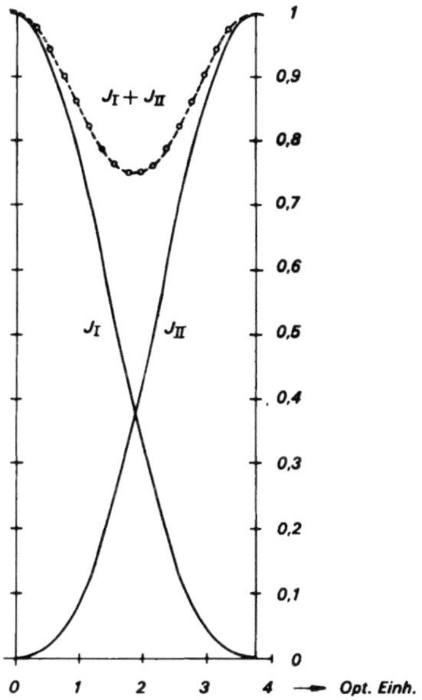

Abb. 29;1

Summe der Intensitäten zwischen den beiden Gipfeln eine merkbare Einsenkung auftritt. Diese wird beim Abstand $\Delta L' = \rho'$ dadurch ermöglicht, daß die Halbwertsbreite des Zentralteils im Beugungsbild kleiner ist als der Beugungsradius.

Bei einer photographischen Schicht normaler Empfindlichkeit (z. B. 20/10 °DIN) wird man etwa $12 \cdot 10^{-3}$ mm als Auflösungsgrenze ansetzen anstatt der $5 \cdot 10^{-3}$ mm in der fovea der Netzhaut. Hier ist der Vergleich zwischen Auge und Photokamera aber nicht mehr sinnvoll. Das Auge ist eher einem *Suchgerät* vergleichbar; der rasche Abfall der Sehschärfe außerhalb der fovea verleiht dieser die Funktion eines Fadenkreuzes.

Ein erheblicher Unterschied zwischen dem Sehvorgang und der photographischen Aufnahme scheint darin zu liegen, daß die Photographie das Licht während der Belichtungsdauer t aufsummiert, der Sehapparat aber „momentan" anzeigt. Genauere Prüfung zeigt jedoch, daß auch das Auge summiert, sobald die „Belichtungszeit" von etwa 1/25 sec unterschritten wird: bei kürzer dauernden Lichterscheinungen verhält sich der Sehapparat wie die Photoschicht; er bewertet dann nicht E_N, sondern das Produkt $E_N \cdot t$.

Die Begrenzung der Summationsdauer hängt offenbar mit einer Zitterbewegung des Auges zusammen (Frequenz bis 100 Hz, Amplitude etwa 10 bis 20 Bogensekunden), die für den Besitzer des Auges nicht merkbar, für den Vorgang des Sehens aber notwendig ist. Verhindert man durch technische Mittel derartige Bewegungen des Bildes auf der Netzhaut, so verschwindet das gesehene Bild nach wenigen Minuten, als ob die Netzhaut ausgebleicht würde.

Sehen ist kein Zustand, sondern ein Vorgang!

II. Unterstützung des Auges durch optische Geräte

§ 30. Nachdem die Leistungen des Auges besprochen und durch Vergleich mit einer photographischen Kamera erläutert worden sind, erhebt sich die Frage, ob und wie man optische Instrumente dazu verwenden kann, die Leistungsgrenzen des Auges bzw. des Gesichtssinnes zu überwinden.

Bei dieser Diskussion sollen die Brillengläser außer Betracht bleiben, weil sie die Leistungen eigentlich nicht erhöhen, sondern nur Defekte wie Fehlsichtigkeit und Alterssichtigkeit weniger bemerkbar machen sollen.

An erster Stelle sind diejenigen Instrumente zu behandeln, welche die *begrenzte Sehschärfe* des Auges *überwinden* sollen: Lupe, Fernrohr, Mikroskop und verwandte Konstruktionen. Alle diese Instrumente, die auch in der historischen Entwicklung am Anfang stehen, lösen folgende

Aufgabe: Darstellung eines gegebenen ebenen Objektes unter möglichst großem Sehwinkel ohne störende Anspannung der Akkommodation.

Demgemäß kennzeichnet man ihre Leistungen durch Angabe der Vergrößerung. Man spricht von einer 6fachen Lupe, einem Okular 10×, einem Feldstecher 7 × 50 und meint mit dieser wechselnden Ausdrucksweise jedesmal, daß die Vergrößerung 6, 10 oder 7 betragen soll. Dabei gilt die *Definition*

$$(30;1) \qquad \boxed{\text{Vergrößerung} = \frac{\textbf{Sehwinkel } w' \textbf{ mit Instrument}}{\text{Sehwinkel } w \text{ ohne Instrument}}} \; .$$

Diese Definition bedarf einer näheren Verabredung darüber, wie die Sehwinkel w und w′ gemessen werden sollen.

Gegenstände, die sich nahe heranholen lassen, bringt man zur Beobachtung ohne Instrument in die *deutliche Sehweite* e, so daß sich der Sehwinkel $w = L/e$ ergibt.

Man könnte daran denken, für e hier die Entfernung bis zum Nahpunkt des betreffenden Beobachters einzusetzen, um den Gegenstand L schon mit bloßem Auge unter möglichst großem Winkel zu sehen. Dann hinge der Zahlenwert für die Vergrößerung einer Lupe aber von der Fehlsichtigkeit und der Fähigkeit zur Akkommodation des jeweiligen Benutzers ab. Deswegen ist man überein gekommen, für die *deutliche Sehweite* e = 250 mm (entsprechend + 4 dptr. Akkommodation) festzulegen, so daß hier $w = L/250$ zu setzen wird. e = 250 mm wird bisweilen auch *Bezugssehweite* genannt.

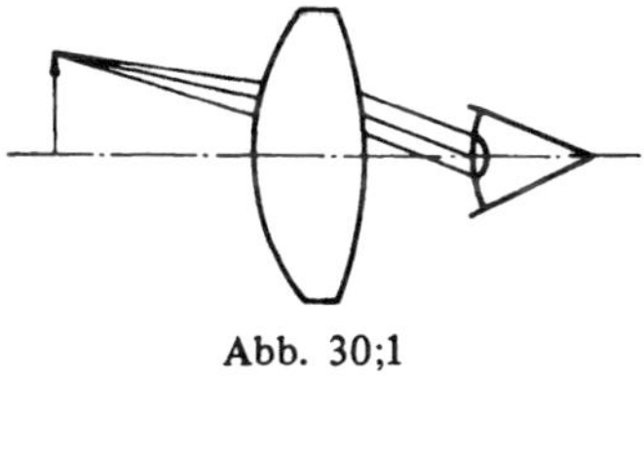

Abb. 30;1

Bringt man einen Gegenstand in die vordere Brennebene (F) einer Lupe der Brennweite f_L, so erscheint er unter dem Winkel $w' = L/f_L$ in unendlicher Entfernung. Daraus errechnet man die

$$(30;2) \qquad \boxed{\text{Lupenvergrößerung } N = 250/f_L} \; .$$

Natürlich bleibt es dem Beobachter überlassen, ob er nicht auch beim Blick durch die Lupe akkommodieren will; entsprechend ändert sich dann das Verhältnis w'/w – allerdings bezeichnet man diesen Quotienten dann nicht mehr als „Vergrößerung".

Sehr ähnlich wie die Lupenvergrößerung definiert man bei zusammengesetzten Geräten für jedes Zwischenbild die *Betrachtungsvergrößerung* N_b, mit der dieses Zwischenbild vom Auge des Beobachters aus gesehen wird. An die Stelle der Lupe tritt das optische Teilsystem (mit der Brennweite f_b), in dessen „vorderer" Brennebene das jeweils betrachtete Zwischenbild gelegen ist. Hier gilt

(30;3) $$\boxed{\text{Betrachtungsvergrößerung } N_b = 250/f_b} \quad .$$

Man benötigt den Wert N_b, wenn man Toleranzen für die zulässigen Störungen der „Sauberkeit" (also Kratzer, Bläschen) aufzustellen hat, die in irgend einem Zwischenbild auftreten können. Auch die Strichstärke von Teilungen (Skalen) richtet sich nach N_b.

Gegenstände, die sich aus irgendwelchen Gründen körperlich nicht heranholen lassen, bildet man durch eine geeignete Objektiv-Linse 1 so ab, daß das erzeugte Zwischenbild bequem betrachtet werden kann. Im allgemeinen liegt dieses nahe beim Brennpunkt F_1'; es erscheint dann in der Größe $L_1' = -f_1 \cdot w$. Bisweilen kann dieses Zwischenbild direkt betrachtet werden; zweckmäßig fängt man es mit einer Mattscheibe auf. Zum Betrachtungsabstand $e = 250$ gehört dann die *Zwischenbild-Vergrößerung* $\overline{N} = -f_1/250$; das negative Vorzeichen soll daran erinnern, daß dieses Zwischenbild „auf dem Kopf steht".

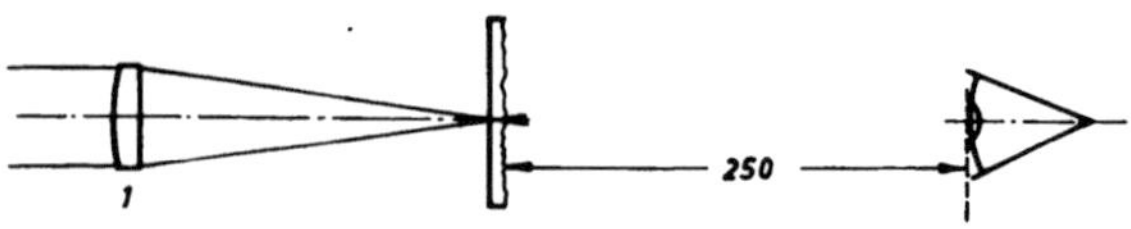

Abb. 30;2

In der Regel wird das Zwischenbild jedoch mit einer Lupe betrachtet, die jetzt den Namen *Okular* trägt; die Gegenstände erscheinen dann unter dem Sehwinkel $w_2' = L_1'/f_2$, wenn f_2 die Brennweite des Okulars bedeutet. So bekommt man die einfachste Form des *Fernrohrs* mit der

(30;4) $\boxed{\text{Fernrohrvergrößerung } N' = -f_1/f_2}$.

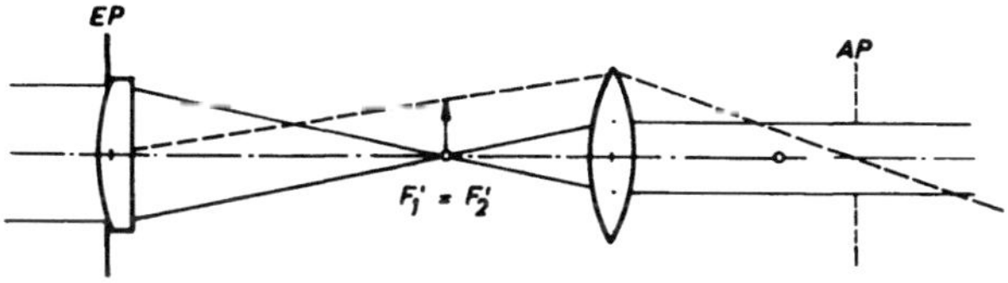

Abb. 30;3

In Übereinstimmung mit der Abbildung denkt man zunächst an positive Werte für die beiden Brennweiten f_1 und f_2 und kommt so zum *Keplerschen* oder *astronomischen Fernrohr* mit negativer Vergrößerung N'. Dem Nachteil, daß das Bild umgekehrt erscheint, stehen zwei Vorzüge gegenüber: zugängliche Austrittspupille und ein auffangbares Zwischenbild, in dem man ein Fadenkreuz oder eine Strichplatte als Meßhilfe anbringen kann. Jeder *Punkt* des Zwischenbildes legt eine *Richtung* des Objektraumes fest. Wählt man f_2 mit negativem Vorzeichen, so entsteht das *holländische* oder *Galilei-Fernrohr.* Sein Nachteil ist die unzugängliche Lage der Austrittspupille, die als Bild der Objektivöffnung links vor dem Okular im Innern des Fernrohrs liegt. Sie zwingt den Beobachter zur „Schlüsselloch-Beobachtung", wenn er das Gesichtsfeld absuchen will.

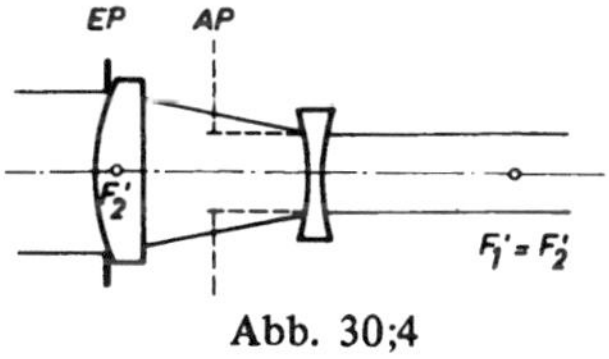

Abb. 30;4

Die Erzeugung eines Zwischenbildes erweist sich auch sonst als nützliches Hilfsmittel. Das zeigen folgende Beispiele:

1. Bei Lupen darf der augenseitige Durchmesser mit Rücksicht auf den Bildwinkel w′ nicht zu klein sein; denn der Abstand zwischen Linse und Hornhautscheitel ist nach unten

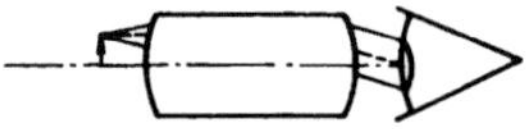

Abb. 30;5

begrenzt wegen der Augenwimpern. Andererseits bekommen Lupen starker Vergrößerung (30;2) eine sehr kleine Brennweite f_L und entsprechend stark gekrümmte Linsenflächen: das widerspricht dem geforderten großen Durchmesser.

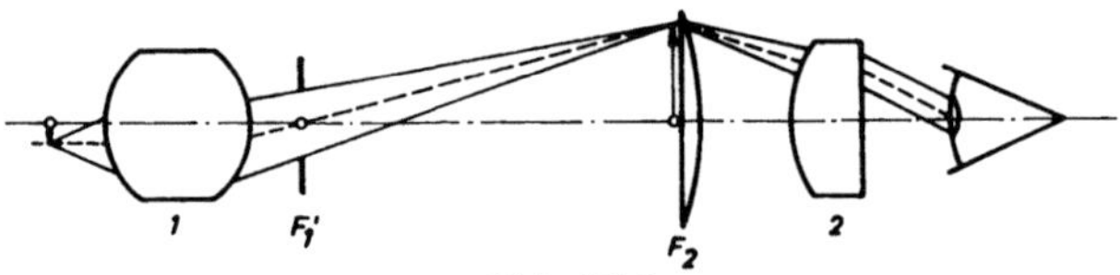

Abb. 30;6

Der Widerspruch wird beim *Mikroskop* dadurch gelöst, daß man die Lupe aufspaltet in Objektiv 1 und Okular 2 und die beiden Forderungen getrennt erfüllt. Das Objektiv 1 besitzt eine so kurze Brennweite, daß es vom Objekt L_1 in einem Abstand, der nicht größer als 200 mm sein sollte, ein stark vergrößertes Zwischenbild $L_1' = \beta_1 \cdot L_1$ erzeugt. Dieses Zwischenbild liegt wieder im vorderen Brennpunkt F_2 des Okulars und erscheint darum augenseitig unter dem Winkel $w_2' = L_1'/f_2$.

Daher errechnet sich die

$$\text{(30;5)} \qquad \boxed{\text{Mikroskopvergrößerung } N = \beta_1 \cdot \frac{250}{f_2}}$$

als Produkt aus β_1 und der Okularvergrößerung, die nur ausnahmsweise stärker als 12,5fach ist (entsprechend f_2 = 20 mm), so daß man die Schwierigkeit mit dem Durchmesser vermeidet.

Ein weiterer Vorteil dieser Zerlegung liegt darin, daß das Öffnungsverhältnis auf der Bildseite des Objektivs recht klein wird (in der Regel nicht über 1 : 30), so daß das Okular nur „auf Feld beansprucht" wird, während das Mittenbüschel hier nicht wichtig ist. Beim Objektiv ist es umgekehrt: wegen der hohen numerischen Apertur auf der Objektseite spielt hier das Mittenbüschel die Hauptrolle.

2. Bei einfachen Lupen stört bisweilen der kleine Objektabstand, der ja notwendig kleiner ist als die Brennweite f_L. Zur Abhilfe dient die Anordnung der *Fernrohrlupe:* das Objekt liegt im vorderen Brennpunkt einer schwachen Lupe mit genügend großer Brennweite f_1; der Bildwinkel $w_1' = L_1/f_1$ wird weiter vergrößert durch ein Fernrohr der Vergrößerung γ_2 auf den Wert $w_2' = \gamma_2 \cdot w_1'$. Daher wird die

(30;6) $$\text{Vergrößerung der Fernrohrlupe } N = \frac{250}{f_1} \cdot \gamma_2$$

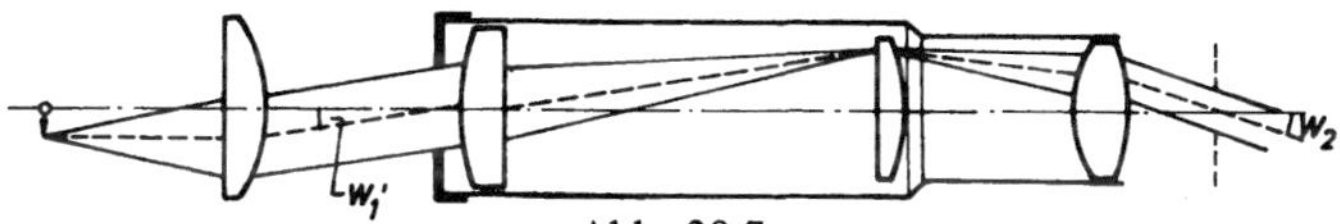

Abb. 30;7

Auch für *Meßlupen* ist diese Anordnung besonders geeignet, weil man im Zwischenbild des Fernrohrteils die erforderliche Strichteilung unterbringen kann (z. B. beim *Dynameter*).

Wenn man in der hinteren Brennebene (F_1') des Lupenteils die Aperturblende anordnet, bewirkt man auf der Objektseite *telezentrischen Hauptstrahlengang* $z_1 = \infty$. Dadurch wird der gemessene Wert L_1 unabhängig von ungenauer Scharfstellung oder endlicher Tiefe des ausgemessenen Objektes. Vergl. § 14.

§ 31. Bisher ging es um die Lösung der eingangs gestellten Aufgabe, die begrenzte Sehschärfe des Auges zu verbessern. Demgemäß stand die Vergrößerung des Sehwinkels im Vordergrund. Aber auch andere Wirkungen der besprochenen Instrumente helfen dem Auge bei der Lösung seiner Aufgaben.

Technisch interessant ist beispielsweise ihr Einfluß auf die *Wahrnehmung der Tiefe* durch den Beobachter. Dabei handelt es sich um zwei verschiedene Effekte: einerseits die Wirkung auf die „akkommodierbare Tiefe“ und andererseits – bei binokularen Geräten – die Steigerung der „Plastik“ beim räumlichen Sehen.

Für ein Fernrohr mit der Winkelvergrößerung γ hat man bekanntlich die Lateralvergrößerung $\beta = 1/\gamma$ und darum die Tiefenvergrößerung $\alpha = \beta^2 = (1/\gamma)^2$. Das heißt: für einen Gegenstand, der im Objektraum im Abstand a von der EP des Fernrohrs liegt, erscheint das Bild im Abstand $a' = a/\gamma^2$ vor der AP des Fernrohrs und damit objektseitig vor der Pupille des Beobachters.

> Beispiel: Für ein Fernrohr mit $\gamma = 32$, daher $\gamma^2 \approx 1000$, gehört zu $a = -1000\,\text{m}$ der Wert $a' = -1\,\text{m}$. Der Beobachter muß also die Akkommodation um 1 dptr. erhöhen, wenn er – auf unendlich akkommodiert – das Bild eines Gegenstandes scharf sehen will, der 1 km entfernt liegt!

Diese Akkommodation ist durchaus merkbar, sobald $D' = \gamma^2 \cdot D$ größer wird als 1/2 dptr., der Betrag der Entfernung a also kleiner wird als die Strecke $2 \cdot \gamma^2$ (in Metern).

Dieser Änderung der akkommodierbaren Tiefe bedient man sich beispielsweise in der Werkstatt, wenn ein Fernrohr-Okular auf ∞ eingestellt werden soll (Toleranz $\pm$ 1/10 dptr.).

Es genügt, ein „*Werkstattfernrohr*“ $\gamma = -4$ (z. B. mit $f_1 = 60$ und $f_2 = 15$) zwischen die AP des Prüflings und das Auge des Justierers zu bringen, um dessen Akkommodations-Unsicherheit auszuschalten. In diesen Fernrohren, die auch unter der Bezeichnung Justier- oder Vierkantfernrohr geführt werden, ist das Objektiv in der Regel meßbar verschiebbar (entlang der optischen Achse) derart angeordnet, daß man Gegenstände mit Schnittweiten zwischen $s = -500$ (reell) und $s = +500$ (virtuell) auf das Fadenkreuz scharf einstellen kann; sie stellen also eine Art von Entfernungsmesser dar.

Bei der *Steigerung der Plastik* (vergl. oben § 27) handelt es sich um zwei Maßnahmen, welche beide zu einer Vergrößerung des augenseitigen Werts für die Differenz $\Delta\eta$ der Konvergenzwinkel führen, wenn die räumliche „Tiefe“ $\Delta\left(\frac{1}{a}\right)$ gegeben ist:

a) Vergrößerung der „Basis“ auf den k-fachen Wert $b = k \cdot b'$ (wo b' der Augenabstand sei) und
b) Winkelvergrößerung γ durch ein Fernrohr.

Insgesamt ergibt sich

$$\Delta\eta'' = \gamma \cdot \Delta\eta' = \gamma \cdot k \cdot \Delta\eta \ . \tag{31;1}$$

Gegenüber dem unbewaffneten Augenpaar gewinnt man also den Faktor $\gamma \cdot k$ für die Wahrnehmung der Tiefe.

Das Produkt $\gamma \cdot k$ wird vielfach als *totale Plastik* bezeichnet, k allein heißt *spezifische Plastik.* Die praktische Realisierung zeigt jeder Feldstecher; in der Regel liegt k dann nahe bei 2. Sehr viel größer wird k bei den militärischen Entfernungsmessern gewählt; hier kann b mehrere Meter betragen gegenüber $b' = 1/16\,\text{m}$.

Es versteht sich, daß die Steigerung der Tiefen-Empfindlichkeit verbunden ist mit einem Übergang zu → unnatürlicher Perspektive.

§ 32. Bei allen optischen Systemen, die mit dem Auge verbunden sind, besteht ein besonderes Interesse für die *Lage* und die *Größe* der *Austrittspupille.* (Die einfache Lupe spielt insofern eine Sonderrolle, als bei ihr der Benutzer beide Werte festlegt: seine Augenpupille wirkt als Aperturblende.) Um die Gefahr der *Vignettierung* zu vermeiden, möchte man die AP des Geräts mit der Augenpupille zusammenfallen lassen. Im allgemeinen hat aber das Gerät bereits seinen wohl definierten Strahlengang.

Die Schwierigkeiten, die durch ungünstige Lage der AP verursacht werden, kann man beim Galilei-Fernrohr beobachten: das Objektiv wirkt als Aperturblende, die Austrittspupille liegt somit im Innern des Geräts. Obwohl sie im Durchmesser deutlich größer ist als die Augenpupille, begrenzt sie doch sehr merkbar das Gesichtsfeld, so daß der Beobachter zur *„Schlüssel-loch-Beobachtung"* gezwungen ist, wenn er das Gesichtsfeld des Fernrohrs absuchen möchte.

Ganz allgemein kann man sich die Schwierigkeit eines solchen *Dreiblenden-Problems* am Strahlenköcher aus Abb. 24;1 klarmachen, der dem geordneten Strahlengang zwischen dem Blendenbild F_b und dem Objektbild F_a entspricht. Jeder Punkt der Fläche F_a ist mit jedem Punkt der Fläche F_b durch einen Lichtstrahl verbunden – oder anders ausgedrückt: jeder Punkt des Gesichtsfeldes F_a wird mit derselben beleuchtenden Apertur bestrahlt. Sobald nun eine dritte Blende, die „Abschattblende" F_c, auftaucht – sie sei ebenfalls kreisförmig und zentriert –, dann wird ein Teil dieser Lichtstrahlen abgeschnitten, wenn sich der „Aufpunkt" in der Bildfläche F_a ein Stück aus der Mitte entfernt. Im allgemeinen Fall gibt es auf der Bildfläche dann drei Bereiche unterschiedlicher Beleuchtungsapertur: im Bereich I herrscht noch die volle Apertur $d\omega'$; daran schließt sich der Halbschatten-Bereich II, in dem $d\omega'$ stetig gegen Null geht, und der Schatten III mit $d\omega' = 0$. Der Übergang von I nach II ist dadurch markiert, daß $d\omega'$ nicht mehr durch einen Kreis begrenzt wird, sondern durch ein Kreisbogen-Zweieck.

Diese dritte Blende F_c kann z. B. durch eine Linsenfassung oder deren Bild dargestellt sein, wenn die freien Durchmesser

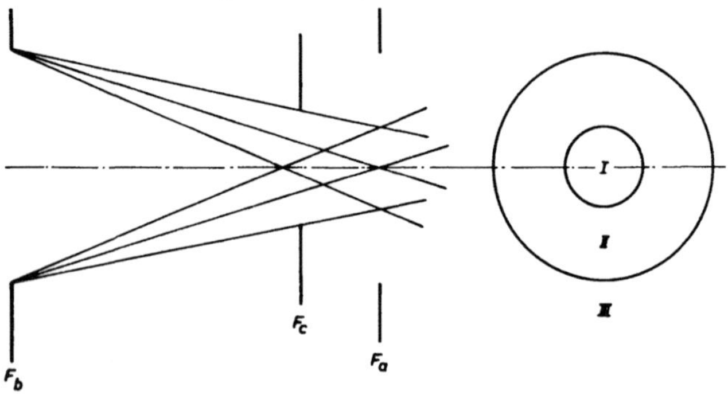

Abb. 32;1

nicht groß genug gewählt sind (vergl. § 34). Auch die Augenpupille kann diese Rolle spielen, wenn sie nicht mit F_b zusammenfällt. Sobald sie – entsprechend der Schlüsselloch-Beobachtung – seitlich verschoben wird, wandert die Schattengrenze (zwischen II und III) entsprechend auf der Fläche F_a, so daß der gesuchte Teil des Bildes in den Bereich II oder I rückt.

Von dieser „künstlichen" Vignettierung muß man die sogenannte natürliche Vignettierung unterscheiden, die in § 23 am Beispiel des $\cos^4$-Gesetzes demonstriert worden ist. Im allgemeinen Fall wird diese Erscheinung etwas modifiziert, wenn die Verzeichnung nicht korrigiert ist oder wenn die Blende im Innern des Systems liegt, so daß die EP in ihrer Größe beeinflußt werden kann durch Abbildungsfehler, die von der Lage des Objektpunktes abhängen. Vergl. S. 222.

Besonders ärgerlich ist eine Störung des Strahlengangs, die durch „chromatische Pupillenaberration" verursacht wird: wenn die Lage der AP abhängt von der Wellenlänge des Lichtes (d.h. $z'_{rot} \neq z'_{blau}$), dann kann die Pupille des Beobachters bestenfalls für eine dieser Farben richtig liegen; in den anderen Farben beobachtet man Vignette – im Gesichtfeld treten jetzt Flächenfarben auf, die noch mehr stören können als die Farbränder bei der → chromatischen Vergrößerungsdifferenz. Vergl. S. 215.

Nach der gegenseitigen Lage sollen nunmehr die *Durchmesser* von *AP* und *Augenpupille* betrachtet werden. Für den Benutzer besonders bequem ist der Fall, daß die AP größer ist als die Augenpupille; dadurch wird Spielraum für die seitliche Verschiebung des Auges gewonnen, den man z. B. bei binokularen Geräten ausnutzen kann, wenn der *Augenabstand* des Benutzers nicht mit dem Achsabstand der Okulare übereinstimmt.

Nützlich ist dieser Spielraum auch für die *Blickbewegung* des Beobachters, mit der das Gesichtsfeld eines Okulars abgesucht werden soll:
einerseits dreht sich das Auge um den Augendrehpunkt, der um knapp 15 mm hinter dem Scheitel der Hornhaut (und damit etwa 12 mm hinter der Pupille) liegt,

andererseits soll die Pupille dabei in der AP des Geräts liegen bleiben. Das zwingt für den Kopf des Beobachters zu einer *Abwälzbewegung*, die man durch federnde Augenmuscheln oder Stirnstütze erleichtert.

Wenn aber die AP kleiner wird als die Pupille des Beobachters, dann können mehrere Wirkungen auftreten, durch die die Leistung des Auges beeinträchtigt werden kann, so daß die Verbesserung dieser Leistungen durch das Gerät (z. B. der Sehschärfe von S auf $S' = \gamma \cdot S$ entsprechend der Winkelvergrößerung) nicht voll zur Wirkung kommt.

Primär hat die *Verminderung* des *Pupillendurchmessers* d zwei Wirkungen:

a) das Beugungsbild eines Punktes wird größer – entsprechend nimmt die Sehschärfe ab, falls d kleiner als 2 mm wird;
b) die beleuchtende Apertur $d\,\omega'$ nimmt ab, so daß auch die Beleuchtungsstärke E_N auf der Netzhaut geringer wird. Die Abnahme von E_N kann an sich schon stören als „Mangel an effektiver Lichtstärke". Außerdem aber ändert sie den Adaptationszustand des Auges, weil die Abnahme von E_N auf den Sehapparat wie eine Verminderung der Leuchtdichte wirkt.
c) Diese Abnahme der Adaptations-Leuchtdichte $\hat{B}$ kann aber sekundär wieder zu einem weiteren Verlust an Sehschärfe $S(\hat{B})$ führen; vergl. § 26.

Ob die Abnahme der gesehenen „Helligkeit" und der Verlust an Sehschärfe wirklich merkbar werden, das hängt von den Lichtverhältnissen ab.

§ 33. Dadurch erklärt sich die sogenannte *Dämmerungsleistung* der Fernrohre:
bei gegebenem Durchmesser der Eintrittspupille des Fernrohrs wird die „effektive Sehschärfe" $S' = \gamma \cdot S(\hat{B})$ beim Steigern von γ zunächst proportional γ anwachsen, solange $S(\hat{B})$ trotz Abnahme der scheinbaren Leuchtdichte $\hat{B}$ noch $\geqslant 1$ bleibt. Weitere Steigerung von γ führt in ein Übergangsgebiet, in dem S' nur noch proportional zu $\sqrt{\gamma}$ zunimmt, weil $S(\hat{B})$ proportional $1/\sqrt{\gamma}$ abnimmt. Sobald auch dieses Gebiet zu Ende ist,

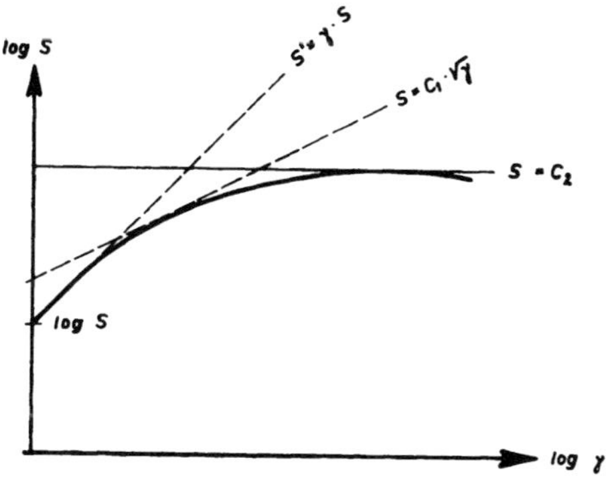

Abb. 33;1

weil $S(\hat{B})$ nun proportional $1/\gamma$ abnimmt, dann ist weitere Steigerung von γ offenbar sinnlos, zumal sie das objektive Gesichtsfeld $2\,w = \frac{1}{\gamma} \cdot 2\,w'$ (bei gegebenem w') einschränkt und die Empfindlichkeit gegen Erschütterungen steigert.

Wenn man genügend große Leuchtdichte zur Verfügung hat, kann man die Vergrößerung (γ beim Fernrohr oder N beim Mikroskop) so weit steigern, daß der Pupillendurchmesser auf weniger als 1/2 mm eingeschränkt wird. Allerdings muß man bedenken, daß dann zwei neue Störungen (neben a bis c in § 32) auftreten:

d) Die Beugungserscheinungen, die jetzt immer deutlicher hervortreten, können Strukturen des Objekts vortäuschen;

e) durch die Verminderung von $d\,\omega'$ wird zugleich die Schärfentiefe beim Auge so sehr gesteigert, daß man „fliegende Mücken“ sieht, die von Störungen im Glaskörper des Auges verursacht werden.

Die Gefahr d) war wohl maßgebend für *Abbes* Empfehlung, beim Mikroskop den Bereich der *„förderlichen Vergrößerung“* nicht zu überschreiten, der durch Werte für N zwischen dem 500- und dem 1000fachen der numerischen Apertur $n_1 \sin u_1$ des Objektivs gegeben ist:

(33;1) **Abbes Regel:**

$$500\, n_1 \sin u_1 \leqslant N_{max} \leqslant 1000\, n_1 \sin u_1$$

Wie J. Flügge bemerkte, ist diese Vorschrift gleichwertig mit der Empfehlung, beim Durchmesser der Austrittspupille Werte zwischen 1 und 1/2 mm nicht zu unterschreiten, welche einer Verminderung der Sehschärfe des Beobachters auf Werte zwischen $S = 1/2$ und $S = 1/4$ entsprechen (nach § 29).

Man darf aber nicht übersehen, daß Abbes Regel nur auf die Beobachtung biologischer Objekte zielt, bei denen schlechte Kontrastverhältnisse ohnehin die Sehschärfe begrenzen können. Mikroskope für technische Zwecke – beispielsweise für Messungen an Strichmaßen – werden ohne Nachteil mit *Übervergrößerung,* also $N > 1000 \cdot$ num. Ap. benutzt (vergl. S. 122), weil derartige Messungen durch Beugungsstreifen nicht gestört sondern unter Umständen sogar erleichtert werden.

Kleine Durchmesser der Austrittspupille können auch bei visuellen Photometern auftreten, wenn man zum *photometrischen Abgleich* der beiden Meßfelder die scheinbare Leuchtdichte des „helleren" Feldes dadurch verringert, daß man $d\omega'$ durch eine Meßblende (die z. B. auf der EP liegt) für dieses Feld herabsetzt. Man kann dann nicht mehr voraussetzen, daß die „Helligkeit" nur durch $E_N = B' \cdot d\omega'$ geregelt werde!

Vielmehr zeigt es sich, daß man bei festem $B' \cdot d\omega'$ unterschiedliche „Helligkeit" beobachtet, je nachdem, ob das schmale Lichtbündel durch das Zentrum oder den Rand der Augenpupille geschickt wird *(Stiles-Crawford-Effekt).*

Zum Schluß noch einige Zahlen für die Durchmesser der Austrittpupillen bei Fernrohren. Am einen Ende der Skala stehen die sogenannten Nachtgläser mit großer AP, z. B. das Glas 7 × 50 ($\gamma = 7\times$ mit $d_{EP} = 50$, also $d_{AP} = 7{,}14$ mm); am anderen Ende die geodätischen Fernrohre mit d_{AP} nahe 1,6 mm. Demgegenüber hat das menschliche Auge bei Tage etwa 3 bis 4 mm Pupillendurchmesser je nach Alter des Beobachters.

Durch Versuche mit Lochblenden überzeugt man sich übrigens, daß man beim Abblenden auf 1 oder 1,2 mm Durchmesser erheblich an Tiefe gewinnt, ohne daß der Verlust an Sehschärfe und Helligkeit (bei Tage oder am künstlich beleuchteten Arbeitstisch) schon stören würde. Das ist wichtig für alterssichtige oder mäßig fehlsichtige Beobachter; man benutzt diese Steigerung der Schärfentiefe auch beim *Zielen* mit *Diopter.*

E. Lichtführung und Planung

I. Planung für ungestörten Strahlengang

§ 34. Die Planung eines optischen Instruments vollzieht sich in mehreren Schritten.

Zunächst werden die *äußeren optischen Daten* festgelegt, z. B. Brennweite, Gesichtsfeld, Größe der EP.

Falls eine Lichtquelle mit zum Gerät gehört, kann schon hier geprüft werden, ob die geforderten Werte für Lichtstrom oder Beleuchtungsstärke mit der verfügbaren Leuchtdichte erreichbar sind.

Beim nächsten Schritt geht es um die *Lichtführung.* Hier wird gefragt, welche Bausteine (Linsen, Objektive, . . .) man an welchen Stellen anordnen soll, um die geforderten äußeren Daten mit vernünftigem Aufwand zu erreichen. Dabei geht es nicht nur um die Festlegung von Brennweiten und Durchmessern der einzelnen Bausteine, sondern häufig auch um die Anpassung des Strahlengangs an vorgegebene mechanische Maße.

Der dritte Schritt soll zur *expliziten Angabe* der optischen *Daten* im engeren Sinn (Radien, Brechzahlen, Glasdicken und Abstände) für die einzelnen Bausteine führen, nachdem die Abbildungsfehler über trigonometrische Rechnung oder Versuchsausführung korrigiert worden sind.

Dieses Stadium soll hier nicht besprochen werden; hier geht es allein um die Lichtführung und die äußeren Daten.

Neben verschiedenen Gesichtspunkten für die Diskussion sollen auch einige Hilfsmittel für die Planung und Prüfung optischer Geräte besprochen werden.

Wenn man den *Raumbedarf* für irgendeinen Strahlengang feststellen will, so kann man von einer Zeichnung ausgehen, die das abbildende schiefe Büschel für den Randpunkt des Objektfeldes darstellt. Auf diesem Wege kann man auch die „Strahlenbegrenzung" durch vorgegebene mechanische Abmessungen verfolgen. Einfacher verfährt man im Rahmen der Gaußischen Optik. Denn hier darf man voraussetzen, daß das

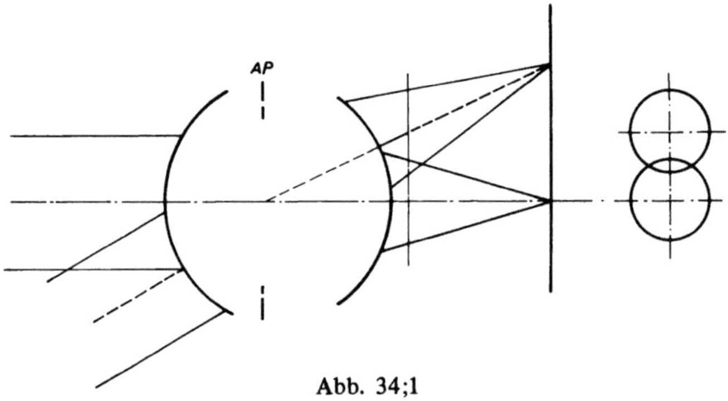

Abb. 34;1

schiefe Büschel im Querschnitt übereinstimmt mit dem Mittenbüschel, das den zugehörigen Achspunkt abbildet, sofern die Querschnitte jeweils in derselben achsensenkrechten Ebene gemessen werden; vergl. § 14. Deswegen genügt eine Zeichnung, in der nur der Hauptstrahl und das Mittenbüschel dargestellt sind. Man sieht, daß der *freie Durchmesser* für alle Querschnitte des Strahlengangs mindestens gleich der Summe aus dem Betrag der doppelten Hauptstrahlhöhe und dem Querschnitt des Mittenbüschels sein muß: $2(|h_z| + |h_s|)$.

Nun können diese beiden Strahlen nicht unabhängig voneinander vorgegeben oder variiert werden: die *Verkettung* zwischen Objekt- und Blenden-Abbildung muß beachtet werden. Innerhalb des Gaußischen Gebiets findet sie ihren Ausdruck in der Erhaltung der Invariante $H = L \cdot n \cdot u$. Bei einem gezeichneten Strahlengang müßte man also nachprüfen, ob dieses Produkt überall den gleichen Wert hat.

Derartige nachträgliche Kontrollen behindern bei der Planung. Besser stellt man den Strahlengang in Form eines *Delano-Diagramms* dar. Delano (1963) bedient sich eines fingierten windschiefen Strahls, der im Grundriß mit dem Hauptstrahl (zum Bildrand) und im Aufriß mit dem Randstrahl des Mittenbüschels übereinstimmen soll. Diesen windschiefen Strahl, der von Fläche zu Fläche durch das System verfolgt wird, denkt er sich projiziert auf eine Ebene senkrecht zur optischen Achse.

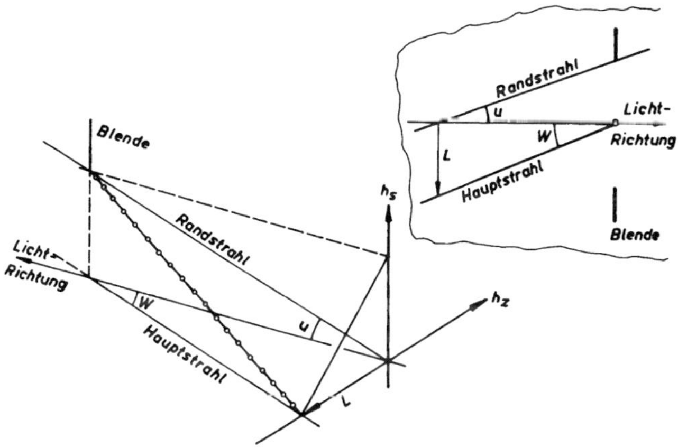

Abb. 34;2

Dann entsteht ein Linienzug („Polygon"), bei dem jeder Punkt x, y durch seine Abszisse x die Höhe h_z des Hauptstrahls und durch seine Ordinate y die Höhe h_s des Randstrahls für irgend einen Querschnitt darstellt. Die Summe $2(|x| + |y|)$ gibt somit den Mindestwert für den freien Durchmesser in dem betreffenden Querschnitt. Da die Vorschrift $|x| + |y| = \text{const}$ die vier Seiten (mit $\pm 45°$ Neigung) eines Quadrates festlegt, erkennt man sehr bequem, ob das Delano-Diagramm einen vorgegebenen Wert für den freien Durchmesser überschreitet. Als Beispiel zeigt die Abbildung das Delano-Diagramm für ein

Kepler-Fernrohr mit *Feldlinse.*

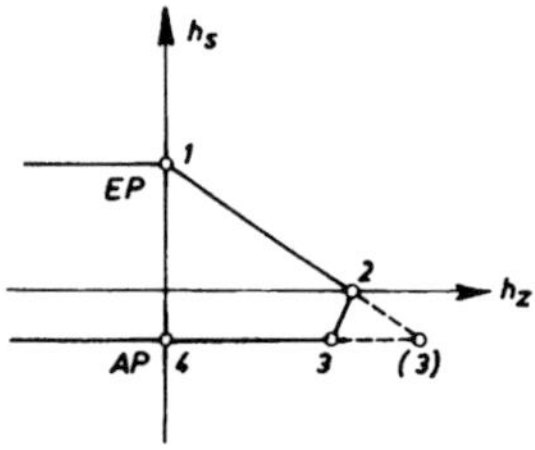

Abb. 34;3

Man sieht, daß der Linienzug 1-2-3-4 bei jeder der drei Linsen umknickt (bei Linsen endlicher Dicke an jeder Fläche), daß sein Schnittpunkt 2 mit der x-Achse die Lage des (auffangbaren!) Zwischenbildes markiert, und daß Eintrittspupille EP und Austrittspupille AP durch die Schnittpunkte 1 und 4 mit der y-Achse markiert sind. Das Diagramm zeigt auch, daß die EP mit dem Objektiv zusammenfällt, während die AP 4 erst nach dem Okular 3 erreicht wird und damit auffangbar ist Die Bildhöhe L_1' für das Zwischenbild ist durch die Abszisse x_2 gegeben; durch sie kennt man auch das Produkt $f_1 \cdot w_1$.

Die Werte für f_1 und f_2 selber bzw. die entsprechenden Winkel w_1, w_k' kann das Diagramm ohne zusätzliche Verabredung jedoch nicht angeben. *Verzichtet* man auf die *Feldlinse* 2, so muß entweder der Radius L_1' des vignettefreien Bildes verkleinert oder der freie Durchmesser $2(|x_3| + |y_3|)$ des Okulars vergrößert werden, um die Linie von 1 nach 3 ohne den Knick bei 2 als Gerade durchlegen zu können. Läßt man den Punkt 3 und damit den freien Durchmesser des Okulars unverändert, so ist die Einbuße an Bildhöhe L_1' und damit an Bildwinkel für festes f_1 sofort zu ersehen.

Die Größe der Abstände zwischen den einzelnen Elementen (Flächen oder dünnen Linsen) kann man aus dem Delano-Diagramm allein noch nicht entnehmen; dazu benötigt man ergänzend den Zahlenwert der Invarianten *H.* Die Formeln (24;1 bis 3) sind hier nützlich. Formel (24;3) eignet sich besonders für die *Bestimmung der Abstände* d_ν': man verlängert im Delano-Diagramm die Polygonseite, deren Endpunkte den

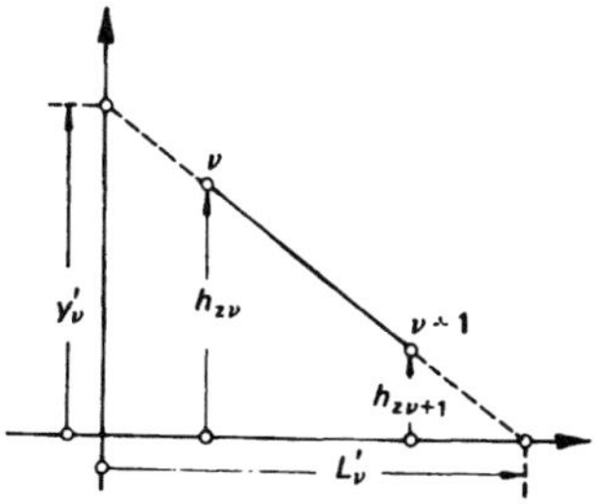

Abb. 34;4

Linsen oder Flächen ν und $\nu + 1$ entsprechen, derart, daß sie die Abszissenachse in $x = (L'_\nu)$ und die Ordinatenachse in $y = (y'_\nu)$ schneidet; dann erhält man die reduzierte Strahlenweite als

$$(34;1) \qquad \frac{s'_\nu - z'_\nu}{n'_\nu} = \frac{(L'_\nu) \cdot (y'_\nu)}{H} .$$

Daraus ergibt sich der Abstand d'_ν durch lineare Interpolation

$$(34;2) \qquad \frac{d'_\nu}{s'_\nu - z'_\nu} = \frac{h_{z\nu} - h_{z\nu+1}}{(y'_\nu)} .$$

Andererseits liefern (24;1) und (24;2) die Werte der *Neigungswinkel* bzw. *numerischen Aperturen*

$$(34;3) \qquad n'_\nu \cdot u'_\nu = H/(L'_\nu) ,$$

$$(34;4) \qquad n'_\nu \cdot w'_\nu = -H/(y'_\nu)$$

für Randstrahl und Hauptstrahl proportional zu den reziproken Werten der Achsabschnitte (L'_ν) und (y'_ν). Daraus folgt die Unterscheidung zwischen Elementen (Linsen oder Flächen) mit positiver und negativer Brechkraft, da die Änderung der numer. Apertur gemäß Formel (13;10) gleich dem Produkt aus Durchgangshöhe h_s oder h_z und Brechkraft zu setzen ist. Auch die Zahlenwerte für Abbildungsmaßstab $\beta = \dfrac{n_1 \cdot u_1}{n'_k \cdot u'_k}$ und Brennweite $f = \frac{h_{1s}}{n'_k \cdot u'_k}$ findet man mit Hilfe der Achsabschnitte und der Zahl H (die man vorgeben muß).

Die Werte der Brechzahlen n_ν, n'_ν – von denen wieder die Werte $1/r_\nu$ der Krümmungen bei bekannten Brechkräften abhängen – treten im Diagramm nicht zutage. Sie können darum nach Belieben gewählt werden. Es bleibt sogar offen, ob es sich bei den ablenkenden Elementen um brechende oder spiegelnde Flächen handelt. Beispielsweise stimmen Teleobjektiv und Cassegrain-Spiegel im Delano-Diagramm überein.

§ 35. Bisher bewegte sich die Überlegung im Rahmen der Gaußischen Optik; es handelte sich also um den sogenannten *Gaußischen Entwurf,* eine Vorstufe der technischen Planung. Wenn dieser Entwurf gezeigt hat, daß die gestellte Aufgabe *grundsätzlich* lösbar ist, so beginnt die Planung mit den tatsächlichen Abmessungen. Die vorkommenden Werte y'_ν und L'_ν sind dann nicht mehr klein gegenüber den Werten $s'_\nu - z'_\nu$ der Strahlenweite. Man kann aber die Vorteile der Gaußischen Optik (dazu gehört auch das Delano-Diagramm) für die beiden ersten Stufen der Planung beibehalten, wenn man sich der *quasi-Gaußischen Näherung* bedient. Das heißt:

1. Aus den tatsächlichen Werten L_1 und y_1 berechnet man die quasi-Gaußischen Werte $\hat{L}'_\nu$ und $\hat{y}'_\nu$ mit Hilfe der Gaußischen Werte für den Abbildungsmaßstab, die man aus dem Gaußischen Entwurf besitzt

$$(35;1) \qquad \hat{L}'_\nu = L_1 \cdot \beta_{s\nu} \; ; \quad \hat{y}'_\nu = y_1 \cdot \beta_{z\nu} \; .$$

2. Die Werte $s'_\nu - z'_\nu$ für die Strahlenweite werden aus dem Gauß-Entwurf übernommen.

Folgerung: Im Rahmen dieser Näherung bleibt $\frac{n'_\nu \cdot L'_\nu \cdot y'_\nu}{s'_\nu - z'_\nu}$ unverändert gleich dem Wert $\hat{H} = \frac{n_1 \cdot L_1 \cdot y_1}{s_1 - z_1}$, der aus den tatsächlichen Werten für den Radius L_1 des Objektfeldes, den Radius y_1 der EP und für die Strahlenweite $s_1 - z_1$ errechnet ist.

Wenn künftig die Größe H für endliche Apertur benutzt wird, ist sie im Sinn der quasi-Gaußischen Näherung gemeint, falls nicht ausdrücklich anders verabredet.

Voraussichtlich wird später die trigonometrische Durchrechnung etwas abweichende Werte für die Strahlenweiten liefern; auch bei den tatsächlichen Werten L'_ν und y'_ν sind Abweichungen gegenüber den quasi-Gaußischen Werten zu erwarten. Das interessiert aber einstweilen noch nicht.

Die Planung beginnt mit der Diskussion der photometrischen Forderungen. Wenn die Beleuchtungsstärke E vorgeschrieben ist, bedient man sich der Formel $E = B' \cdot n'^2 \cdot \hat{\omega}'$, wobei jetzt

$\hat{\omega}' = \pi \cdot \left(\frac{y'_k}{s'_k - z'_k}\right)^2$ zu setzen ist; daher $E = B' \cdot \pi\,(\hat{H}/\hat{L}'_k)^2$;

man vergl. Formel (24;5). Wird ein bestimmter Wert Φ für den Lichtstrom gefordert, so setzt man $\Phi = B' \cdot \hat{\Lambda}$ mit $\hat{\Lambda} = (\pi \cdot \hat{H})^2$. So liefert diese quasi-Gaußische Näherung die erforderlichen

Werte für $\hat{H} = \frac{n_1 \cdot L_1 \cdot y_1}{s_1 - z_1}$, wenn man von den *verfügbaren* Werten B' der *Leuchtdichte* ausgeht. Diese Werte $\hat{H}$ sind zwar nicht exakt; sie reichen aber aus, um unlösbare Aufgaben zu erkennen und prinzipiell lösbare weiter zu diskutieren. Der Buchstabe B' statt B soll darauf hinweisen, daß die Lichtverluste innerhalb des optischen Systems durch den Ansatz $B' = \tau \cdot B$ zu berücksichtigen sind; hierzu vergleiche man § 42.

Beim nächsten Schritt der Planung ist zu prüfen, ob man mit vernünftigem Aufwand und ohne Überlastung der Bausteine (Linsen, Objektive, . . .) die benötigten Werte $\hat{H}$ und $\hat{\omega}'$ erreichen und sonstige Forderungen bei den Abmessungen erfüllen kann. Hier bietet das Delano-Diagramm wertvolle Hilfe. Denn es informiert nicht nur über den Raumbedarf, sondern auch über die Umlenkung der Randstrahlen (für Objekt- und Blenden-Abbildung) und damit über die *Belastung* der verschiedenen Flächen oder Linsen.

Oben war empfohlen worden, anstelle der wirklichen Leuchtdichte B des Objekts oder der Lichtquelle den „geschwächten“ Wert $B' = \tau \cdot B$ als „verfügbare“ Leuchtdichte einzusetzen. Man darf aber nicht übersehen, daß die Durchlaßzahl τ eigentlich nur die *allgemeine* Schwächung des durchgelassenen *Lichtstroms* beschreiben kann. Das muß beim Vergleich mit Meßwerten bedacht werden. Zusätzlich sorgt mangelnde Schärfe der Abbildung, die sich schon wegen der Beugung nicht ganz vermeiden läßt, für eine *Mittelung* („Verwaschung") der *Leuchtdichte* entsprechend dem → Faltungssatz der optischen Abbildung. Von einer Erhaltung der Leuchtdichte könnte man darum (selbst bei $\tau = 1$) in Strenge nur in Sonderfällen sprechen.

Auch in der Größe $H = \dfrac{n'_\nu \cdot L'_\nu \cdot y'_\nu}{s'_\nu - z'_\nu}$ kann man außerhalb des Gaußischen Bereichs keine Invariante mehr sehen, sobald man statt der quasi-Gaußischen Näherungswerte die tatsächlichen Werte L'_ν, y'_ν, $s'_\nu - z'_\nu$ einsetzt! Das liegt nicht an der hier benutzten Schreibweise:
es ist unmöglich, durch passende Definition der Größe H zu erreichen, daß sie bei *jeder* Brechung unverändert bleibt, sobald es sich um eine Abbildung mit *endlicher* Apertur handelt. Man kann aber durch passende Korrektur von Abbildungsfehlern erreichen, daß wenigstens zwischen Objekt- und Bildraum eine Kopplung unter den verschiedenen optischen Daten (Bildwinkel, Pupillenradius, numer. Apertur, . . .) herbeigeführt wird. Diese Kopplung ist nicht nur für die Planung der einzelnen Geräte sondern auch für allgemeine Abschätzungen der Informations-Vermittlung sehr nützlich. Sie soll am Beispiel des *Mikroskops* besprochen werden. Beim Mikroskop hat man im Objektraum → telezentrischen Strahlengang $z_1 = \infty$ (mit Rücksicht auf die endliche Tiefe der beobachteten Objekte). Im Bildraum wird $s'_k = \infty$ gefordert; vergl. § 30 (S. 132). Im Bereich der Gaußischen Optik kombiniert man demgemäß Formel (24;1) für die Objektseite mit (24;2) für die Bildseite und findet so $L_1 \cdot n_1 \cdot u_1 = -y'_k \cdot w'_k$. Wenn man → Aplanasie und Freiheit von → Verzeichnung voraussetzen darf, gilt im Bereich endlicher Winkel analog

$$L_1 \cdot n_1 \cdot \sin u_1 = -y'_k \cdot \operatorname{tang} w'_k \,. \tag{35;2}$$

Bei den üblichen Okularen bleibt $\tan w'_k$ kleiner als 0,5 (entsprechend $2 w'_k = 53°$). y'_k ist begrenzt durch die Rücksicht auf die Sehschärfe des Beobachters, von der die erzielte → Auflösung abhängt; Werte $|y'_k|$ größer als 1 mm lohnen darum nicht (§ 29). Somit folgt aus (35;2)

$$(35;3) \qquad |2 L_1 \cdot n_1 \cdot \sin u_1| < 1\,\text{mm} .$$

Da man den Wert der numerischen Apertur bei den Mikro-Objektiven aufgraviert findet, kann eine obere Grenze für den Durchmesser des Objektfeldes mit dieser Formel bequem errechnet werden, ohne daß man die weiteren Daten des Mikroskops (speziell seine → Vergrößerung N) zu kennen braucht. Allerdings liegt die Grenze (35;3) für Mikroskope klassischer Bauart noch zu hoch. Bei ihnen ist rechts 1 mm durch 0,4 mm zu ersetzen, weil der Tubus des Mikroskops sowohl den Durchmesser $2 L'_1$ des Zwischenbildes – diese sogenannte Sehfeldzahl soll $\leqslant 24$ mm bleiben – wie auch die bildseitige numerische Apertur (auf $\sin u'_1 \leqslant 1/60$) begrenzt. Daher bekommt man die Grenze

$$(35;4) \qquad |2 L_1 \cdot n_1 \cdot \sin u_1| \leqslant 0{,}4\,\text{mm} .$$

Hierzu passen auch die Werte, auf die man durch → Abbes Regel für die „förderliche Vergrößerung“ geführt wird (§ 33). In Flügges Umformung empfiehlt sie, $0{,}25\,\text{mm} \leqslant y'_k \leqslant 0{,}5\,\text{mm}$ zu halten. Mit $\tan w'_k = 0{,}5$ bedeutet das

$$(35;5) \qquad 0{,}25\,\text{mm} \leqslant |2 L_1 \cdot n_1 \cdot \sin u_1| \leqslant 0{,}5\,\text{mm} .$$

§ 36. Oben wurde schon der Zusammenhang mit dem Auflösungsvermögen erwähnt. Er tritt klarer hervor, wenn man den Anschluß des Geräts an den menschlichen Beobachter beiseite läßt und jetzt allgemein fragt, welche *„Menge an Information“* ein optisches System *übertragen* und mit einem geeigneten Empfänger verbunden auch *registrieren* kann.

Es zeigt sich, daß auch hier die Invariante H bzw. der Lichtleitwert Λ als Kenngrößen auftreten. Ihre Verwendung zur Messung von Informationsmengen beruht auf der Formel für den Beugungsradius ρ', die für den Sonderfall $n' = 1$ bereits als

Formel (22;1) mitgeteilt wurde. Schreibt man sie allgemeiner in der Form

$$(36;1) \qquad \rho' \cdot n' \cdot u' = 0{,}61 \cdot \lambda = H_0 \; ,$$

so tritt die rechnerische Übereinstimmung mit Formel (24;1) zutage. Offenbar gibt H_0 den Kleinstwert, den die Größe H (bei Begrenzung der Apertur durch eine kreisförmige Öffnung) annehmen kann, weil eine stärkere Konzentration des Lichtes der Wellenlänge λ durch Beugung verhindert wird. Entsprechend kann man den Platzbedarf für das Bild des einzelnen Punktes durch $\pi \cdot \rho'^2$ kennzeichnen. Vergleich mit der Fläche des Bildkreises $\pi \cdot L'^2$ liefert in der Zahl $K = (L'/\rho')^2$ eine bequeme Abschätzung für die *Anzahl* der *„unterscheidbaren Punkte"* im kreisförmigen Bildfeld. Schreibt man diesen Ansatz in der Form (für quasi-Gaußische Größen)

$$(36;2) \qquad K = \left(\frac{n' \cdot L' \cdot y'}{s' - z'} \cdot \frac{1}{H_0}\right)^2 = \hat{\Lambda}/\hat{\Lambda}_0 \; ,$$

so erscheint der Lichtleitwert $\hat{\Lambda}$ unterteilt in K kleinste Anteile der Größe

$$(36;3) \qquad \hat{\Lambda}_0 = (\pi \cdot \hat{H}_0)^2 \approx (10^{-3}\,\mathrm{mm})^2 \; .$$

$\hat{\Lambda}_0$ bekommt eine unmittelbar anschauliche Bedeutung, wenn man einen Lichtstrahl experimentell zu isolieren versucht, indem man die beugende Öffnung so klein werden läßt, daß ihr Radius mit dem Beugungsradius ρ' vergleichbar wird. Beispiel: 2 Lochblenden von je 1 mm Durchmesser stellen H_0 dar, wenn man ihnen den Abstand 750 mm gibt.

Jetzt erscheint $\hat{\Lambda}_0$ als *Lichtleitwert* des *einzelnen Lichtstrahls;* man kann K somit auch deuten als Anzahl der Lichtstrahlen, die im Strahlenköcher für $\hat{\Lambda}$ enthalten sind.

> Beispiel: Für das Mikroskop klassischer Bauart mit $\hat{H} = 0{,}2$ mm (z. B. Objektiv 40/0,65 mit Okular f = 25) bekommt man $\hat{\Lambda} = 0{,}4\,\mathrm{mm}^2$. Demnach kann man hier mit $K = 4 \cdot 10^5$ unterscheidbaren Punkten rechnen.

Natürlich ist die Informations-Kapazität schon deshalb erheblich größer, weil die Unterschiede in „Helligkeit" und „Farbe" hier außer Betracht geblieben sind. Außerdem sind die einzelnen „Punkte" noch nicht so dicht wie möglich angeordnet worden. Sofern man – unter Berufung auf Lord Rayleighs bekannte Regel für das → Auflösungsvermögen – zwei Punkte schon dann als „trennbar" ansieht, wenn ihr Abstand mindestens gleich ρ' wird, dann kann man (bei quadratischer Anordnung der Punkte mit der Gitterkonstante ρ') anstelle von K den π-fachen Betrag als *Anzahl* der *trennbaren Punkte* $K' = \pi \cdot K$ bezeichnen. Für das oben betrachtete Mikroskop ergibt sich $K' = 1{,}26 \cdot 10^6$ Punkten. Auch diese Zahl erscheint noch nicht sehr groß, wenn man die Photographie zum Vergleich heranzieht: hier bekommt man schon für das Kleinbild-Format 24 X 36 $K'' = 6 \cdot 10^6$ „trennbare Punkte".

Der neue Buchstabe K'' soll darauf hinweisen, daß die Formel (36;1) für die „Gitterkonstante" ρ' hier nicht anwendbar ist, weil das Punktbild nicht als → „beugungsbegrenzt" gelten kann. Zwar darf man bei einem modernen Objektiv voraussetzen, daß die → kritische Blende schon bei 1 : 5 erreicht ist; das gäbe $\rho' = 3 \cdot 10^{-3}$ mm für das Bild in Luft. Aber mit Rücksicht auf die photographische Schicht ist $\rho'' = 12 \cdot 10^{-3}$ mm als Gitterkonstante des quadratischen Rasters eingesetzt worden.

Hier liegt die Frage nahe, ob man den Wert $\hat{\Lambda}$ und damit die Zahl K' beim Mikroskop nicht vergrößern kann durch passende Änderung der Abmessungen. Solange man jedoch an der direkten visuellen Beobachtung festhält, wird man die Grenze (35;3) kaum überwinden, bei $\hat{\Lambda}$ und damit bei K' also nicht viel mehr als den Faktor 6 gewinnen können.

Soweit die Beispiele für die praktische Anwendung der Große *H* und $\hat{\Lambda}$!

§ 37. Als *Beispiel* für die *Planung* optischer Instrumente soll nun der Entwurf eines *einfachen Periskops* besprochen werden. Vorgegeben sei die Länge der Optik (hier 3,5 m), der freie Durchmesser (hier 50 mm), die Vergrößerung $|\gamma| = 1$ sowie $w'_k = 25°$ und der AP-Durchmesser 4 mm.

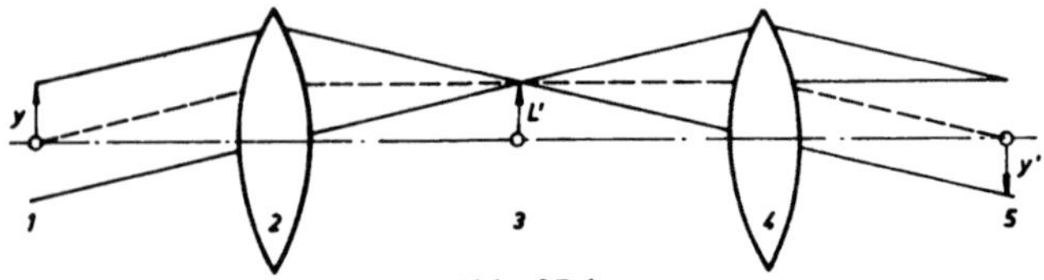

Abb. 37;1

Wesentliches Bauelement für derartige Systeme ist der *Pupillen-Versetzer* mit $\gamma = -1$, dessen Schema die Abbildung zeigt. Man sieht, daß bei dieser speziellen Form ohne Feldlinse der freie Durchmesser doppelt so groß ist wie die Summe $|y| + |L'|$ aus Bildhöhe und Radius des Blendenbildes. Die Länge – gemessen von EP bis AP – ist hier offenbar gleich

$4\,f = 4 \cdot \frac{L'}{\text{tang } w}$, wenn man die Linsendicken vernachlässigt.

Es kommt darauf an, bei gegebenem Wert für $H = y \cdot L'/f$ und gegebenem freiem Durchmesser $2(|y| + |L'|)$ einen möglichst großen Wert für die Länge des Versetzers und damit für f zu erzielen. Für H = const wird f um so größer, je größer das Produkt $|y \cdot L'|$ der Werte ist, deren Summe festliegt. Einfache Rechnung zeigt, daß die Annahme $|y| = |L'|$ den größten Wert für f liefert. Bezeichnet man den freien Durchmesser mit D, so bekommt man also $|y| = |L'| = \frac{1}{4}\,D$ und damit

$$H = y^2/f = \frac{1}{16}\,D^2/f \qquad (37;1)$$

für den Pupillenversetzer. (Im Bereich der Gaußischen Optik könnte man hier auch $H = \frac{1}{4}\,D \cdot w$ schreiben.)

Am Anfang und Ende des Periskops wird je ein Fernrohr angeordnet, dessen Vergrößerung sich aus dem Quotienten $y/y'_k = -12{,}5/2$ zu $\gamma = -6{,}25$ errechnet für das Okularende; am Anfang entsprechend in umgekehrter Reihenfolge.

Mit γ kennt man auch das Verhältnis der Brennweiten:

$f = 6{,}25 \cdot f_{0k}$, wenn man als Objektiv des Fernrohrs das Objektiv aus dem Pupillen-Versetzer verwendet, so daß auch hier $L' = 12{,}5$ gilt. Andererseits hängt L' mit der Brennweite f_{0k} des Okulars über den vorgeschriebenen halben Bildwinkel $w'_k = 25°$ zusammen. Wie die Erfahrung zeigt, kann man mit Rücksicht auf die Verzeichnung der Okulare tang 25° = 0,466 durch 0,44 ersetzen. Aus $L' = 0{,}44\, f_{0k}$ folgt dann

$$f = -\gamma \cdot \frac{L'}{0{,}44} \quad \text{hier} = \frac{6{,}25}{0{,}44} \cdot 12{,}5\,\text{mm} = 177{,}5\,\text{mm} \quad \text{oder}$$

$4f = 710$ mm als Länge des Pupillen-Versetzers. Für die vorgeschriebene Länge 3,5 m braucht man somit 5 Versetzer. Einer von ihnen liefert durch Zerlegen die Objektive der beiden Fernrohre; dazwischen werden die 4 anderen Versetzer mit den entsprechenden Abständen aufgereiht. Für H bekommt man 0,88 mm $= 0{,}44 \cdot y'_k$. Beim Vergleich mit dem Mikroskop ist zu beachten, daß hier der Durchmesser der AP nicht mit Rücksicht auf die Auflösung, sondern auf die „Helligkeit“ des Bildes festgelegt ist.

Was ändert sich nun an den Abmessungen der Pupillenversetzer (und damit des Periskops), wenn man Feldlinsen zuläßt und deswegen (ohne Rücksicht auf die Werte $|y|$) $|L'| = D/2$ wählen darf? Diese Aufgabe veranschaulicht man sich zweckmäßig am Delano-Diagramm. Je zwei Versetzer ohne Feldlinsen liefern hier ein Quadrat mit der Seitenlänge D. Da man im Beispiel 4 Versetzer braucht, wird das Quadrat eben zweimal durchlaufen (wenn die Fernrohre am Anfang und Ende zu-

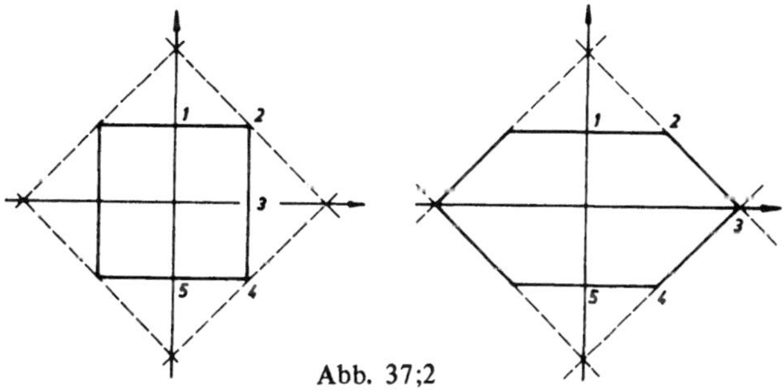

Abb. 37;2

nächst beiseite bleiben). Übergang zu Versetzern mit Feldlinsen gestattet Verdopplung der Werte |L'| ohne Änderung bei den |y| zu gegebenem Durchmesser D. Da *H* erhalten bleibt (die Werte y'_k und w'_k liegen fest!), so bedeutet das eine Verdopplung von f bei festgehaltenen Zahlen y und w. Der Strahlengang vor dem ersten und hinter dem zweiten Objektiv des Versetzers bleibt ungeändert; die Länge gewinnt also den Faktor 1,5 für jeden Versetzer: 1,065 m anstatt bisher 0,71 m. Verdopplung der Werte f (und der Bilddurchmesser) führt aber auch bei den Okularen zur Verdopplung der Brennweiten; die γ-Werte ändern sich nicht (weil die y bleiben); das Öffnungsverhältnis geht auf die Hälfte zurück.

Demnach kann man mit der vorgesehenen Anzahl von Pupillenversetzern jetzt mehr als 5 m überbrücken – oder man kann einen Versetzer einsparen, wenn man bei der geforderten Länge bleibt. Allerdings ändert γ dann das Vorzeichen („Bildumkehr“)! Auf der anderen Seite verursachen die Feldlinsen zusätzlichen Aufwand; man könnte sie auch im Hinblick auf die Bildfeldwölbung (→ Petzvalsumme) und das → sekundäre Spektrum für schädlich halten. Deswegen wird in § 48 eine numerische Diskussion gegeben.

§ 38. Bei der Planung muß häufig auch eine *Lichtquelle eingefügt* werden, um die Objektebene zu beleuchten (oder zu durchleuchten). Als Beispiele sind zu nennen: Mikroskope für „Auflicht“ und „Durchlicht“, Dia-Projektoren, Geräte zur Skalenablesung, Interferometer.

Wenn diese Lichtquelle am geordneten Strahlengang teilnehmen soll, dann stellt sich die Frage, ob sie auf die Objektebene oder auf die Blende abgebildet werden soll. Sofern man sich für keine der beiden Möglichkeiten entscheidet, muß man die bekannten Nachteile des Dreiblenden-Problems in Kauf nehmen (vergl. § 32).

Nur ausnahmsweise bildet man die Lichtquelle auf das Objektfeld ab („kritische Beleuchtung“ beim Mikroskop oder Kinoprojektion). In der Regel wird die Lichtquelle auf die Aperturblende abgebildet, so daß ihr Bild in der Austrittspupille des Geräts erscheint. Bei visueller Beobachtung fällt

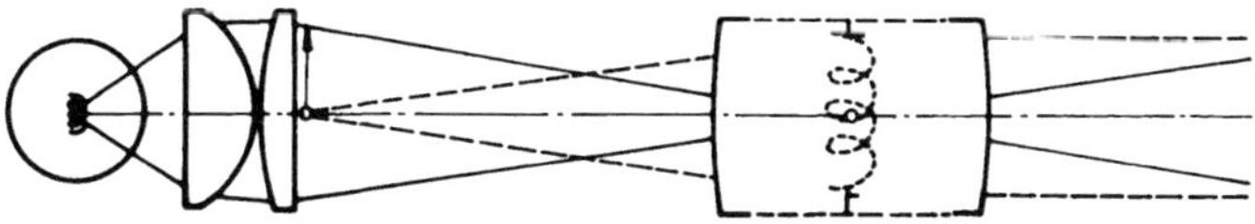

Abb. 38;1

dieses Bild also auf die Augenpupille, nicht auf die Netzhaut des Beobachters.

Den Anschluß der Lichtquelle an das abbildende System besorgt der *Kondensor.* Diesen ordnet man zweckmäßig kurz vor der Objektebene an, damit sein Durchmesser nicht zu groß wird. Seiner Aufgabe nach könnte man den Kondensor also zu den Feldlinsen rechnen, obwohl die Bauformen im Hinblick auf die spezielle Aufgabe der Kondensoren ziemlich abweichen. Als Beispiel zeigt die Abbildung den Strahlengang beim *Dia-Projektor.* Die Eintrittspupille des Objektivs ist hier erheblich größer als der Leuchtkörper der Glühlampe. Der Kondensor, dessen freier Durchmesser größer sein muß als die Diagonale der Diapositive, muß also eine ziemlich kurze Brennweite erhalten, um zur gegebenen Schnittweite z' den erwünschten Abbildungsmaßstab β_z zu liefern (im Beispiel in § 20 war $\beta_z = -4$ mit $z' = 190$). Auf der anderen Seite soll die Lichtquelle wegen der Wärmeentwicklung nicht zu dicht an der Vorderfläche des Kondensors liegen; deswegen darf der Hauptpunkt H des Kondensors nicht zu weit von seiner Vorderfläche entfernt liegen.

Ähnlich ist das Problem beim *Mikroskop.* Als Besonderheit ist hier zu beachten, daß die Objektive für telezentrischen Strahlengang eingerichtet sind. Die Lichtquelle muß also in der vorderen Brennebene des Kondensors liegen, damit man zwischen Kondensor und Objektiv für die Hauptstrahlen $z' = \infty$ hat. Nun haben die Mikroskop-Objektive im Hinblick auf das Auflösungsvermögen sehr hohe numerische Apertur (n. Ap.). Will man das Bild der Lichtquelle so groß machen, daß es die Aperturblende des Objektivs ausfüllt, will man also die „Beleuchtungsapertur“ gleich der „Beobachtungsapertur“ machen,

(Das ist nicht selbstverständlich! Oft wird empfohlen, der Beleuchtungsapertur nur 1/3 dieses Wertes zu geben.)

so erfordert die Anordnung mit Rücksicht auf die Brennweite des Kondensors einen erheblichen Durchmesser der Lichtquelle, der sich praktisch nicht realisieren läßt. Aus diesem Grund bedient man sich gern des hier abgebildeten *Köhlerschen Beleuchtungssystems* (entwickelt 1893): in ziemlich großem Abstand vor dem Kondensor 5 liegt die Kollektorlinse 2,

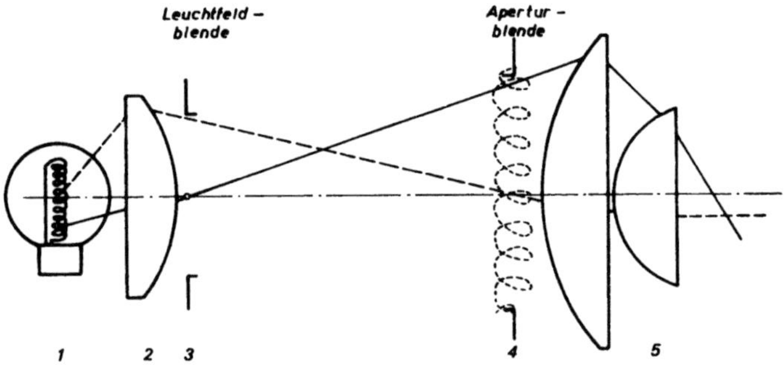

Abb. 38;2

welche von der Lichtquelle 1 ein genügend großes Bild in der Aperturblende 4 des Kondensors 5 erzeugt. Die Kollektorlinse selber wird durch den Kondensor auf die Objektebene des Mikroskops abgebildet; die Leuchtfeldblende auf der Kollektorlinse regelt also die Größe des ausgeleuchteten Feldes.

Das Köhlersche Beleuchtungssystem wird man überall dort verwenden, wo die Größe des beleuchteten Feldes und die Beleuchtungsapertur unabhängig voneinander zu regeln sein sollen.

Als spezielle Art der Lichtführung ist noch die *Methode der Autokollimation* zu erwähnen; vergl. § 5. Hier wird der beleuchtende Lichtstrom durch Spiegelung derart „in sich" zurückgeworfen, daß Objektfeld und Aperturblende möglichst gut mit ihren Spiegelbildern zusammenfallen.

Als Beispiele sind die Strahlengänge beim Michelson- und beim Twyman-Interferometer in § 47 zu nennen, ebenso die Prüfung eines Hohlspiegels mit der Schneide (vergl. § 40). Das Objektfeld liegt hier jedesmal auf der Oberfläche des Spiegels, das Bild der Lichtquelle in seinem Krümmungs-Mittelpunkt. Umgekehrt ist die Anordnung beim Autokollimations-Fernrohr: das Bild der Lichtquelle in der EP auf dem Planspiegel, das Bild der Strichplatte bei $s' = \infty$ (also im Krümmungszentrum).

Allgemein kann man feststellen, daß Scheitelpunkt und Krümmungszentrum des Spiegels, welche beide „in sich" mit $\beta = \pm 1$ abgebildet werden, bei jedem Autokollimations-Strahlengang einander → adjungiert sein sollen. Deswegen werden sie bisweilen als *Autokollimationspunkte* des Spiegels bezeichnet.

II. Eingriffe in den Strahlengang

§ 39. Bisher handelte es sich um die Planung von optischen Systemen, bei denen eine der gangbaren Abbildungsaufgaben gelöst werden sollte. Wesentliche Voraussetzung war dabei, daß der *Strahlengang nicht unterbrochen* werden sollte.

Es gibt aber Aufgaben, bei deren Lösung man bewußt in den Strahlengang eingreifen muß:

Bei den *Schlierenverfahren* (zu denen auch Foucaults Schneidenprüfung gerechnet wird) werden Teile des Lichtstroms aus dem Strahlengang herausgeblendet, damit irgendwelche *Fehlleitungen* (die durch Schlieren im engeren Sinn oder durch Abbildungsfehler verursacht sein können) besser *hervortreten.*

Und beim Einfügen einer *streuenden Fläche* – z. B. Mattscheibe oder Projektionsschirm – will man in der Regel die Beobachtungsapertur ω' auf einen wesentlich größeren Wert bringen, als er bei ungestörtem Strahlengang erzielbar wäre, um die Beobachtung zu erleichtern. Das bedeutet aber bei festgehaltenem L' eine erhebliche Steigerung des Winkels u' „hinter" der streuenden Fläche, die man nur durch *absichtliche Fehlleitung* von Lichtstrom bewirken kann: jeder einzelne Lichtstrahl muß quasi in einen Kegel aufgespalten werden, damit man von der Erhaltung der Größe H frei wird.

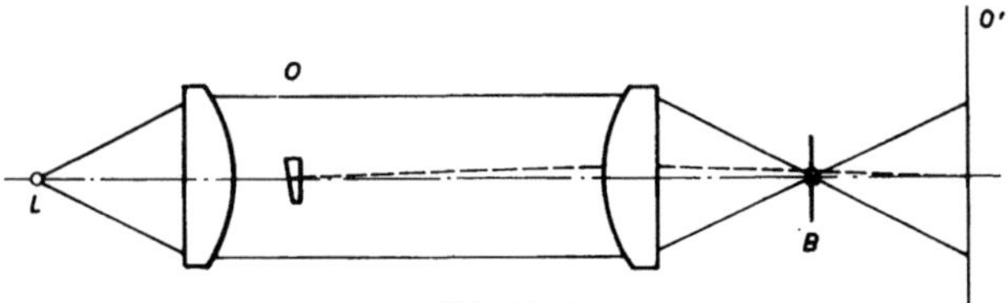

Abb. 39;1

Um eine einheitliche Behandlung derartiger Fehlleitungen zu erleichtern, betrachtet man als Modell zweckmäßig eine einzelne *prismatische Schliere,* gekennzeichnet durch den Ablenkungswinkel δ. Sie liege in der Objektzone O, welche durch das 2. Objektiv in die Bildebene O′ abgebildet wird. In der bildseitigen Brennebene dieses Objektivs liege die *Schlierenblende* B, deren freier Durchmesser ebenso groß ist wie der Durchmesser des Bildes der Lichtquelle L sein würde, wenn zwischen den beiden Objektiven ungestörter Strahlengang ohne Schlieren herrschen würde. Beugungseffekte sollen dabei unbeachtet bleiben.

Die Ablenkung durch die Schliere bewirkt, daß sich in der Brennebene (F'_2) ein Teilbild der Lichtquelle – erzeugt durch den abgelenkten Lichtstromanteil – gegenüber der Blendenöffnung B um die Strecke $\delta \cdot f_2$ verschiebt und deswegen von dieser Blende teilweise abgeschirmt wird. Daraus folgt für das Bild der Schliere in O′ eine Verminderung der Beleuchtungsstärke $dE = B \cdot d\omega'$ entsprechend der Verringerung der bildseitigen Apertur $d\omega'$!

Man erkennt, daß der Betrag von δ sich aus der Abnahme der Beleuchtungsstärke E bestimmen läßt, solange er nicht größer wird als der *Grenzwinkel,* der sich als Quotient aus dem Durchmesser des Lichtquellenbildes und der Brennweite f_2 ergibt. Daraus folgt, daß man den Durchmesser der Lichtquelle nicht beliebig klein machen kann; sonst wird der Grenzwinkel und damit der *Arbeitsbereich* des Verfahrens zu klein.

Wählt man andererseits diesen Durchmesser zu groß, dann wird wieder die *Empfindlichkeit* des Verfahrens (gemessen durch $\frac{dE}{d|\delta|}$) zu klein.

Es versteht sich, daß man bei diesem Verfahren hell und dunkel vertauschen kann, indem man die Schlierenblende B ersetzt durch eine undurchlässige Platte, die genau das ungestörte Bild der Lichtquelle abdeckt. Das bedeutet Übergang zur *Dunkelfeld-Beobachtung:* Schlieren erscheinen jetzt in O′ mit um so größerer Beleuchtungsstärke, je größer der Betrag ihrer Ablenkung ist (solange diese innerhalb des oben bestimmten Arbeitsbereiches bleibt).

Bisher war noch nichts davon gesagt worden, welche *Gestalt* die Lichtquelle und entsprechend die Schlierenblende haben sollte. Wählt man die Kreisform, so erfährt man nichts über die Richtung der Ablenkung. Nimmt man jedoch Spalte, die sich im Beispiel senkrecht zur Zeichenebene erstrecken sollen, so kommt offenbar nur die Komponente δ_y der Ablenkung zur Wirkung, wenn sich der Spalt senkrecht zur y-Achse erstreckt.

Einstweilen kann nur der *Betrag* der Ablenkung δ bzw. ihrer Komponente δ_y festgestellt werden. Will man auch die *Vorzeichen* unterscheiden, so wird man von der *spalt*förmigen Schlierenblende zur Schlieren*kante* übergehen, die man so anordnet, daß sie das ungestörte Bild der Lichtquelle zur Hälfte überdeckt. Entsprechend geht die mittlere Beleuchtungsstärke auf die Hälfte des bisherigen Wertes zurück; damit erkauft man aber die Möglichkeit, je nach Vorzeichen von δ_y eine Zunahme oder Abnahme der Beleuchtungsstärke im Bild der Schliere zu beobachten.

§ 40. Große Ähnlichkeit mit Schlierengeräten findet man bei der *Foucault*schen *Schneide.* Allerdings wird sie im allge-

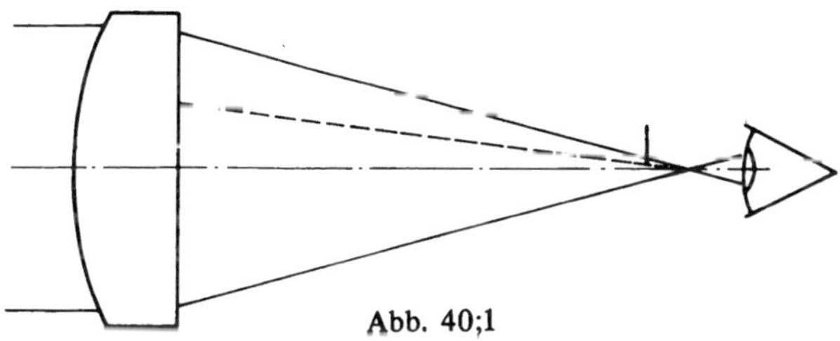

Abb. 40;1

meinen nicht „statisch" sondern „dynamisch" benutzt, indem der Beobachter das Wandern der „Schatten" auf der Öffnung (AP) des Prüflings beobachtet, wenn die Schneide senkrecht zur optischen Achse in den Strahlengang hinein bewegt wird.

Das Verfahren setzt also voraus, daß man als Lichtquelle einen „Stern" verwendet, dessen Bild so nahe an der Augenpupille liegt, daß deren Ränder nicht „einschneiden", und daß der Beobachter auf die Öffnung des Prüflings akkommodiert – notfalls durch eine Linse zwischen Schneide und Auge unterstützt.

Der Vorgang läßt sich am einfachsten erklären bei fehlerfreier (also „punktförmiger") Strahlenvereinigung:
sobald die Schneide in den Lichtkegel eintritt, wandert ihr „Schatten" mit nahezu geradliniger Grenzlinie gleichsinnig oder gegensinnig mit der Bewegungsrichtung der Schneide, je nachdem diese intra- oder extra-fokal einschneidet.

> Intrafokal bedeutet Lage „vor" dem Bildpunkt, in der Abbildung also links davon, extrafokal entsprechend Lage „hinter" dem Bildpunkt. Der Bildpunkt braucht nicht gerade der Brennpunkt zu sein, wie man aus dem „-fokal" schließen könnte; vielfach sagt man kurz „intra" und „extra".

So kann man sehr bequem die Lage des Bildpunktes finden. Sobald Aberrationen vorhanden sind, stellt das Strahlenbündel gewissermaßen eine Vielzahl von Bildpunktslagen zur Wahl:
für einen Teil der „Strahlen" und damit auch für den Teil der Öffnung, aus dem sie kommen, liegt die Schneide schon „extra", für einen anderen Teil noch „intra".

Dieses Zusammenwirken führt wegen der stetigen Übergänge zu einem Bild, das einer sehr schief beleuchteten Berglandschaft ähnelt. Mit leichter Vereinfachung kann man sagen, daß sich die Richtung des Lichteinfalls dort entsprechend dem Fortgang des Einschneidens ändert: je tiefer die Schneide in das Teilbündel eindringt, desto flacher scheint das Licht einzufallen, denn desto dunkler wirkt die Landschaft.

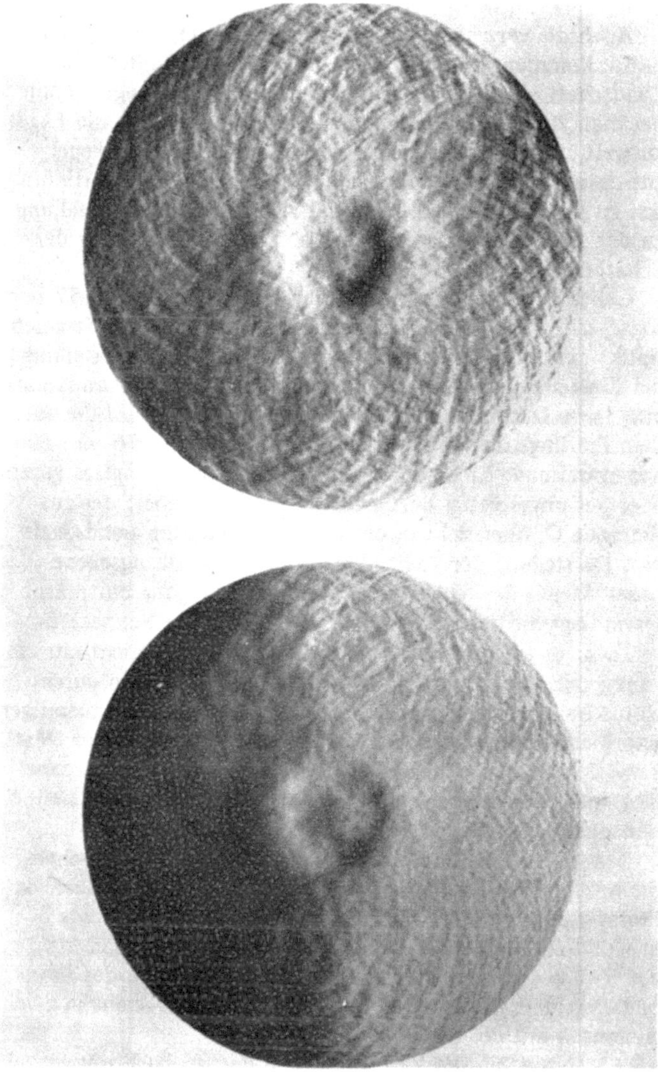

Abb. 40;2

Auch die verschiedenen Lagen der Schneide entlang der Achse kommen in diesem Bild zum Ausdruck: ähnelt die Landschaft einem Talkessel mit einzelnen Erhebungen, dann hat man zu weit „extra“ eingeschnitten; wählt man die Lage zu weit „intra“, so erscheint die Landschaft als Bergkegel, auf dessen Hängen noch einzelne Erhöhungen und Vertiefungen zu sehen sind. Man überzeugt sich, daß diese Vorstellung zu den früheren Aussagen über die Wanderungsrichtung der Schattengrenze paßt.

Genauere Untersuchung mit den Hilfsmitteln des § 57 zeigt sogar, daß die bisherige Darstellung (im Rahmen der Strahlenoptik) exakt ist, daß man also in der Hell-Dunkel-Verteilung bei Einstellung der Schneide auf „im Mittel ebene Landschaft“ eine treue Darstellung der δ-Werte aus Abb. 39;1 für die aus dem Prüfling austretende Wellenfläche sehen darf: δ gibt für das betreffende Stück der Wellenfläche seine Schräglage gegenüber der ungestörten Bezugsebene. Das heißt aber: der ausführende Optiker sieht in der oben geschilderten Landschaft eine Darstellung der Wellenfläche, wobei die Bezugsebene (oder -kugel) der fehlerfreien Strahlenvereinigung entspräche. Darin liegt die außerordentliche Bedeutung der Schneidenprüfung für die praktische Optik: sie ermöglicht nicht nur ein Güteurteil, sondern zeigt sogar, wo und wieviel man durch Retusche abnehmen muß, um die „Erhöhungen“ zu beseitigen und die Strahlenvereinigung damit fehlerfrei zu machen. Man kann den Befund auch in der Photographie festhalten; dabei läßt man zweckmäßig gerade so tief einschneiden, daß hell und dunkel mit gleich großen Flächen auftreten.

Allerdings darf man eine Einschränkung nicht übersehen, die hier ebenso wie bei den Schlierenprüfungen gilt: auch diese Prüfung zeigt von der Ablenkung δ nur die Komponente δ_y in Richtung senkrecht zur Schneide! Sobald man sich nicht auf Rotationssymmetrie verlassen kann (Kontrolle des Sternbilds mit dem Mikroskop), muß man also mindestens in zwei Azimuten mit der Schneide prüfen!

§ 41. Nachdem der Weg bisher von der Beobachtung einzelner Schlieren zur Prüfung der stetigen Verteilung von beispielsweise δ_y auf der Oberfläche einer Wellenfläche geführt hat, soll nun noch der entgegengesetzte Grenzfall betrachtet werden: eine *Streuscheibe,* deren Oberfläche man sich als eine Vielzahl von Grübchen entsprechend einer Ansammlung von Negativlinsen gleicher Brennweite vorstellen kann. Dieses Bild stimmt übrigens, wie *G. Hansen* zeigte, recht gut zur Oberfläche einer *geätzten Mattscheibe,* wenn man sich die Durchmesser der Einzellinsen klein genug vorstellt: jedes ankommende schmale Parallelbündel von Lichtstrahlen wird in einen Streukegel verwandelt. Zum Unterschied von der *wirklichen* Mattscheibe (bei der ein erheblicher Teil des ankommenden Lichtstroms verloren geht, während von dem Rest ein wesentlicher Teil noch „gerichtet" hindurchgeht, so daß für den Streukegel nur ein Rest verfügbar ist), soll hier eine *ideale Streuscheibe* betrachtet werden, die man durch folgende Eigenschaften charakterisiert:

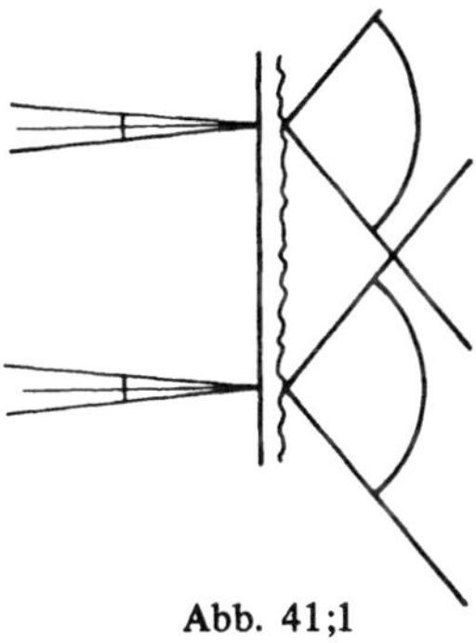

Abb. 41;1

a) bildseitig liefert sie eine Lichtverteilung entsprechend dem Typ des Lambertstrahlers, also $J'(\vartheta') = J'_0 \cdot \cos\vartheta'$ mit $d\Phi'_\omega = \pi \cdot J'_0$ nach Formel (20;7), und
b) der einfallende Lichtstrom $d\Phi$ wird verlustfrei in den Halbraum ausgestrahlt, also $d\Phi'_\omega = d\Phi$.

Betrachtet man die Bilanz des Lichtstroms für ein Flächenelement dF, das objektseitig mit der Beleuchtungsstärke

$E = \frac{d\Phi}{dF}$ bestrahlt wird und bildseitig mit der Leuchtdichte B′ zu strahlen scheint, so daß seine Lichtstärke $J_0' = B' \cdot dF$ wird, dann findet man $E \cdot dF = d\Phi = d\Phi_0 = \pi \cdot J_0' = \pi \cdot B' \cdot dF$.

Daraus folgt

$$(41;1) \qquad B' = \frac{1}{\pi} E ,$$

wenn man E in lux und B′ in cd/m^2 mißt. Übergang zur Einheit stilb (mit $\bar{B}[sb] = 10^{-4} \cdot B'$) wäre nicht zweckmäßig, weil man sehr kleine Zahlen $\bar{B}$ für die praktisch wichtigen Werte E bekommen würde. Deshalb verwendet man für *„erborgte Leuchtdichten"* die besondere Einheit apostilb (asb), wobei $1\ \text{asb} = \frac{1}{\pi} \cdot 10^{-4}\ \text{sb} = \frac{1}{\pi}\ \text{cd/m}^2$ sein soll. Mit dem neuen Formelzeichen $\breve{B}$ für erborgte Leuchtdichten hat man also $\breve{B}[\text{asb}] = E[\text{lux}]$ beim *idealen* Streuer.

Bei *realen* Streuern, zu denen neben den Mattscheiben auch Projektionsflächen gehören, findet man $\breve{B}[\text{asb}] = a \cdot E[\text{lux}]$. Den Faktor a bezeichnet man als *albedo.* Diese Größe hängt sowohl von den Verlusten wie auch von der Strahlungs-Charakteristik des Streuers ab, die keineswegs dem Typ des Lambertstrahlers zu entsprechen braucht. Bei einem Metallschirm kann die albedo deshalb größer als 1 werden.

§ 42. Bisher waren Lichtverluste nicht beachtet worden. Vielfach interessiert aber eine rechnerische *Abschätzung* für die *Lichtdurchlässigkeit* optischer Systeme. Dazu folgendes:

Definiert man die *Durchlaßzahl* τ als Verhältnis der Lichtströme, so daß $\Phi' = \tau \cdot \Phi$ wird, und schreibt man $\tau = 1 - \alpha - \rho$ mit der Absorptionszahl α und der Reflexionszahl ρ, so fehlen die Streuverluste. Deswegen ist es nicht verwunderlich, daß man dann $\tau_{||}$ (für *„gerichtetes"* Licht) von $\tau_{\#}$ unterscheiden muß, wenn man z. B. photographische Schichten untersucht, die erheblich streuen; man spricht hier vom *Callier-Effekt.* Bei der regulären Spiegelung, wie sie an jeder Grenzfläche zwischen optischen Medien (mit den Brechzahlen n′ und n) zu erwarten ist, gilt für ρ die Fresnelsche Reflexionsformel $\rho = \left(\frac{n' - n}{n' + n}\right)^2$, sofern die Strahlung mit nicht zu großem Einfallwinkel auftritt. Sobald Glas an Luft grenzt, können diese *„Fresnelverluste"* $\left(\frac{n - 1}{n + 1}\right)^2$ Werte zwischen 4% (für n = 1,5) und 8,2% (für n = 1,8) erreichen; durch → Entspiegeln kann man sie vermindern auf 0,5% bis 1% je nach Methode und Brechzahl n des entspiegelten Materials.

Schaltet man nun mehrere optische Teile (z. B. Filtergläser) hintereinander, so ergibt sich die Gesamt-Durchlaßzahl als Produkt der Einzelwerte in der Filterformel $\tau_{1-k} = \tau_1 \cdot \tau_2 \ldots \cdot \tau_k$ (sofern man hin und her gespiegelte Lichtanteile vernachlässigen darf!).

Dieser Produktsatz ist unbequem in der Handhabung. Deswegen arbeitet man gern mit der Größe $S = -\log \tau$, die man als *Schwärzung* oder „Dichte" bezeichnet. Für diese gilt $S_{1-k} = S_1 + S_2 + \ldots + S_k$. Insbesondere bekommt man für die Kombination von k gleichen Filtern $S_{1-k} = k \cdot S$.

Verabredet man, daß hier die Fresnel-Verluste beiseite bleiben sollen – man spricht dann von *Reinabsorption* – so kann man diesen Wert S_{1-k} auch durch ein Filter der k-fachen Glasdicke darstellen. Den entsprechenden Ansatz verwendet man gern bei Lösungen (die man z. B. als Farbfilter benutzen möchte): bei diesen setzt man dann S proportional der Schichtdicke $d : S = m \cdot d$ (mit dem Extinktionsmodul m).

Ob eine Lösung tatsächlich diesem *Beerschen Gesetz* gehorcht, das muß allerdings vorher geklärt werden! Im allgemeinen hängt m von der Wellenlänge des Lichtes ab; nur bei *Neutralfiltern* („Graugläsern") darf man diese Abhängigkeit vernachlässigen. Einige Zahlenwerte für S mögen zur Orientierung dienen; die dreistellige Angabe hat sich bewährt.

Die Fresnelverluste (für eine Fläche Gas–Luft) betragen

	S = 0,015	0,020	0,025	0,030
für	n = 1,450	1,535	1,620	1,700 .

Nach Entspiegelung liegt S zwischen 0,002 und 0,004.

Für einen aufgedampften Aluminiumspiegel hat man S zwischen 0,050 und 0,060; für silberne Metallspiegel bekommt man z. B. frisch S = 0,033 und alt S = 0,071. Wird Silber aufgedampft (mit Schutzschicht), so sinkt der „Silberverlust" S auf 0,010 bis 0,040 – alles für „weißes" Licht.

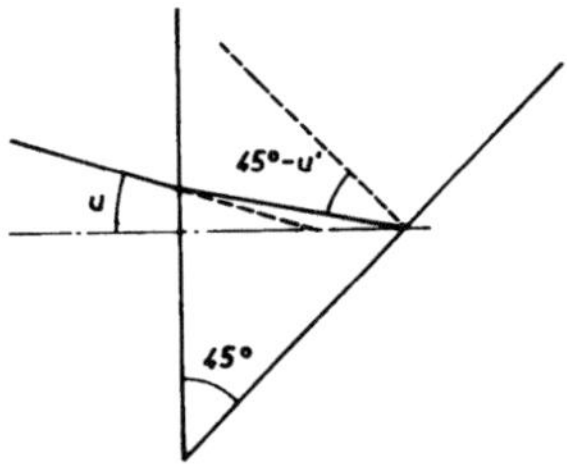

Abb. 42;1

Eine Lichtschwächung besonderer Art kann sich ungewollt ergeben, wenn man bei spiegelnden Prismen auf die Verspiegelung verzichten und lieber mit Totalreflexion arbeiten will – dadurch entfallen die „Silberverluste". Am Beispiel des 45°-Prismas erkennt man, daß der Neigungswinkel u gegenüber der optischen Achse so klein bleiben muß, daß im Glase $45° - u'$ größer bleibt als der Grenzwinkel i_g (mit $n \cdot \sin i_g = 1$). Wenn der Winkel u vorgegeben ist – z. B. bei einem Fernrohrobjektiv – dann muß die Brechzahl n des Prismas mindestens gleich $1{,}50 + \frac{u° - 4{,}9°}{52°}$ gewählt werden ($u \geqslant 5°$); andernfalls kann im Gesichtsfeld eine sehr störende (farbige!) Hell-Dunkel-Grenze auftreten. Beim Öffnungsverhältnis 1 : 4 (mit $\sin u = \frac{1}{8}$ oder $u = 7{,}2°$) wird also $n > 1{,}544$ gefordert – ohne Zugabe für das Gesichtsfeld.

Außerdem kann die Totalreflexion leicht gestört werden, wenn sich z. B. Feuchtigkeit auf der Hypotenusenfläche niederschlägt. Deswegen verzichtet man nicht selten auf die Totalreflexion und verspiegelt lieber – trotz der Schwächung durch die „Silberverluste".

F. Aufgaben, Beispiele und Ergänzungen

§ 43. 1. Zur Beobachtung von Sonnenflecken wird ein Bild der Sonne mit dem Durchmesser 10 cm gewünscht. Da die Sonne unter dem Winkel $2w = \frac{1}{100}$ (Bogenmaß) erscheint, gehört dazu die Brennweite f = 10 m. Man könnte also einen Aufbau erheblicher Länge erwarten. Tatsächlich aber wird ein Sonnenbild der gewünschten Größe auf einem Projektionsschirm beobachtet, der etwa 50 cm hinter dem Okular eines Fernrohrs liegt, das seinerseits nur etwa 1 m lang ist.

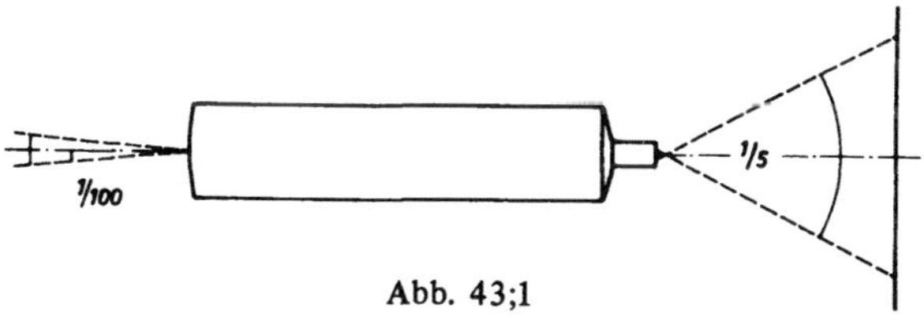

Abb. 43;1

a) Wie ist das möglich? Muß man dazu eine Zusatzlinse hinter dem Okular anordnen oder genügt es, das Okular so zu „defokussieren", daß das Bild der Sonne im angegebenen Abstand (ca. 50 cm) hinter der AP scharf erscheint?
b) Im ersten Fall interessiert die Brennweite f_3 der Zusatzlinse und die Winkelvergrößerung γ des Fernrohrs.
c) Im zweiten Fall wird gefragt nach der Brennweite f_2 des Okulars und der Verschiebung e_{12} gegenüber der Einstellung auf $s' = \infty$, wenn die Brennweite f_1 des Objektivs bekannt ist – beispielsweise $f_1 = 1$ m.
d) Welchen Wert für γ zeigt das Fernrohr zu c), wenn man $e_{12} = 0$ macht? § 13, § 15

2. Die Leuchtdichte B der Sonne soll bestimmt werden durch Messung einer Beleuchtungsstärke.
a) Welche Möglichkeiten bestehen für die Anlage der Messung?
b) Weshalb soll hierbei die Sonne ziemlich hoch am Himmel stehen? § 21, § 23

3. Die Rechnung in 2 gibt nur einen Mittelwert für B wegen der „Randverdunkelung" der Sonne. Diese Verdunkelung tritt um so deutlicher hervor, je kürzer die Wellenlänge des Lichtes ist, mit dem man beobachtet. Beispielsweise ist für $\lambda = 506\,\text{nm}$ (blaugrün) $E_{\text{Rand}} = 0{,}48 \cdot E_{\text{Mitte}}$.

a) Wie paßt diese Tatsache zu der Behauptung mancher Physikbücher, daß die Sonne nach dem Lambertschen Gesetz strahle?

b) Wie hängt beim Lambertstrahler die Leuchtdichte von der Ausstrahlungsrichtung ab?

c) Würde man bei einem Lambertstrahler die strahlende Kugel von einer Scheibe unterscheiden können? § 20, § 23

4. Kann man vom Vollmond eine Momentaufnahme in vernünftiger Größe (Durchmesser mindestens 1 cm auf dem Negativ) herstellen, ohne daß die Kamera seiner „täglichen Bewegung" nachgeführt wird?

Bei der Wahl der Brennweite wird man neben der Bewegungsunschärfe auch die Beugungsunschärfe bedenken und das Auflösungsvermögen der Photoschicht zum Vergleich heranziehen. Gegeben ist beim Vollmond der Durchmesser $2\,w = 0{,}5^\circ$ und die mittlere Leuchtdichte $\bar{B} = 0{,}25\,\text{sb}$. Für die tägliche Bewegung setzt man näherungsweise 360° in 24 Stunden. Eine Photoschicht mit 20/10 °DIN fordert etwa 0,032 lux sec mittlere Belichtung; sie vermag noch einen Abstand von $12\,\mu\text{m}$ aufzulösen.

a) Der Mond erscheint unter dem gleichen Winkeldurchmesser wie die Sonne. Woher weiß man das?

b) Aus den bisherigen Daten bekommt man der Reihe nach den Mindestwert für die Brennweite f und damit für die *Bewegungsunschärfe* pro Zeitsekunde, deren Vergleich mit der Auflösung der Photoschicht dann die Belichtungszeit t begrenzt. Wie groß sind diese Grenzwerte für f (in mm) und t (in sec)?

c) Nach plausiblen Annahmen über f und t errechnet man aus der geforderten Beleuchtungsstärke eine untere Grenze für den freien Durchmesser der Optik.

d) Was folgt für den freien Durchmesser – und daraus wieder für die Belichtungszeit – wenn man auch die *Beugungs*unschärfe kleiner als 12 μm halten will? Folgerung für die Bewegungsunschärfe? Wie wirkt Verdopplung von f? § 22

5. Der kleine Wert für das Öffnungsverhältnis, den man bei 4 herausbekommt, legt die Frage nahe, ob man als Objektiv hier eine einfache Plankonvexlinse oder einen sphärischen Hohlspiegel verwenden könne.

a) Wie groß wird die Rayleigh-Toleranz für Öffnungsfehler und falsche Einstellung (vergleichbar mit chromatischer Längsaberration) beim Öffnungsverhältnis Ö = 1 : 21?
b) Welche Werte für chromatische Längsaberration (mit ν = 60) und sphärische Aberration $\Delta s'_{Rd}$ bekäme man für eine Plankonvexlinse f = 1 m mit Ö = 1 : 21? Folgerung?
c) Wie steht es mit der sphärischen Aberration bei dem entsprechenden Hohlspiegel?
d) Gestattet der ebene Fangspiegel, dessen freier Durchmesser nicht größer als 1/3 vom freien Durchmesser des Hauptspiegels sein sollte, eine vignettefreie Abbildung des Vollmonds, wenn man die Anordnung des Newton-Teleskops wählt? § 52, § 55, § 57

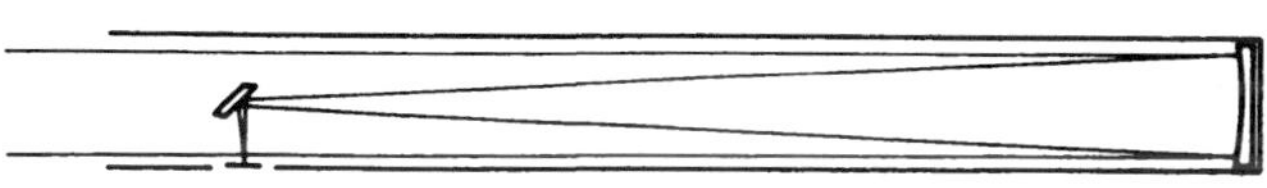

Abb. 43;2

6. Fixsterne und andere punktförmige Lichtquellen lassen sich dadurch photometrisch erfassen, daß man die Beleuchtungsstärke E_0 bestimmt, die sie auf dem Objektiv eines Beobachtungsgeräts hervorrufen:

Das Bild des Sternes, welches vom Objektiv entworfen wird, legt man auf die Augenpupille des Beobachters. Dieser akkommodiert auf die Öffnung (AP) des Objektivs, so daß auf der

Netzhaut ein Bild dieser AP entsteht *(Maxwellsche Beobachtung)*. Das Auge sieht also eine gleichmäßig leuchtende Fläche und kann deswegen photometrisch vergleichen.

a) Wie hängt die Beleuchtungsstärke E_N auf der Netzhaut zusammen mit E_0 und den Daten (Durchmesser und Brennweite) des Objektivs?

b) Wie kann man einen „künstlichen Stern" zum photometrischen Vergleich mit dem beobachteten Stern einspiegeln? Der Vergleich setzt eine scharf gesehene Trennlinie voraus; das Vergleichsfeld möge beispielsweise als Quadrat im Innern der kreisförmigen AP erscheinen.

c) Ein Stern 3. Größe liefert $E_0 = 1{,}3 \cdot 10^{-7}$ lux auf dem Objektiv. Wie groß müßte die Leuchtdichte einer Kreisfläche (in sb oder asb) sein, damit sie auf der Netzhaut den gleichen Wert E_N liefert wie der Stern 3. Größe? Dabei sei der Pupillendurchmesser des Auges gleich 7 mm angenommen. § 21

7. Wenn man flächenhafte Objekte im Fernrohr betrachtet und dabei von Lichtverlusten und Kontrastverschlechterung absehen darf, so bleibt die Beleuchtungsstärke E_N auf der Netzhaut für gegebenes B unverändert gegenüber der Beobachtung mit „unbewaffnetem" Auge, solange sich $d\omega'$ nicht ändert, die AP des Fernrohrs also nicht kleiner wird als die Augenpupille des unbewaffneten Auges. Nun stattet man die Fernrohre vielfach mit einer Reihe von Okularen aus, so daß man der Fernrohrvergrößerung γ unterschiedliche Werte geben kann. Steigern von γ bedeutet aber Verkleinern der AP, bis diese schließlich für die *Normalvergrößerung* $\gamma = \gamma_{Norm}$ gerade gleich groß wie die Augenpupille wird.

a) Nach welcher Formel ändert sich E_N mit γ^2, sobald $\gamma^2 > \gamma^2_{Norm}$ wird?

b) Ist γ_{Norm} bei einem gegebenen Fernrohr eine feste Zahl – ähnlich wie die „förderliche Vergrößerung" bei einem Mikroskop mit gegebenem Objektiv?

c) Falls Frage b) mit Nein beantwortet wird: hängt der Wert vom Beobachter ab oder sind die jeweiligen Lichtverhältnisse maßgebend? § 21, § 32

8. Aus dem Altertum kennt man einen erfolgreichen Versuch, die Helligkeit der Fixsterne (als Empfindung!) zahlenmäßig zu kennzeichnen: die sogenannten Größenklassen m (von lateinisch magnitudo) der Sterne. m = 1 galt für die hellsten Fixsterne, m = 6 für die gerade noch sichtbaren. Nachträgliche Messungen gaben im Mittel folgenden Zusammenhang zwischen m und der Beleuchtungsstärke E_0 in lux, die der Stern auf der Oberfläche des Objektivs hervorruft:

$$m = -14{,}2 - 2{,}5 \cdot \log E_0 \; .$$

Hier würde man also feststellen, daß die „Empfindung" (m) linear anwächst mit dem log des „Reizes" (E_0).

a) In welchem Bereich liegen die Werte E_0 für m = 1 bis m = 6?
b) Bei Beobachtung im Laboratorium sind noch „Sterne" bis m = 8 sichtbar. Woher rührt der Unterschied?
c) Die ursprüngliche Stufung mit $\Delta m = 1$ bedeutet bei E_0 einen Faktor 0,398, sie ist also recht grob.
d) Andererseits kann man beim Vergleich von flächenhaften Objekten – hier tritt die Leuchtdichte B an die Stelle von E_0 – die Unsicherheit auf 1% herabdrücken. Welchem Wert Δm entspricht der Quotient $B_2 : B_1 = 1{,}01$?

§ 44. 9. Die üblichen Rayleigh-Toleranzen für falsche Einstellung, Öffnungsfehler und Astigmatismus verwenden die Kennzahl $\lambda/\sin^2 u'$ zum Vergleich mit der Längsaberration $\Delta s'$. Sie setzen also endliche Werte der Schnittweite s_0' voraus. Für den Übergang auf Schnittweite $s_0' = \infty$ kann man etwa folgendermaßen überlegen:

a) Beim optischen System mit $s_0' = \infty$ denkt man sich in der Austrittspupille (vom Durchmesser d = 2 h) eine fehlerfreie Hilfslinse der Brennweite f angeordnet. Hinter dieser Hilfslinse ist für den Randstrahl $\Delta s' = x' = \quad f^2/x$, wobei man x von der Strahlenweite a des Randstrahls nicht unterscheidet, weil beide groß sind gegenüber f. Demnach kann man Aberrationen D (in dptr.), die vor der Hilfslinse auftreten, umrechnen in Aberrationen $\Delta s'$ auf der Bildseite. Wie lautet die Formel für die Umrechnung? Man setzt $D = \frac{-1000}{a}$ wie in § 28.

b) Was wird hinter der Hilfslinse aus der Kenngröße $\lambda/\sin^2 u'$? Wie lautet demnach Rayleighs Toleranz für falsche Einstellung in dptr.?

c) Speziell interessiert diese Toleranz für Pupillendurchmesser d = 2 mm. Weshalb ist gerade dieser Wert besonders wichtig für die Zusammenarbeit des Geräts mit dem menschlichen Auge? Wie groß ist die Toleranz hier? § 28, § 29, § 57

10. Ein achromatisches Fernrohrobjektiv mit freiem Durchmesser d = 80 und Brennweite f = 1200, also Öffnungsverhältnis 1 : 15, ist erfahrungsgemäß brauchbar als Kollimator-Objektiv, ohne daß sein „sekundäres Spektrum" stört. Dieses ist nach einer bekannten Faustregel bei Achromaten etwa gleich f/2000.

a) Man vergleiche diese Zahl für das hier gekennzeichnete Objektiv mit der Rayleigh-Grenze für falsche Einstellung.

b) Welche Regel ergibt sich hieraus für die Kopplung zwischen freiem Durchmesser und Brennweite bei der Planung von achromatischen Kollimator-Objektiven? § 52, § 57

11. Ein Fernrohr mit vorgeschaltetem Spiegelprisma (90° Ablenkung) zeigte störenden Astigmatismus (1 dptr.) in der Achse. Nähere Prüfung ergab, daß der Astigmatismus vom Prisma herrührte: dieses zeigte im Meridianschnitt eine von Null verschiedene Brechkraft D_m, während im anderen Schnitt $D_s = 0$ war. Optische Daten des Fernrohrs: EP-Durchmesser 80, Vergrößerung $\gamma = 40$.

a) Um welchen Faktor liegt der Astigmatismus über der Rayleigh-Grenze?

b) Wie stellt man fest, daß der Astigmatismus vom Prisma herrührt?

c) Wie groß ist D_m?

d) Wie groß sind die entsprechenden Krümmungsradien R_m und R_s der Wellenfläche, die das Prisma verläßt, nachdem sie als ebene Welle $R = \infty$ eingetreten ist?

e) Wie groß ist am Rand der EP die Abweichung dieser Wellenfläche von der Ebene? Vergleich mit der Rayleigh-Grenze?

Abb. 44;1

f) Vergleich zwischen den Antworten zu a) und e) bringt ein auffallendes Ergebnis. Zufall? Oder bleibt die Wellenaberration (als Gangdifferenz zwischen zwei Lichtstrahlen) beim Durchgang durch ein fehlerfreies Fernrohr stets erhalten? § 31, § 58

Bei der Nachprüfung stellte sich übrigens heraus, daß der Astigmatismus nicht von einem Fabrikationsfehler herrührte, sondern von einer (vorübergehenden!) Verbiegung der Hypotenusenfläche infolge schwacher einseitiger Erwärmung.

12. Für eine Kombination aus zwei (dünnen) Linsen soll die Brennweite f_{12} unabhängig von der Brechzahl n und damit von der Farbe werden, wenn man die beiden Linsen (mit den Brennweiten f_1 und f_2) aus der gleichen Glasart herstellt. Das ist wichtig für Okulare, weil dann die verschiedenfarbigen Teilbilder gleichgroß erscheinen, obwohl die chromatische Längsaberration nicht korrigiert ist.

a) Man zeige, daß die Vorschrift $d_{12} = \frac{1}{2}(f_1 + f_2)$ für den Abstand zwischen den beiden Linsen diese Aufgabe löst.

b) Welche Beziehung besteht dann zwischen der Summe der Brechkräfte der Linsen und der reziproken Brennweite des Systems?

c) Wie ist es möglich, daß $1/f_1 + 1/f_2$ hier unabhängig von der Brechzahl n wird, obwohl f_1 und f_2 durchaus von n abhängen? § 15, § 52

13. Wie hängt bei einem Okular, das nach der Vorschrift in 12 gebaut ist, die Petzvalsumme vom Verhältnis $f_1 : f_2$ ab? § 56

14. Gesucht wird ein Achromat f = 1 aus zwei miteinander verkitteten dünnen Linsen. Gegeben sind die beiden Glasarten

„Kron" mit n = 1,50; ν = 60 und „Flint" mit n = 1,60; ν = 30. Die Endfläche soll eine Planfläche sein.

a) Gesucht sind die Radien r_1 und r_2 (zu $r_3 = \infty$).

b) Hat man hier eine sammelnde oder eine zerstreuende Kittfläche? Wonach richtet sich die Unterscheidung? § 52

15. Was ändert sich bei dem Objektiv nach **14**, wenn man die Kittfläche „auflöst" und zwischen den beiden Teillinsen des Objektivs eine „Luftlinse" mit dem „Krümmungs-Intervall" $\Delta\left(\frac{1}{r}\right) = +0{,}05$ vorschreibt?

a) Gesucht werden die Radien r_1, r_2 und r_3 (zu $r_4 = \infty$), wobei $1/r_3 - 1/r_2 = +0{,}05$ sein soll.

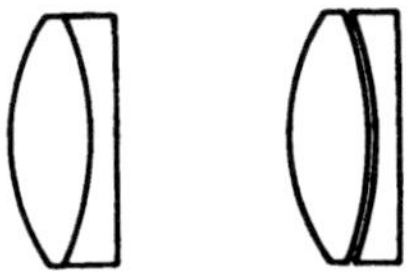

Abb. 44;2

b) Wie groß ist die Brechkraft der „Luftlinse"?

Wie wirkt die „Durchbiegung" der Sammellinse auf den Betrag dieser Brechkraft im Vergleich zur Kittfläche? § 1

16. Abbe empfiehlt bekanntlich, für die Vergrößerung N des Mikroskops als „förderliche Vergrößerung" einen Wert zwischen dem 500fachen und dem 1000fachen der numerischen Apertur $n_1 \cdot \sin u_1$ des Objektivs zu wählen.

a) Wie groß wird dann der Durchmesser d der Austrittspupille in mm?

b) Was spricht dagegen, diese (von J. Flügge angegebene) Regel für den Durchmesser der AP auf Fernrohre zu übertragen? § 33

§ 45. **17.** Zum Abstecken rechter Winkel verwendet man gern einen Winkelspiegel mit $\alpha = 45°$. Das Gerät liefert eine fehlerhafte Umlenkung, wenn es verkippt wird, so daß der ankommende und der umgelenkte Lichtstrahl nicht mehr senkrecht liegen zur Spurgeraden der beiden Spiegelflächen. Gefragt ist nach dem Winkelfehler, den eine Kippung um den Winkel ϵ hervorbringt.

a) Man beschreibt den ankommenden Lichtstrahl durch den Einheitsvektor $\mathfrak{a}$ mit den drei Komponenten a_x, a_y, a_z. Die Spurgerade falle zusammen mit der z-Achse des Koordinatensystems; deswegen ist $a_z = 0$, wenn der Lichtstrahl vorschriftsmäßig senkrecht zur Spurgeraden einfällt. Bei der vorgesehenen Kippung wird $a_z = \epsilon$.

b) Man findet, daß für den gespiegelten Strahl stets $a'_x = \pm a_y$ und $a'_y = \mp a_x$ gilt. Wie groß ist a_z in den beiden genannten Fällen?

c) Den Winkel zwischen ankommendem Strahl $\mathfrak{a}$ und gespiegeltem Strahl $\mathfrak{a}'$ gewinnt man aus dem skalaren Produkt der beiden Vektoren. Welchen Wert liefert dieses Produkt im oben gekennzeichneten Fall für den Cosinus des Umlenkungswinkels?

18. Fernrohre für geodätische Zwecke müssen die Möglichkeit bieten, auch auf nahe gelegene Ziele (Abstand von ∞ bis 1 oder 2 m) scharf einzustellen. Verschiebt man hierzu das ganze Objektiv (Brennweite f_0), so wirkt eine Achsversetzung Δh (das ist eine Parallel-Versetzung der optischen Achse des Objektivs gegenüber der Ausgangslage infolge ungenauer Führung) als Zielfehler $\Delta w = -\Delta h/f_0$.

a) Gilt diese Formel nur für $s_1 = \infty$ oder auch für endlichen Objektabstand?

b) Weshalb ist eine Kippung des Objektivs – beispielsweise um 5° – für den Zielfehler belanglos?

c) Welche Toleranz für Δh ergibt sich bei einem Nivellierfernrohr mit $f_0 = 240$ aus der Forderung, daß der Zielfehler absolut kleiner als eine Sekunde (also $|\Delta w| < 5 \cdot 10^{-6}$) bleiben soll?

19. Wenn man die Entfernung e als Höhe eines gleichschenkligen Dreiecks mit der Basis b und dem parallaktischen Winkel η aus der Formel $e = b/\eta$ bestimmen will, kann man die Basis b entweder am Ziel oder beim Beobachter annehmen. Zur Messung wird man die Basis b oder den Winkel η variabel machen.

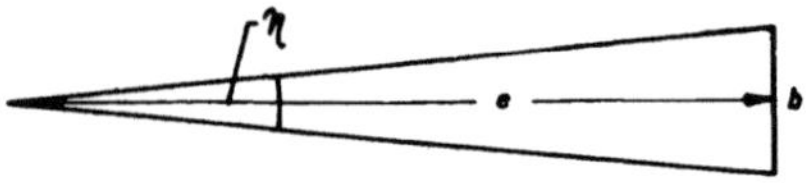

Abb. 45;1

Die Geodäsie verwendet unter dem Namen *Tachymetrie* ein Verfahren mit festem Winkel η und Basis am Ziel. Dabei wird arc η dargestellt als Quotient b'/f_0 aus dem Abstand der *Distanzstriche* in der Bildebene des Meßfernrohrs und der Brennweite f_0 des Fernrohr-Objektivs: $e = f_0 \cdot b/b'$.

Die Spitze des Dreiecks, die als Nullpunkt für die Entfernung e dient, sollte eigentlich im Schnittpunkt der Drehachse des Fernrohrs mit seiner optischen Achse liegen. Tatsächlich liegt sie im *anallaktischen Punkt* A des Fernrohrs. Dieser verschiebt sich beim Ändern von e auf der optischen Achse, ist also leider nicht „unbeweglich", wie der Name vermuten ließe. b liest man mit Hilfe des Fernrohrs auf der Meßlatte ab, die im Zielpunkt aufgestellt wird. In der Regel wählt man

$b' = \frac{1}{100} f_0$; dann wird e in Metern numerisch gleich der Strecke b in Zentimetern. § 27

20. Wenn man bei einem geodätischen Fernrohr das ganze Objektiv im Fernrohr verschiebt, um das Ziel b (die Meßlatte) scharf einzustellen, dann liegt der anallaktische Punkt stets im objektseitigen Brennpunkt F des Objektivs. Durch eine besondere Konstruktion, die nach *Porro* benannt wird, kann man es bei einem zweigliedrigen Objektiv 1,2 mit festem Luftabstand d_{12} erreichen, daß F rechts von der Vorderlinse 1 liegt und für kleine Werte e in die gewünschte Lage nahe der Drehachse kommt.

a) Wieso liegt A im Punkte F unabhängig von der jeweiligen Eingangsschnittweite s_1 des Zielpunktes?
b) Als Beispiel für ein Porro-Objektiv wählt man $f_1 = +1$ mit $d_{12} = 1$ und $f_2 = +0{,}5$. Man überzeugt sich, daß die beiden Brennpunkte F und F′ hier zusammenfallen in der Linse 2.

c) Wenn man die Schnittweite des anallaktischen Punktes gegenüber der Linse 1 mit a_1 bezeichnet, so war bei b) $a_1 = +1$.
Wie kann man durch Ändern von f_2 erreichen, daß a_1 einen vorgeschriebenen anderen Wert (z. B. $a_1 = +1{,}20$) annimmt, ohne daß sich die Gesamtbrennweite f_{12} des Objektivs ändert?

21. Verschiedene Gründe sprechen dafür, bei geodätischen Fernrohren die Einstellung auf Ziele in unterschiedlichen Entfernungen durch *Innen-Fokussierung* zu bewirken (Zeiss-Wild). Das Objektiv besteht dann aus einer fest eingebauten Vorderlinse 1 und einer verschiebbaren Einstell-Linse 2. Diese arbeitet

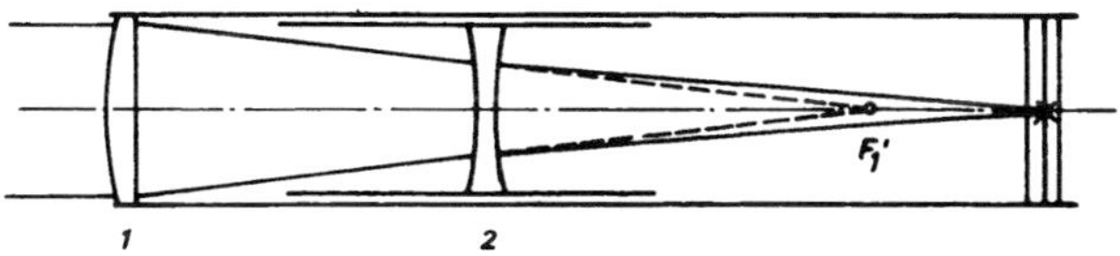

Abb. 45;2

mit positivem Abbildungsmaßstab β_2, dessen Zahlenwert sich bei der Verschiebung $\Delta s_2'$ ändert; entsprechend variiert auch die Brennweite $f = f_1 \cdot \beta_2$ des Objektivs gegenüber dem Ausgangswert $f_0 = f_1 \cdot \beta_{20}$, der für $s_1 = \infty$ gilt. Damit verliert übrigens der objektseitige Brennpunkt die Eigenschaft des anallaktischen Punktes. Das Vorzeichen der Brennweite f_2 kann beliebig gewählt werden; aber β_2 ist stets positiv. Gesucht ist der Zusammenhang zwischen der Verschiebung $V = -\Delta s_2'$ der Linse 2 innerhalb des Gehäuses beim Einstellen auf das Objekt mit der Schnittweite x_1 (bezogen auf F_1 der Linse 1) und dem Abbildungsmaßstab $\beta_1 \cdot \beta_2$.
a) Man überzeugt sich, daß die Änderung der Bildversetzung $s_2' - s_2 = x_2' - x_2 + 2 f_2$ entgegengesetzt gleich x_1' ist.
b) Daraus folgt, wenn $\Delta\beta_2 = \beta_2 - \beta_{20}$ und $V = -\Delta x_2'$ gesetzt wird, x_1' als linear gebrochene Funktion von $\Delta\beta_2$:

$$x_1' = f_2 \cdot \Delta\beta_2 \left(1 - \frac{1}{\beta_{20} \cdot (\beta_{20} + \Delta\beta_2)}\right) \text{ oder}$$

$$\beta_2 \cdot x_1' = V \cdot \left(\beta_{20} - \frac{1}{\beta_{20}} + \frac{V}{f_2}\right).$$

c) Links steht aber $-f_1 \cdot \beta_1 \cdot \beta_2$; das heißt: $\beta_{12} = \beta_1 \cdot \beta_2$ ist eine quadratische Funktion von V.

22. Auch beim Fernrohr mit Innenfokussierung soll die Wirkung eines Schlagfehlers auf die Zielung geprüft werden.

a) Achsversetzung h (bei Linse 2) bewirkt einen Ablenkfehler $\Delta w_2' = -h/f_2$. Die entsprechende Bildversetzung $\Delta L_2'$ auf der Strichplatte wird über $\beta_{12} = \beta_1 \cdot \beta_2$ zurückgerechnet in die Strecke ΔL_1 auf der Meßlatte. Für den gesuchten Winkelfehler kann man $\Delta w_1 = \Delta L_1/x_1$ setzen. Wie hängt Δw_1 mit h und s_2' zusammen?

b) Führungsfehler beim Verschieben der Linse bedeuten Änderungen von h und damit Δw_1 in Abhängigkeit von s_2'. Die obere Grenze des Quotienten $\Delta w_1/h$ innerhalb des Verschiebebereichs ist gesucht. Mit Rücksicht auf die Abbildungsfehler soll $1 < \beta_2 \leqslant 1{,}50$ für negative f_2 und $\frac{2}{3} \leqslant \beta_2 < 1$ für positive f_2 gelten.

c) Vergleich mit dem entsprechenden Wert aus **18** zeigt einen Vorteil der Innenfokussierung, wenn man beim Vergleich den Wert f_0 festhält. § 8, § 9, § 13

23. Als Grundformel für die Bestimmung der Entfernung e durch Tachymetrie wurde in **19** die Beziehung $e = f_0 \cdot b/b'$ angegeben, wobei f_0 die konstante Brennweite des Objektivs und b/b' der Quotient zweier Strecken sein sollte, den man als reziproken Wert des Abbildungsmaßstabs errechnen kann. Wenn man das Verfahren auf Linsen mit Innenfokussierung übertragen will, muß auch dort b' und damit $e \cdot \beta_1 \cdot \beta_2$ konstant bleiben; deswegen muß man für f_0 jetzt den Ausgangswert $f_1 \cdot \beta_{20}$ der Objektiv-Brennweite einsetzen, der für $s_1 = \infty$ gilt.

a) Man zeige, daß dann $e = x_1 \cdot \beta_{20}/\beta_2$ gilt.

b) Andererseits ergibt sich der reziproke Wert der Meßentfernung als quadratische Funktion der Verschiebung V der Linse 2; vergl. **21**.

c) Definiert man die Differenz $a_1 = x_1 - e$ als Schnittweite des anallaktischen Punktes A, bezogen auf den gehäusefesten Brennpunkt F_1, so findet man für $a_1' = -f_1^2/a_1$ einen linearen Gang mit der Verschiebung der Linse 2:

$$a_1' = f_2 \left(\beta_{20} - \frac{1}{\beta_{20}} + \frac{V}{f_2}\right) = \text{const.} + V\ .$$

d) In welchem Bereich $a_{max} : a_{min}$ bewegen sich die Werte a_1, wenn β_2 zwischen + 1,1 und + 1,5 liegt?

24. Bei der Planung eines geodätischen Fernrohrs geht man zweckmäßig vom Durchmesser der AP aus. Als Richtwerte gelten 1,2 bis 1,5 mm. Verwendet man ein Okular f = 8, so bedeutet das in der Ausgangslage $s_1 = \infty$ den Wert 6 für die Öffnungszahl g des Objektivs. Bei Systemen mit negativer Einstell-Linse wird die Vorderlinse allerdings (wegen $\beta_2 > 1$) mit höherem Öffnungsverhältnis durchsetzt: etwa 1 : 3 bis 1 : 4 bei den üblichen Abmessungen. Entsprechend dem Rayleighkriterium bedeutet diese Wahl recht enge Toleranzen für die Aberrationen; deshalb sollte man das Öffnungsverhältnis nicht zu groß wählen. Andererseits wünscht der Benutzer vielfach eine Verminderung der Baulänge. Die Fernrohrvergrößerung (meist negativ) wird im Hinblick auf die geforderte Genauigkeit vorgeschrieben. Daraus folgt der Durchmesser der EP und die Brennweite $f_0 = f_1 \cdot \beta_{20}$ des Objektivs; im Beispiel $f_0 = 8 \cdot |\gamma|$. Für die Zerlegung von f_0 in f_1 und β_{20} wurden in 22 Vorschläge gegeben. Bei der Wahl von f_2 richtet man sich nach der Lage des anallaktischen Punktes bzw. seines Bildpunktes A_1' (nach Abbildung durch Linse 1). Dieser liegt in der Ausgangsstellung ($s_1 = \infty$) spiegelbildlich zur Strichplatte in Bezug auf die Linse 2.

§ 46. 25. Das Mikroskop klassischer Bauart besteht aus dem Objektiv 1 mit Abbildungsmaßstab β_1 und dem Okular 2 mit der Brennweite f_2. Es wird gefragt, ob man die Abbildung auch hier mit der Listingschen Konstruktion verfolgen kann.

a) Kann man dem ganzen Mikroskop eine Brennweite f_{12} zuschreiben? Wenn ja: wie hängt f_{12} zusammen mit der Mikroskopvergrößerung N?

b) Was bedeutet das Vorzeichen bei f_{12}? Welchen Unterschied findet man gegenüber einer Negativlinse mit dem gleichen Wert für f?
c) Wo liegen die beiden Brennpunkte und die Hauptpunkte des Mikroskops?

26. Beim Mikroskop soll der Durchmesser des übersehbaren Objektfeldes mit dessen Tiefe verglichen werden. Wenn man ein Okular älterer Bauart verwendet, kann man augenseitig mit dem Wert $\tan w' = \frac{1}{3}$ für den Radius des Bildfeldes rechnen; das entspricht rund 37° Durchmesser.
a) Welcher Durchmesser des Objektfeldes gehört zu diesem Wert $\tan w'$ bei einem Mikroskop (ohne Verzeichnung), dessen Vergrößerung N bekannt sei?
b) Welche Tiefe im Objekt veranlaßt den Beobachter zu einer Akkommodation (okularseitig) von 1 dptr.?
c) Wie hängt das Verhältnis Objekt-Durchmesser zur Tiefe von der Vergrößerung N ab? § 26

27. Gesucht wird ein zweilinsiger aplanatischer Kondensor, der den Objektpunkt $z_1 = -10$ aplanatisch abbildet mit dem Abbildungsmaßstab $\beta_{1-4} = +3$. Jede der beiden Linsen soll aplanatisch abbilden, wobei eine ihrer Flächen konzentrisch liegen soll (also $z = z'$), die andere aplanatisch ($n \cdot z = n' \cdot z'$).
a) Welche Formel gilt für den β-Wert jeder Einzellinse? Wodurch ist also die Brechzahl der Linsen (in Luft) festgelegt?
b) Soll man die Hohlflächen aplanatisch oder konzentrisch legen?
c) Anhand einer Skizze (mit $w_1 = -60°$) bestimme man plausible Werte für die beiden Linsendicken.
Welche Werte bekommt man dann für r_1 bis r_4? § 57

28. Ein Doppelbildprisma entsteht dadurch, daß man auf zwei benachbarte Außenflächen eines Teilungswürfels je ein Dachkantprisma aufsetzt. Jedes dieser spiegelnden Prismen schickt (in einem Hauptabschnitt) ankommende Strahlen nach Drehung um 180° wieder in die Richtung zurück, aus der sie kamen, im allgemeinen aber parallel versetzt. Und da die Versetzungsrichtungen der beiden Dachprismen aufeinander senk-

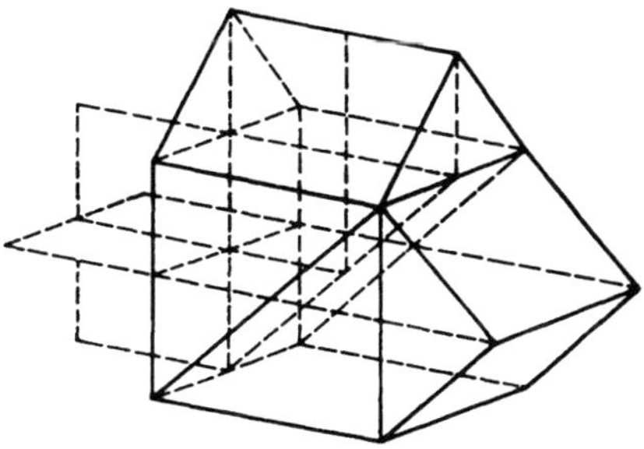

Abb. 46;1

recht stehen, wird ein ankommender Lichtstrahl im allgemeinen in zwei Strahlen aufgespalten. Wenn man durch das Prisma hindurch nach einem flächenhaften Objekt sieht, beobachtet man also ein Doppelbild dieses Objekts.

a) Wie sind die beiden Teilbilder des Doppelbildes zueinander orientiert? Unterscheiden sie sich nur durch Drehung um 180° voneinander oder liegen sie gespiegelt zueinander?
b) Gibt es eine oder mehrere Gerade, die vom Doppelbildprisma nicht aufgespalten werden? Man überzeuge sich, daß jedes der beiden Dachprismen eine „neutrale" Ebene hat; alle Strahlen, die in einer solchen Ebene liegen, werden diese Ebene auch durch Spiegelung nicht verlassen.
c) Wie kann man die beiden Teilbilder durch Färbung voneinander unterscheiden?
d) Vorteil komplementärer Färbung (z. B. rot und grün) beim Beobachten eines ebenen Werkstücks – beispielsweise zum „Anzielen" einer Bohrung? § 16, § 17

29. Im vorderen Brennpunkt eines aplanatischen Objektivs befindet sich eine „punktförmige" Lichtquelle. Sie erzeugt auf einem ebenen Schirm, der in mäßigem Abstand vom Objektiv angebracht und senkrecht zur optischen Achse orientiert ist, eine Beleuchtungsverteilung E (h). Gesucht ist der formelmäßige Zusammenhang zwischen dem Strahlungsdiagramm J (u) der Lichtquelle und der Funktion E (h). § 20, § 55

30. Für Mikrophotographie auf Kleinbildfilm soll durch Überschlagsrechnung die passende Lichtquelle ausgesucht werden. Zur Wahl steht der Krater einer Bogenlampe mit $\bar{B} = 10^4$ sb oder eine (mattierte) Glühlampe mit $\bar{B}$ = 10 sb mittlerer Leuchtdichte. Ohne die Verluste im Präparat fordert der verwendete Film eine Belichtung von 1/10 lux · sec. Die Lichtverluste im Strahlengang (ohne Präparat) sollen berücksichtigt werden, indem man für die wirksame Leuchtdichte in der AP des Mikroskops nur 10% der oben genannten Werte für $\bar{B}$ ansetzt. Die Belichtungsdauer sei t = 1/25 sec. Der Einfachheit halber bleibt das Mikroskop eingestellt auf $s' = \infty$ (entspannte Akkommodation für normalsichtigen Beobachter), so daß zur Aufnahme eine fertige Kleinbildkamera mit Einstellung auf Objektabstand unendlich benutzt wird.

a) Wie groß wählt man die Brennweite f des Kameraobjektivs? f = 50 gibt Bilddurchmesser 30. Das ist zuviel für den Kleinbildfilm 24 × 36.

b) Soll man hier mit „förderlicher Vergrößerung" arbeiten? Oder sollte man die Mikroskopvergrößerung im Hinblick auf das Auflösungsvermögen lieber so wählen, daß die AP einen größeren Durchmesser bekommt?

c) Welche Beleuchtungsstärke E erhält man mit $\bar{B}/10$ = 1 sb auf dem Film, wenn die Verluste im Photoobjektiv vernachlässigt werden und die AP auf 2 mm Durchmesser eingestellt ist? § 22, § 28

31. Die analoge Frage wie in **30** wird nun für die Mikroprojektion gestellt. Der Bilddurchmesser soll 30 cm betragen; man wünscht mindestens 100 lux Beleuchtungsstärke (ohne die Schwächung durch das Präparat).

a) Wie groß ist hier der Abstand des Auffangschirms von der AP des Okulars?

b) Zweckmäßig bewirkt man die Scharfstellung des Bildes durch Defokussieren des Okulars. Um welche Strecke muß ein 10faches Okular defokussiert werden?

c) Wie groß wird der Durchmesser der AP bei diesem Okular, wenn man von der Regel ausgeht, daß die üblichen Objektive bildseitig die numerische Apertur nahe bei 0,015 zeigen?

32. Bei einem Lichtbildvortrag soll das Bild auf dem Projektionsschirm photographiert werden. Verfügbar sei Film mit 22/10 °DIN und eine Kamera mit Objektiv 1 : 2.

Welche Beleuchtungsstärke auf dem Schirm (dieser habe albedo = 1) ermöglicht eine vernünftige Belichtungsdauer?

§ 22

33. Sobald man nicht mehr mit visueller Bewertung der Strahlung rechnen kann, geht man zweckmäßig über zu den *Strahlungsgrößen* und den entsprechenden physikalischen Einheiten. Dem Lichtstrom Φ entspricht hier die *Strahlungsleistung* N, gemessen in Watt. Durch Differentiation nach dem Raumwinkel ω entsteht hieraus die *Strahlungsstärke* $J^* = \frac{dN}{d\omega}$, gemessen in Watt/steradian (abgekürzt W/sr). Dividiert man die Strahlungsstärke J^*, welche hier der Lichtstärke entspricht, durch die Fläche F_L des Strahlers, so kommt man zum Analogon der Leuchtdichte, der *Strahlungsdichte* S^*, gemessen in $W/(cm^2 \cdot sr)$. Durch spektrale Zerlegung schließlich entsteht die *spezifische Strahlungsdichte* $S_\lambda^* = \frac{dS^*}{d\lambda}$, gemessen in $W/(cm^3 \cdot sr)$. Diese Größe S_λ^*, dargestellt als Funktion der Wellenlänge λ, kennzeichnet die spektrale Verteilung in der Emission einer Lichtquelle. So findet man für das Kontinuum einer Xenon-Höchstdruck-Lampe Werte nahe $2{,}5 \cdot 10^6$ (mit Spitzen bis $12 \cdot 10^6$). Bei einer Quecksilber-Höchstdruck-Lampe liegt das Kontinuum ein wenig niedriger (nahe bei $2 \cdot 10^6$), während die Spitzen der linienhaften Emission bis $30 \cdot 10^6\ W/(cm^3\ sr)$ reichen. Andererseits gibt das Plancksche Strahlungsgesetz für Temperaturen T nahe 3500° Werte um $2 \cdot 10^6$; mit T = 4800° kommt man mit dem Maximum bis $10 \cdot 10^6$, während mit 7500° nahezu der Wert $100 \cdot 10^6$ für S_λ^* erreicht wird — alles gilt für „schwarze" Strahler der absoluten Temperatur T.

§ 47. 34. Die Abbildung zeigt den Strahlengang beim *Michelson-Interferometer.* Das Bild B der Lichtquelle, dessen Durchmesser durch die Aperturblende sehr klein gemacht werden kann, liegt im vorderen Brennpunkt der Kollimatorlinse K, so

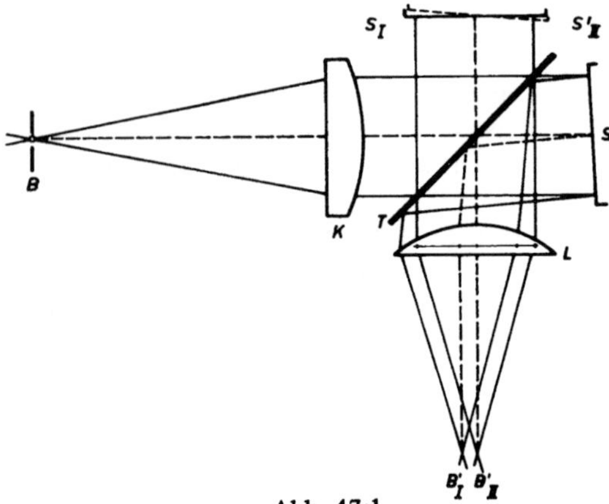

Abb. 47;1

daß man rechts von dieser parallelen Strahlengang hat. Der Strahlenteiler T (hier als sehr dünner halbdurchlässiger Spiegel gezeichnet) spaltet das ankommende Parallelbündel in zwei Anteile I, II – daher spricht man von *Zwei*strahl-Interferometer – die von den ebenen Spiegeln S_I, S_{II} zurückgeworfen werden und in der Brennebene der Lupe L die beiden Bilder B'_I, B'_{II} der Lichtquelle erzeugen. Das Auge des Beobachters, in dessen Pupille diese beiden Bilder Platz finden müssen, akkommodiert auf die Oberfläche des Spiegels S_I und sieht dort die Keil-Interferenzen (als parallele Gerade), wenn die beiden Spiegel S_I, S_{II} nahezu gleich weit von T entfernt und gegeneinander leicht verkippt sind, so daß das Spiegelbild S'_{II} von S_{II}, das der Beobachter dem Spiegel S_I überlagert sieht, mit diesem einen „virtuellen Spiegelkeil" bildet, wie die gestrichelte Gerade andeutet. Zweckmäßig wird die Lupe L derart bestimmt, daß S_I in ihrer vorderen Brennebene liegt, die Augenpupille in der hinteren Brennebene. Aus der optischen Achse des ankommenden Büschels werden durch die Aufspaltung zwei Hauptstrahlen unterschiedlicher Neigung für den Beobachter.

a) Wo schneiden sie sich bei dieser Anordnung?
b) Wie hängt der Winkel Δu, den sie einschließen, mit dem Keilwinkel zwischen S_I und S'_{II} zusammen?
c) Wie groß ist der Abstand zwischen B'_I und B'_{II}? § 59

35. Im Michelson-Interferometer der vorhergehenden Aufgabe soll eine Glasplatte der Dicke d = 60 (mit n = 1,50) geprüft werden, indem sie zwischen Spiegel S_I und Teilerplatte T angeordnet wird. Der Abgleich auf „gleichzeitige Ankunft" fordert jetzt eine Vergrößerung des Abstandes zwischen T und S_{II} gegenüber der bisherigen Anordnung, damit für beide Arme die Werte Σ n d – gemessen von T bis zum Spiegel – wieder miteinander übereinstimmen.

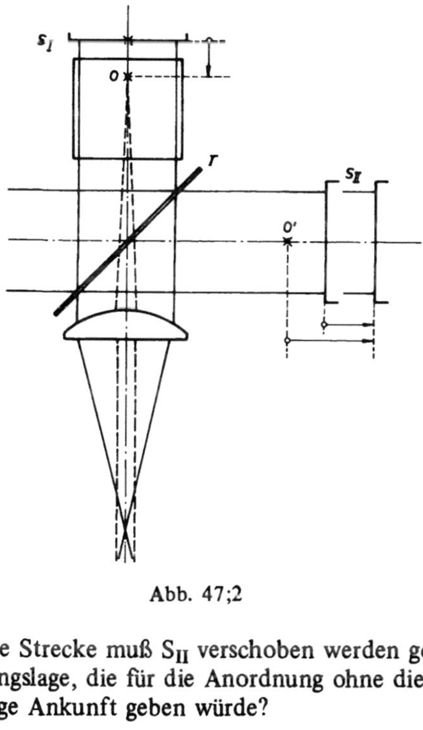

Abb. 47;2

a) Um welche Strecke muß S_{II} verschoben werden gegenüber der Ausgangslage, die für die Anordnung ohne die Glasplatte gleichzeitige Ankunft geben würde?

b) Um welche Strecke erscheint dem Beobachter, der durch die Lupe hindurch auf die Oberfläche von S_I akkommodiert, die Oberfläche von S_{II} jetzt defokussiert zu sein? Man bedenke, daß hier zwei Wirkungen zusammenkommen: Spiegel S_{II} ist weiter weggeschoben worden, während S_I – durch den Glasklotz hindurch gesehen – jetzt näher zu liegen scheinen als zuvor.

c) Wenn der Kontrast der Interferenzen trotz dieses großen „Tiefenunterschiedes" nicht verdorben werden soll, muß der Durchmesser der Aperturblende B entsprechend vermindert werden.

Welcher Wert für das Öffnungsverhältnis wird in diesem Fall durch die Rayleigh-Bedingung vorgeschrieben? § 59

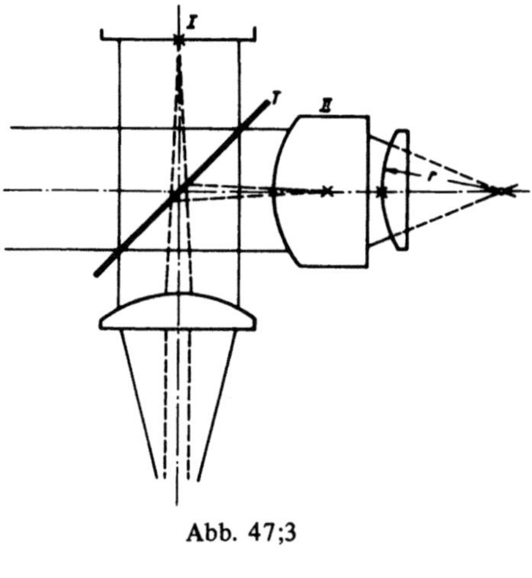

Abb. 47;3

36. Die Abbildung zeigt das *Twyman-Interferometer* zur Objektiv-Prüfung. Die Wirkungsweise ist in § 59 beschrieben; hier sollen die Aufgaben des Konvexspiegels betrachtet werden. Damit die Kombination aus Prüfling und Kugelspiegel den ebenen Spiegel vertreten kann, müssen die beiden Autokollimationspunkte des Kugelspiegels nach Abbildung durch den Prüfling und Spiegelung an der Teilerplatte mit den Autokollimationspunkten des ebenen Vergleichsspiegels zusammenfallen (innerhalb der Tiefentoleranz). Dadurch ist die Lage des Vergleichsspiegels festgelegt, sobald man den Radius r des Konvexspiegels vorgibt. Andererseits soll die Gangdifferenz zwischen beiden Armen nahe bei Null liegen: eine weitere Forderung an die Lage des Planspiegels. Nur ein spezieller Wert für r vermeidet hier einen Widerspruch. Schließlich möchte man den Scheitel des Konvexspiegels nahe an der AP des Prüflings haben.

a) Wo liegen die beiden Autokollimationspunkte der Kombination aus Prüfling der Brennweite f und Spiegel vom Radius r, bezogen auf den vorderen Brennpunkt des Prüflings?

b) Nach einem Vorschlag von *G. Hansen* läßt sich der eine Autokollimationspunkt des Planspiegels verschieben, ohne daß sich die optische Weglänge in diesem Arm ändert, indem man zwischen Teilerplatte und Planspiegel ein (astronomisches) Fernrohr verschiebbar anordnet. Legt man die AP oder die EP des Fernrohrs (z. B. mit $\gamma = -4$) nahe an den Planspiegel?

c) Planspiegel mit Fernrohr sei auf Gangdifferenz Null eingestellt; aber der eine Autokollimationspunkt sollte um 40 mm verschoben werden: um welche Strecke muß man das Fernrohr verschieben? § 31, § 38, § 59

37. Das Interferometer nach *Mach-Zehnder* gehört in die Gruppe der Umlauf-Interferometer. Wenn das umlaufene Rechteck speziell als Quadrat angelegt ist, kann man dieses Interferometer dadurch aus der Urform nach Michelson hervorgehen lassen, daß man die beiden Endspiegel S_I, S_{II} gegenüber den optischen Achsen allmählich verkippt (gegensinnig und um gleiche Beträge) und die Teilerplatte T entsprechend verlängert, bis die Kippwinkel auf $\pm 45°$ angewachsen sind. Schließlich zerlegt man T in zwei Teile und gewinnt damit weitere Freiheitsgrade. Die deutliche Trennung der beiden Anteile I, II des Strahlengangs stellt besondere Forderungen an

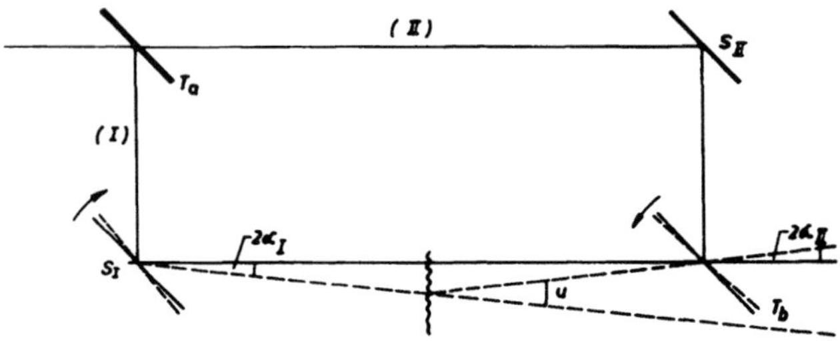

Abb. 47;4

die Stabilität der Anordnung. Andererseits ermöglicht sie einen bequemen Versuchsaufbau beispielsweise für die Untersuchung von Strömungserscheinungen:

Änderung der Dichte bewirkt Änderungen der Brechzahl und damit der Gangdifferenz.

38. Gesucht wird die Arbeitsvorschrift, mit deren Hilfe man beim Mach-Zehnder-Interferometer den Ort der Interferenzen an eine vorgeschriebene Stelle auf der langen Seite des Rechtecks bringen und zugleich eine vorgeschriebene Dichte der Interferenz-Streifen einstellen kann.

a) Welchen Einfluß hat Kippung der beiden Spiegel S_I und T_b auf den Schnittpunkt homologer Strahlen?

b) Nachdem das Verhältnis der beiden Kippwinkel festliegt, kann man noch die Differenz vorschreiben. Hängt sie zusammen mit der Streifendichte?

39. Die Abbildung zeigt ein *Planflächen-Prüfgerät.* Über dem Prüfling schwebt die (keilförmige) Platte mit der Vergleichsfläche, darüber die Feldlinse 1 mit Brennweite f_1. Die Hauptstrahlen werden nahezu in Autokollimation geführt; sie bilden die beiden Lochblenden, welche die Beleuchtungs- und die Beobachtungsapertur begrenzen, aufeinander ab. Die Linsen 2 und 3 bilden einen Pupillenversetzer; zusammen mit Linse 1 wirken sie als telezentrische Lupe.

a) f_1 bestimmt die Höhe des Geräts. Aber mit Rücksicht auf den Öffnungsfehler bei der Blendenabbildung darf man

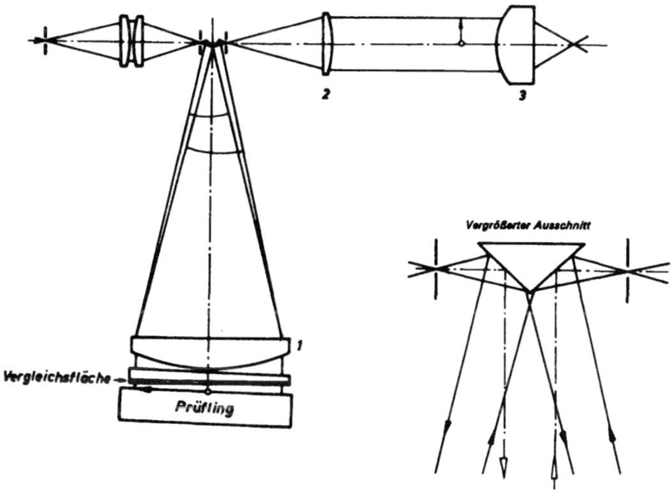

Abb. 47;5

f_1/D nicht zu klein wählen, nachdem der Prüfdurchmesser D vorgegeben ist.

b) Zur Anpassung an die Fehlsichtigkeit des Beobachters ist das Okular 3 verschiebbar. Es soll einerseits den Bildwinkel für den Beobachter vergrößern, andererseits zusammen mit 1 und 2 ein verzeichnungsfreies Bild der Interferenzen (gl. Dicke) liefern. Weshalb fordert man Verzeichnungsfreiheit?

c) Weshalb erleichtert der telezentrische Strahlengang mit $z_2' = z_3 = \infty$ die Lösung der Aufgaben für das Okular?

d) Wie hängt die Gesamtbrennweite f_{13} und damit die Lupenvergrößerung des Geräts zusammen mit der Lupenvergrößerung des Okulars?

e) Warum die Keilform für den Träger der Vergleichsfläche?

§ 30, § 59

40. Man kann Planparallelplatten mit Interferenzen gleicher Neigung prüfen. Dabei stellt man fest, ob das Produkt n · d überall den gleichen Wert hat. Nun erscheinen Interferenzen gleicher Neigung im Unendlichen; dadurch scheint die Lokalisierung abweichender Werte sehr schwierig.

a) Wodurch merkt man beim Durchmustern die Dicken-Änderung?

b) Wie lokalisiert man sie?

c) Warum beobachtet man im gespiegelten Licht? Wäre Beobachtung mit durchfallendem Licht nicht einfacher? § 59

§ 48. **41.** Die Abbildung zeigt das Schema eines *optischen Faltungsgeräts.* In der Ebene A mit den Koordinaten x, y liegt das Objekt, gegeben durch die Verteilung der Leuchtdichte B (x, y). Die abbildende Optik sei so gut korrigiert, daß man in der zugehörigen Bildebene A′ mit punktscharfer Abbildung

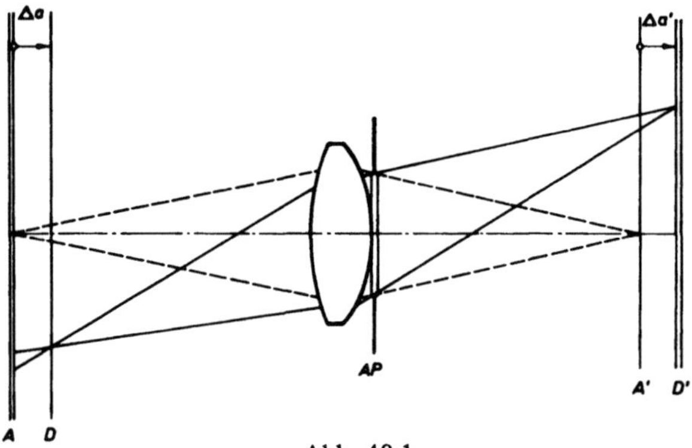

Abb. 48;1

rechnen darf. Aufgefangen wird aber nicht dieses scharfe Bild, sondern die Lichtverteilung (eine Art von unscharfer Abbildung) in der Ebene D′, die um die Strecke Δ a′ defokussiert ist. Für einen Punkt x′, y′ dieser Ebene bilden die abbildenden Strahlen einen Kegel mit der Spitze in x′, y′ und Basis in der AP-Fläche. Der entsprechende Kegel im Objektraum, dessen Spitze in der Ebene D liegt, durchsetzt die Ebene A mit einer Zerstreuungsfigur, die als ähnliches Abbild der AP-Fläche durch Zentralprojektion entsteht:

der Strahl, welcher durch den Punkt p′, q′ der AP hindurchgeht, trifft die Ebene A in $x = x_0 - \xi$, $y = y_0 - \eta$, wobei ξ, η proportional zu p′, q′ sind, während der Proportionalitätsfaktor seinerseits proportional zu Δ a ist und darum über Δ a′ geregelt werden kann. Bringt man nun in der AP noch eine Filterplatte an, deren Durchlaßzahl τ von p′, q′ abhängt, so trägt der Lichtstrahl, den man im Bildraum durch (p′, q′; x′, y′) festlegt, nach Abbes Strahlungssatz die Leuchtdichte $B(x_0 - \xi, y_0 - \eta) \cdot \tau(p', q')$. Das Flächenelement d p′ d q′ der AP liefert zur Beleuchtungsstärke in x′, y′ demnach den Anteil

$$dE = \frac{1}{a'^2} \cdot B(x_0 - \xi, y_0 - \eta) \cdot \tau(p', q') \cdot dp' \cdot dq' \ .$$

Wegen der erwähnten einfachen Zuordnung zwischen p′, q′ und ξ, η ergibt sich die Beleuchtungsstärke E insgesamt pro portional dem *Faltungsprodukt* aus B und τ:

$$E = \hat{C} \int \int B(x_0 - \xi, y_0 - \eta) \cdot \tau(\xi, \eta) \cdot d\xi \cdot d\eta \ .$$

Das optische Faltungsgerät liefert in der Verteilung der Werte E (x′, y′) somit das *Faltungsprodukt* C = A* B *aus* irgend *zwei Funktionen* A (ξ, η) und B (x, y)

$$C(x, y) = \int_{-\infty}^{\infty} \int_{-\infty}^{\infty} B(x - \xi, y - \eta) \cdot A(\xi, \eta) \cdot d\xi \cdot d\eta ,$$

sobald sich diese in passendem Maßstab als zweidimensionale Filter für Pupillenebene (hier AP) und Objektebene darstellen lassen. § 63

42. Einfacher im Aufbau wird ein Faltungsgerät aus zwei übereinanderliegenden Filterplatten. Wenn bei der einen die Durchlässigkeit proportional A (ξ, η), bei der anderen proportional B (x, y) ausfällt, und wenn man die beiden Koordinatenkreuze – um 180° gegeneinander gedreht – mit den Nullpunkten derart legt, daß der Punkt $\xi = \eta = 0$ auf den Punkt x, y fällt, so hat man am Punkt ξ, η die Durchlässigkeit gleich dem Produkt $A(\xi, \eta) \cdot B(x - \xi, y - \eta)$. Insgesamt ist der durchgelassene Lichtstrom in dieser Stellung also proportional dem Wert der Funktion C = A* B an der Stelle x, y. Diese Funktion wurde in **41** als das Faltungsprodukt aus den Funk-

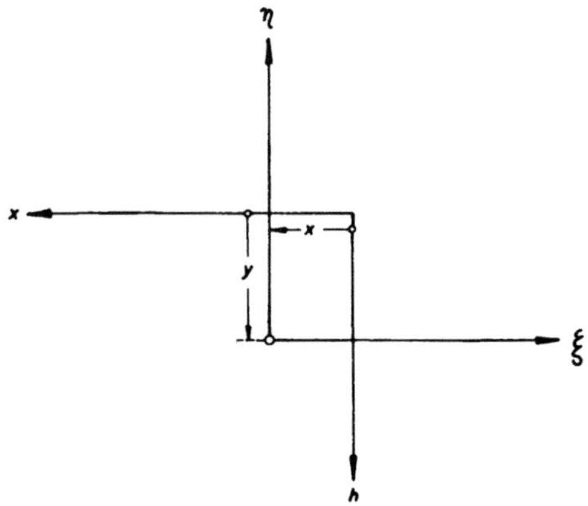

Abb. 48;2

tionen $A(\xi, \eta)$ und $B(x, y)$ definiert. Entsprechend der mathematischen Definition für das Faltungsprodukt laufen die Integrale von $-\infty$ bis $+\infty$. Die Grenzen sind praktisch belanglos, wenn die Faktoren A und B ohnehin nur in endlich großen Bereichen für ξ, η und x, y von Null verschieden sind.

Wenn man sich auf den eindimensionalen Fall, also auf „gitterartige" Strukturen, beschränkt, so können die beiden Funktionen $A(\xi)$ und $B(x)$ hintereinander auf getrennten Bereichen eines durchsichtigen Films als Durchlaßwerte aufgetragen werden. Durch „Falten" dieses Streifens kann man erreichen, daß im Durchblick an der Stelle ξ das Produkt $A(\xi) \cdot B(x - \xi)$ wirkt, der durchgelassene Lichtstrom also proportional dem Wert des Faltungsproduktes an der Stelle x wird. Daher der Name „Faltung" (engl. convolution).

a) Welche beiden Nachteile hat die hier beschriebene Anordnung gegenüber dem Gerät in **41**?

b) Kann man auch eine Funktion mit sich selbst falten?

43. Einige Beispiele für Faltungsprodukte aus der Optik:

1. Die Faltung mit dem Rechteck – also mit der Funktion $B(x) = 1$ für $|x| \leqslant b/2$ und $B(x) = 0$ für alle anderen x – findet man bei der Aufnahme eines Spektrums mit breitem

Spalt. Durch diese „laufende Mittelung" können scharfe Einzellinien verschwinden.

2. Beim Monochromator wird dieses bereits „gemittelte" Spektrum nochmals gefaltet mit dem Ausgangsspalt. Für das ursprüngliche Spektrum bedeutet das eine Faltung mit dem Faltungsprodukt der beiden Rechtecke. Wenn diese gleich breit sind, entsteht als „Produkt" des Rechtecks mit sich selbst das gleichschenklige Dreieck. Faltung mit diesem bedeutet „gewogene Mittelbildung".

a) Was gibt die Faltung zweier Rechtecke mit ungleicher Breite?

b) Die Faltung einer Funktion mit sich selbst braucht übrigens nicht zu einer Formänderung zu führen. Man kann zeigen, daß die Funktion $\frac{\sin x}{x}$, die aus der Beugung am Spalt bekannt ist, durch Faltung mit sich selbst nicht geändert wird. § 50, § 63

44. Wenn die Winkelvergrößerung γ eines Fernrohrs bestimmt werden soll, vergleicht man in der Praxis die Durchmesser von Eintritts- und Austritts-Pupille. Man setzt vor das Objektiv einen Glasmaßstab, dessen Bild auf der Okularseite mit einem Dynameter ausgemessen wird. Der Quotient y_1/y'_k aus der Länge y_1 auf dem Maßstab und ihrem Bild y'_k wird gleich der Winkelvergrößerung γ gesetzt.

a) Welchen Vorteil bietet dieses Verfahren gegenüber dem Vergleich gemessener (kleiner!) Winkel w_1 und w'_k?

b) Das Dynameter arbeitet mit telezentrischem Strahlengang; Objekt der Beobachtung ist die AP. Wie beeinflußt die Blende, welche den telezentrischen Strahlengang erzwingt, die Auswahl der Strahlen aus dem Strahlenköcher, der das Fernrohr durchsetzt?

c) Offenbar setzt das Verfahren voraus, daß für alle Werte y_1 jeweils $y_1/f_{Obj} = y'_k/f_{Ok} = \sin u'$ (im Zwischenbild des Fernrohrs) gilt. Zusammenhang mit der Sinusbedingung?

d) Genügt es demnach, wenn man beim Objektiv (mit Brennweite f_{Obj}) des Prüflings mit aplanatischer Abbildung rechnen darf? Was fordert man vom Okular? § 30, § 55

45. Gesucht wird eine Lupe, die sich ohne Änderung ihrer Lupenvergrößerung N auf Gegenstände in unterschiedlichen Entfernungen (zwischen 2 m und 20 m) scharf einstellen läßt. Die zum Einstellen nötige Verschiebung eines Bauelements soll kleiner als 30 cm bleiben.

Die Aufgabe ist gelöst, wenn man als Objektiv 1 der Lupe ein Bauelement verwendet, dessen Abbildungsmaßstab β unabhängig von der Objektlage ist. Das Zwischenbild, dessen Auswanderung kleiner als 30 cm bleiben soll, liege jeweils in der vorderen Brennebene des Okulars der Brennweite f_2. Die Gesamtbrennweite $f_{12} = \beta_1 \cdot f_2$ und damit N bleibt dann unabhängig von der Objektentfernung (nach Alb. König).

§ 15, § 30

46. Beim Vergleich zweier Pupillenversetzer in § 37 tauchte die Frage auf, welche Konstruktion günstigere Werte für sekundäres Spektrum und „mittlere Bildfeldwölbung" gebe. Für das sekundäre Spektrum errechnet man f/2000 oder 0,89 mm je Objektiv mit f = 177,5 mm oder 1,78 mm je Versetzer – für das ganze Periskop den 5fachen Wert gleich 8,9 mm, wenn man die Beiträge der Okulare als belanglos beiseite läßt. Diese Längsaberration erscheint im letzten Zwischenbild vor dem Okular. Dessen Brennweite beträgt $f_{Ok} = \frac{177{,}5}{6{,}25}\text{ mm} = 28{,}4\text{ mm}$; deswegen entspricht der Längsaberration augenseitig der Betrag von 11 dptr. Die andere Konstruktion mit verdoppelten Brennweiten erscheint zunächst ungünstiger trotz Einsparung eines Versetzers, weil sie vor dem Okular insgesamt $8 \cdot 2 \cdot 1{,}78$ mm oder 28,5 mm liefert (weshalb geben die Feldlinsen keinen Beitrag?)

Trotzdem bekommt man augenseitig mit 8,8 dptr einen kleineren Betrag als oben, weil die Verdopplung der Okularbrennweite den Umrechnungsfaktor für die Umrechnung in dptr auf ein Viertel des bisherigen Wertes bringt.

Bei der Petzvalsumme setzt man zweckmäßig 0,6/f als Anteil des Objektivs der Brennweite f (entsprechend einer „mittleren Brechzahl" 1,67). Hier müssen auch die Feldlinsen und vor allem die Okulare mitgerechnet werden! Demgemäß bekommt man für den ersten Entwurf $0{,}6 \cdot (2/28{,}4 + 10/177{,}5)\,\mathrm{mm}^{-1} = 0{,}0763\,\mathrm{mm}^{-1}$ oder den „Petzvalradius" $R' = -13{,}1$ mm. Mit $L' = 12{,}5$ mm führt dieser Wert auf die „mittlere Bildfeldwölbung" $\frac{L'^2}{2R'} = 5{,}98$ mm oder augenseitig $1000 \cdot 5{,}98/28{,}4^2 = 7{,}4$ dptr.

Entsprechend errechnet man für den anderen Entwurf, bei dem noch 4 Feldlinsen mit je f = 355 mm einzusetzen sind, $0{,}6\,(2/56{,}8 + 8/355 + 4/355) = 0{,}0415\,\mathrm{mm}^{-1}$ für die Petzvalsumme oder $R' = -24{,}1$ mm für den Petzvalradius: trotz Mitwirkung der Feldlinsen hat die Verdopplung der Brennweiten hier günstig gewirkt. Man könnte zwar befürchten, daß diese Verbesserung aufgehoben würde durch die Verdopplung der Bildhöhe auf $L' = 25$ mm in der Tat errechnet man für die „mittlere Bildfeldwölbung" hier 12,6 mm. Aber die Verdopplung der Okularbrennweite auf 56,8 mm hebt die Wirkung von L' wieder auf, so daß man augenseitig nur 3,92 dptr bekommt – und allein auf diese Zahl kommt es bei gegebenem AP-Durchmesser an! § 28, § 56

47. Bei Prismen-Spektrographen sieht man häufig eine auffallende Schräglage des Spektrums (und damit der Kassette) gegenüber der optischen Achse des Kamera-Objektivs. Diese Schräglage wird dadurch bewirkt, daß man das Kamera-Objektiv nicht achromatisch macht, sondern als „Chromat" ausbildet. Sie erleichtert die Ebnung des Spektrums.

a) Entsprechend der Schräglage wird das Spektrum länger, die „lineare Dispersion" also größer, als man bei gegebener Kamera-Brennweite f entsprechend der Formel $L' = -f \cdot \tan w$ erwarten würde (diese setzt Bildebene senkrecht zur Achse voraus). Welcher Nachteil steht diesem Vorteil gegenüber?

b) Die gleiche Länge des Spektrums könnte man auch bei einem achromatischen Objektiv erreichen, wenn man f entsprechend größer machen würde. Weshalb ist die Anordnung a) „lichtstärker" bei gegebener linearer Dispersion?

§ 49. **48.** Die Schwärzungskurve einer photographischen Schicht beschreibt den Zusammenhang zwischen dem log der

Belichtung L = E · t (in lux sec) und der erzielten *Schwärzung* (oder „Dichte") S = – log τ. τ ist definiert als Verhältnis des durchgelassenen zum auffallenden Lichtstrom. Für die logarithmischen Skalen sprechen – neben anderen Gründen – die Größe der erreichbaren Werte S und die Vereinfachung in der Gestalt der S-Kurve. Besonders interessiert die Länge des geradlinigen Stückes, weil für verschiedenen Aufgaben nur dieser Bereich benutzt werden kann. Bisweilen wird auch der gekrümmte Teil der Kurve zur Photometrie herangezogen; der

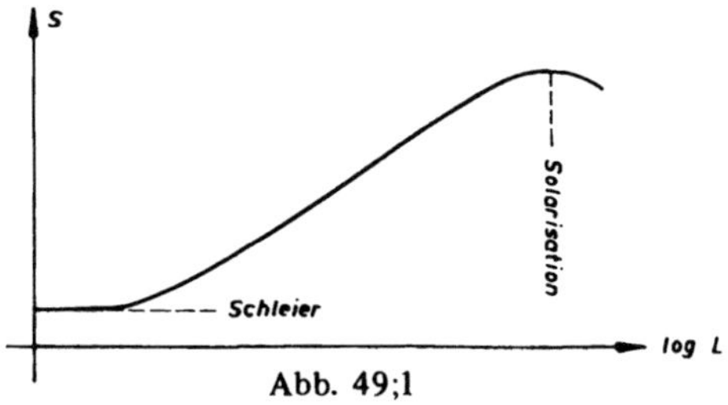

Abb. 49;1

nutzbare Bereich ist dann begrenzt durch die *Solarisation* bei zu großen L und die *Schleiergrenze* bei zu kleinen Werten L. Als „kopierbar" gilt eine Schwärzung erst dann, wenn sie mindestens um $\Delta S = 0{,}1$ über dem Schleier liegt. Die *Steilheit* $\gamma = \dfrac{dS}{d \log L}$ bestimmt die „Gradation", das heißt das Übersetzungsverhältnis. Wenn das aufgenommene Objekt (z. B. eine Landschaft) Leuchtdichten im Bereich $B_{max} : B_{min} = 1000$ enthält („Objektumfang" 3 Zehnerpotenzen), so benötigt man einen nutzbaren Schwärzungsbereich $S_{max} - S_{min} = 3 \cdot \gamma$. Bei steiler Gradation, also hohem γ, spricht man von einer hart arbeitenden Emulsion. Allerdings muß man beachten, daß γ auch von der Art der Entwicklung abhängt.

a) Der Objektkontrast zwischen zwei benachbarten Stellen a, b betrage $K_0 = \dfrac{B_a - B_b}{B_a + B_b}$. Für kleine Leuchtdichtenunterschiede wird dieser Kontrast $K_0 = \frac{\Delta B}{2B}$ proportional der logarithmischen Ableitung.

b) Unterschiede der Belichtung $L = E \cdot t$ stammen in der Regel von Unterschieden der Leuchtdichte B im Objekt, weil Belichtungsdauer t und beleuchtende Apertur ω' sich – wenn überhaupt – nur langsam mit dem Bildwinkel ändern. Man zeige, daß unter dieser Voraussetzung $\Delta S = \gamma \cdot \Delta \log B = 0{,}87 \cdot \gamma \cdot K_0$ wird, wo K_0 den (kleinen) Objektkontrast bedeutet.

c) Wenn man das Negativ mit den Schwärzungswerten S_1 zur Herstellung eines Positivs verwendet, so zeigt es im Kopiergerät eine erborgte Leuchtdichte B_2 proportional τ_1, so daß $\Delta \log B_2 = -\Delta S_1$. Man zeige, daß der Kontrast auf dem durchstrahlten Negativ (K_N) um den Faktor $(-)\gamma$ größer ist als der Objektkontrast. $K_0 \cdot \gamma$ läßt sich demnach als *Kontrastfaktor* ansprechen. § 21, § 22, § 42

49. Zur Kennzeichnung der Empfindlichkeit photographischer Schichten nach DIN verwendet man diejenige Belichtung L_K („Kennbelichtung" in lux sec), welche notwendig ist, um auf der entwickelten Schicht bei einer vorgeschriebenen Art der Entwicklung eine Schwärzung hervorzurufen, die um $\Delta S = 0{,}1$ über dem Schleier liegt (und damit gerade noch „kopierbar" ist). Aus L_K errechnet man die DIN-Empfindlichkeit x nach der Formel

$$L_K = 0{,}27 \cdot 10^{-x/10} \quad \text{oder}$$

$$\log L_K = 0{,}431 - \frac{x}{10} - 1\,.$$

Bei einem Film mit 22/10°DIN (oftmals 22 DIN benannt) ist x = 22 und daher $L_K = 0{,}0017$ lux sec die Kennbelichtung. Demgegenüber fordert die Faustregel für die *mittlere* Belichtung bei 22 DIN $L_m = 0{,}020$ lux sec.

a) Welcher Objektumfang wird schätzungsweise vorausgesetzt, wenn man $L_m = 11{,}85\,L_K$ ansetzt?

b) Man vergleiche diese Abschätzung für den Objektumfang mit den Leuchtdichte-Werten der Tabelle Abb. 26;2.

50. Der Beobachter steht in geringem Abstand vor einem Hohlspiegel langer Brennweite (z. B. Abstand 2 m bei Brennweite 3 m) und betrachtet in diesem Spiegel die Landschaft und damit sich selbst.

a) Mit welcher Winkelvergrößerung γ sieht er die Landschaft?

b) Wo – das heißt: in welcher Entfernung vom Spiegel – liegt tatsächlich das Spiegelbild der Landschaft?

c) Man stellt fest, daß der normalsichtige Beobachter auf diese Bildlage (Vorzeichen der Schnittweite!) nicht akkommodieren kann. Trotzdem sieht er die *optische Projektion* der Landschaft (der Name stammt von *Gullstrand*) mit befriedigender Deutlichkeit. Was sagt die Rayleigh-Grenze dazu? Welcher Pupillendurchmesser ist „erlaubt"? § 28

51. Für die Beleuchtungsstärke E im Bild eines Flächenelements, das mit der Leuchtdichte B strahlt, ergab sich früher $E = B \cdot d\omega'$. Der „beleuchtende Raumwinkel" $d\omega'$ wurde erhalten als Quotient $d\omega' = F_{AP}/a^2$ aus der Fläche der Austrittspupille und dem Quadrat der Strahlenweite a. Von einem Punkt des Bildes aus betrachtet schien jeder Punkt (p′, q′) der Austrittspupille mit der gleichen Leuchtdichte $B(p', q') =$ $= \text{const}$ zu strahlen. Das ändert sich, wenn man statt eines einzelnen Flächenelements ein (ebenes) Objekt mit vorgegebenem Gang der Leuchtdichte B (x, y) abbildet und die unvermeidbaren Abbildungsfehler bedenkt. Jetzt gilt allgemein $E = \frac{1}{a^2} \int\int B(p', q') \cdot dp' \cdot dq'$ (integriert über die Fläche der AP). Jeder Punkt der Austrittspupille zeigt also – vom Bildpunkt x′, y′ aus betrachtet – seinen speziellen Wert B (p′, q′) für die Leuchtdichte.

Diese Werte bekommt man gemäß *Abbes Strahlungssatz*, wenn alle Strahlen, die sich im Bildpunkt (x′, y′) treffen, rückwärts bis zur Lichtquelle verfolgt werden. Dort empfängt jeder dieser Strahlen – gekennzeichnet durch seine vier Koordinaten (p′, q′, x′, y′) im Bildraum – „seine" Leuchtdichte B von der Lichtquelle, die er dann (von Verlusten werde wieder abgesehen) durch das optische System hindurch bis zur Fläche der

Austrittspupille leitet, so daß deren Flächenelement $d\,p' \cdot d\,q'$ entsprechend Lamberts Idee den Anteil

$d\,E = \frac{1}{a^2} \cdot B(p', q') \cdot d\,p' \cdot d\,q'$ zur Beleuchtungsstärke im Punkt x', y' liefert.

Unter der Lichtquelle kann man sowohl einen Selbstleuchter (z. B. die Wendel der Glühlampe beim Diaprojektor) wie einen Nicht-Selbstleuchter (z. B. die Objektebene beim Episkop) verstehen. Abbe behandelte diese beiden Fälle getrennt und gab daher zwei Strahlungssätze.

a) Was geschieht beim Selbstleuchter, wenn der rückwärts verfolgte Strahl nicht die glühende Wendel sondern einen Zwischenraum trifft? Was sieht man jetzt vom Punkt x', y' aus – in der Fläche der AP liegen?

b) Der Punkt x, y in der Objektebene, dessen Leuchtdichte der Lichtstrahl (p', q', x', y') trägt, kann zwar grundsätzlich aus diesen 4 Koordinaten bestimmt werden, wenn man die Zerstreuungsfigur formelmäßig kennt. Rechnerisch bequemer ist aber der umgekehrte Weg: man geht vom Punkt x, y aus und kennzeichnet durch $x', y' = f(p', q')$ seine Zerstreuungsfigur. Überlagerung der verschiedenen Zerstreuungsfiguren in einem festgehaltenen Punkt x', y' läßt dort die Beleuchtungsstärke E entstehen, wie der Faltungssatz der optischen Abbildung lehrt. § 24, § 63

52. Bei der Betrachtung von Objekten mit merklicher Tiefe kann die Verwendung optischer Hilfsmittel (z. B. einer Lupe) zu *unnatürlicher Perspektive* führen. Man gelangt dann zu einer falschen Beurteilung der Tiefe. Die Abbildung erläutert den Vorgang am Beispiel eines (hohlen) Würfels mit der Kantenlänge b. Das Zentrum der Sehstrahlen (Auge des Beobachters) liege im Abstand a von der Vorderfläche. Für die einäugige Beobachtung kann man den Würfel ersetzen durch seine Projektion auf die Zeichenebene. Die Strecke c gibt hier das Maß für die Tiefe des Würfels – natürlich im Vergleich zur Entfernung a: je näher man herankommt, desto größer wird c, desto größer wird damit das Verhältnis der beiden Sehwinkel w_A

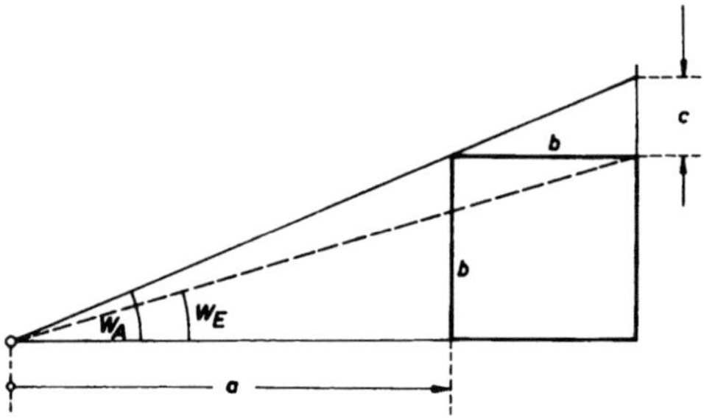

Abb. 49;2

und w_E, die in der Zeichnung mit ihren tang-Werten erscheinen: $\frac{\text{tang } w_A}{\text{tang } w_E} = \frac{b + c}{b}$. Wegen $\frac{c}{b} = \frac{b}{a}$ kann man dafür auch schreiben $1 + \frac{b}{a}$. So hängt also bei *„natürlicher Perspektive“* das Verhältnis der Sehwinkel von der Entfernung a ab. Wenn der Beobachter nun die Sehwinkel auf den γ-fachen Wert (z. B. $\gamma = +2$) vergrößern möchte, dann hat er zwei Möglichkeiten. Entweder tritt er näher heran, so daß sich der Abstand a auf a/γ verkleinert; entsprechend der natürlichen Perspektive vergrößert sich der Quotient der tang-Werte auf $1 + \gamma \cdot \frac{b}{a}$. Oder er benutzt ein Fernrohr der Vergrößerung γ, ohne seinen Standort zu ändern. Dann bekommt jeder tang den Faktor γ, ihr Quotient bleibt somit unverändert gleich $1 + \frac{b}{a}$ – gerade so, als ob die Strecke c und damit die Tiefe im Verhältnis $1 : \gamma$ verkleinert worden wäre.

Diese Abflachung auf den Bruchteil $1/\gamma$ tritt sehr deutlich zutage, wenn man z. B. mit einem Fernrohr $\gamma = 6 \times$ eine Straße in Längsrichtung betrachtet. Für Theatergläser folgt daraus, daß man γ niedrig halten sollte, um den „Kulisseneffekt“ nicht zu stark werden zu lassen.

53. Wenn man eine photographische Aufnahme betrachtet, die mit einer Kamera sehr langer Brennweite (*Fernkamera;* z. B. mit f = 3 m) hergestellt ist, so tritt ebenfalls ein „Kulisseneffekt" zutage, indem beispielsweise die Häuser eines Dorfes so flach erscheinen, als ob sie zusammengeschoben wären.

Der Vorgang ist analog wie in **52**: eine photographische Aufnahme zeigt nur dann die „natürliche Perspektive", wenn sie aus dem Abstand a = f betrachtet wird, den das Negativ bei der Aufnahme vom hinteren Knotenpunkt des Objektivs hatte. Ist a von f verschieden, so erscheinen die Tiefen im Verhältnis a/f gefälscht, im obigen Beispiel also auf $\frac{250}{3000} = \frac{1}{12}$ vermindert. Umgekehrt bei einer Kleinbildaufnahme f = 50, die man aus deutlicher Sehweite betrachtet: dadurch scheinen die Tiefen verfünffacht. Hier kann man sich leicht helfen, indem man die Aufnahme 5fach vergrößert (Format $12 \times 18\,\text{cm}^2$ anstatt $24 \times 36\,\text{mm}^2$) oder eine fünffache Lupe zu Hilfe nimmt.

54. Die Abbildung eines weit entfernten Gegenstandes in der Brennebene eines Objektivs heißt bekanntlich genau dann verzeichnungsfrei, wenn die Bildhöhe L' mit dem Neigungswinkel w des ankommenden Parallelbüschels verbunden ist durch $L' = -f \cdot \tan w$.

a) Weshalb verwendet man hier gerade den tang und nicht arc oder sin?

b) Was ändert sich, wenn das Bild auf einer gekrümmten Fläche aufgefangen wird? Z. B. auf einer Kugelschale, deren Zentrum mit der AP des abbildenden Objektivs zusammenfällt?

55. Beim Fernrohr versagt die Listingsche Konstruktion, weil es hier weder Hauptpunkte noch Brennpunkte gibt. Zu einer Ersatzkonstruktion führen die Antworten auf folgende Fragen:

a) Weshalb kann es – von einem uninteressanten Sonderfall abgesehen – beim Fernrohr keine Hauptpunkte geben?

b) Gibt es beim Fernrohr einen Treffpunkt?

c) Die Lage des Objektpunktes sei gegeben durch a_1 und L_1. Wie findet man für den Bildpunkt a'_k und L'_k durch einfache Rechnung oder Zeichnung? § 8, § 15, § 31

56. Wenn die Abbildung eines Achsenpunktes durch ein optisches System als *aplanatisch* bezeichnet wird (man nennt dann auch das System selbst aplanatisch), so meint man damit, daß für alle Strahlen des Mittenbüschels 1. die sphärische Aberration beseitigt (d.h. $s'_k = s'_{k0}$) und 2. die Sinusbedingung erfüllt sei: $n'_k \cdot \sin u'_k = n_1 \cdot \sin u_1/\beta_0$ bzw. $= h_1/f_0$, wofür man auch $\beta_s = \beta_0$ bzw. $f_s = f_0$ schreiben kann. Man kann zeigen, daß Aplanasie gleichbedeutend ist mit Komafreiheit für die Abbildung des achsnahen Gebiets (mit endlicher Apertur!). Hier interessiert speziell der Zusammenhang mit den *Scheitelloten* $g_1 = s_1 \cdot \sin u_1$ vor Fläche 1 und $g'_k = s'_k \cdot \sin u'_k$ hinter Fläche k.

a) Man bestätigt, daß bei einem aplanatischen System $g_k = \omega_k \cdot g_1$ ist, wo $\omega_k = h_k/h_1$ das paraxiale Höhenverhältnis bedeutet.

b) Unter welcher Voraussetzung ist Aussage a) umkehrbar?

§ 20, § 55

57. Aus der Abbildung 6;1 entnimmt man (mit dem Sinussatz der Trigonometrie) für Winkel endlicher Größe die *Randstrahlformel* $\frac{s - r}{r} = \frac{\sin i}{\sin u}$; entsprechend mit „gestrichenen" Größen nach der Brechung. Im Anschluß an **56** wird gefragt:

a) Welcher Wert ergibt sich bei einer einzelnen abbildenden Fläche für das Verhältnis g'/g der Scheitellote, wenn zufällig $\frac{\sin i}{\sin u} = \frac{n'}{n}$ und darum $n \cdot s = (n' + n) \cdot r$ ist?

Man spricht dann von *aplanatischer Lage* des zugehörigen Achsenpunktes bzw. vom *aplanatischen Punkt* dieser Fläche.

b) Wie hängt bei aplanatischer Lage $\sin i'$ mit $\sin u$ zusammen?

c) Bei aplanatischer Lage ist $n \cdot s = n' \cdot s'$. Was folgt daraus für den Wert des Abbildungsmaßstabs β?

d) Wenn man voraussetzen darf, daß der abzubildende Objektpunkt frei von sphärischer Aberration ist, dann ist die Eigenschaft $g'_\nu = g_\nu$ (für alle Werte u!) notwendig und hinreichend dafür, daß die Abbildung durch die einzelne Fläche ν aplanatisch ist.

58. Bei der optischen Fläche, welche die Medien mit den Brechzahlen n und n′ voneinander trennt, soll durch passende Wahl des Einfallwinkels i für die Umlenkung $\delta = i - i'$ ein vorgeschriebener Wert erreicht werden. Wie findet man i? Die gesuchte explizite Formel gibt nicht den Winkel i selbst, sondern eine seiner trigonometrischen Funktionen.
(Man beginnt mit einem Ausdruck für $\sin i'$.)

§ 50. **59.** Zu seinen Interferenzversuchen benutzte *Th. Young* (vor 1803) die einfachste Form eines *Zweispalt-Interferometers:* zwei feine einander benachbarte Öffnungen (Spalte). Jede dieser Öffnungen läßt das auffallende Licht auseinanderfächern; deswegen bekommt man auch bei sehr kleiner Beleuchtungsapertur ein ausgedehntes Überlagerungsgebiet, in dem sich Interferenzen beobachten lassen, wenn das ankommende Licht genügend interferenzfähig („kohärent“) ist. Daran knüpft die Verwendung dieser Anordnung zur Messung des

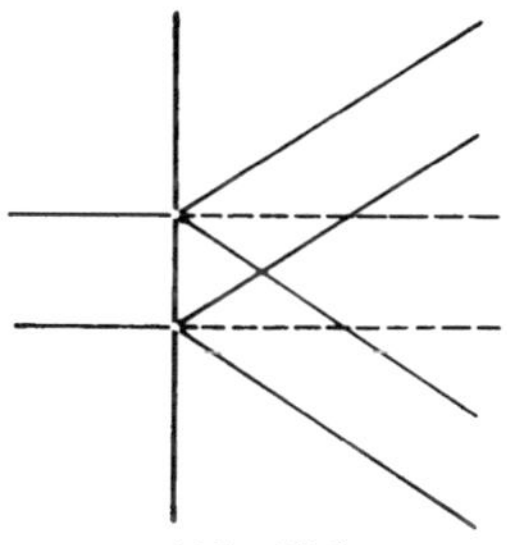

Abb. 50;1

Kohärenzgrades γ_{AB} zwischen zwei (benachbarten!) Punkten A, B. Liegen die beiden Spalte insbesondere auf derselben Wellenfläche (die ursprünglich von einem leuchtenden *Punkte* herkommt!), so findet man im Interferenzbild das Maximum mit Gangdifferenz $\Delta g = 0$ auf der Mittelsenkrechten, also auf dem zugehörigen Strahl = Wellen-Normale (Methode von *Väisälä* zur Festlegung der Normalen).

60. Zur Messung des Kohärenzgrades $\gamma_{AB} = r_{AB} \cdot e^{i\varphi_{AB}}$ zwischen zwei Punkten A, B bringt man feine Spalte in diese beiden Punkte und prüft dann Lage und Kontrast in dem damit erzeugten System von Young-Interferenzen. Der Kontrast $r_{AB} = \frac{J_{max} - J_{min}}{J_{max} + J_{min}}$ (er wird nach Michelson als *visibility* bezeichnet) gibt den Betrag von γ; die Phase φ_{AB} kennzeichnet die Lage des resultierenden Maximums gegenüber der Mittelsenkrechten auf der Strecke $\overline{AB}$ im Vergleich zum Abstand zweier benachbarter Maxima. Bei *partiell kohärentem* Licht ist $r_{AB} < 1$; hier kann man φ_{AB} deuten als effektiven Phasenunterschied zwischen den beiden Punkten A und B.

a) Sobald die Punkte A, B nahe genug beieinander liegen, findet man auch für große Beleuchtungsapertur r_{AB} nahe bei 1: es gelingt nicht, so eng benachbarte Punkte inkohärent zu beleuchten. Bleibt diese Folgerung auch dann gültig, wenn man auf die beiden Punkte A, B ein Bild der Lichtquelle legt?

b) Es ist wichtig, daß man den Kohärenzgrad nicht als einfache Ortsfunktion sondern nur als gegenseitige Eigenschaft zweier Punkte definieren und messen kann, wobei der Abstand $\overline{AB}$ im Vergleich zur Beleuchtungsapertur die Hauptrolle spielt. Man kann also partiell kohärentes Licht nicht einfach als Gemisch aus kohärentem und inkohärentem Licht darstellen. § 59, § 60, § 64

61. Bei der Lochkamera mit Lochdurchmesser 2h nimmt man für die Brennweite f_1 den Wert $f_1 = h^2/\lambda$, wo λ – die Wellenlänge des Lichtes – etwa gleich $5 \cdot 10^{-4}$ mm gesetzt werden kann.

a) Wie groß wird demnach das Öffnungsverhältnis für eine Lochkamera $f_1 = 50$ (entsprechend dem üblichen Kleinbildobjektiv?

b) Welche Belichtungsdauer ergibt sich aus dem in a) errechneten Öffnungsverhältnis für eine Landschaft mit der mittleren Leuchtdichte 10^4 asb und für einen Film mit 30/10 °DIN? (Die Erfahrung zeigt übrigens, daß man mit der so errechneten Belichtungsdauer brauchbare Negative erhält.)

c) Wie groß wird hier der Radius ρ' des ersten Beugungskreises? Man vergleiche ρ' mit h: ist der hier errechnete Quotient ρ'/h mitbestimmt durch den Wert f_1?

d) Aus den Formeln geht hervor, daß man die „Lichtstärke" der Lochkamera erhöhen kann, indem man f_1 und damit auch h verkleinert. Das bedeutet aber Zunahme der Beugungsunschärfe in Winkelmaß. Wie ändert sich ρ'?

e) Wenn man annimmt, daß die Aufnahmen aus einem Abstand gleich der Brennweite betrachtet werden sollen, um eine natürliche Perspektive zu erzielen, dann findet man den Quotienten ρ'/f_1 als Maß für die Unschärfe. Welche Werte f_1 (und h) sollte man benutzen, um diesen Winkel kleiner als 2 Bogenminuten zu halten? § 22, § 36, § 61

62. Die *Fresnelsche Zonenplatte* zeigt abwechselnd durchsichtige und undurchsichtige Ringzonen. Die Radien sind so gewählt, daß die zentrale Öffnung wie bei der Lochkamera Werte Δg zwischen 0 und $\lambda/2$ zuläßt; der anschließende dunkle Ring blendet die Strahlen weg, für die Δg zwischen $\lambda/2$ und λ liegen würde. Der erste helle Ring läßt Werte Δg zwischen λ und $\frac{3}{2}\lambda$ zu . . . , der n^{te} helle Ring also Δg zwischen $\frac{2n}{2}\lambda$ und $\frac{2n+1}{2}\lambda$.

a) Welchem Gesetz folgen die Radien dieser Ringe bei einer Zonenlinse f = 50?

b) Welches Öffnungsverhältnis – errechnet aus der offenen Fläche der hellen Ringe – erreicht man bei der Zonenlinse nach a), wenn man mit der Differenz der Radien benachbarter Ringe bis auf $\Delta h = 0{,}01$ mm herabgehen darf? (Diese Grenze entspricht der Herstellung durch verkleinernde photographische Abbildung eines gezeichneten Musters.)

63. Gesucht sind die *Zeigerdiagramme* für die Lochkamera und für die Zonenplatte.

a) Zunächst interessiert die Gestalt dieser Diagramme.

b) Wie wirkt hier – bei gegebenen Abmessungen der Ringe – eine Änderung der Wellenlänge auf die Zeigerdiagramme und damit auf die resultierende Lichterregung? Beispielsweise von λ auf $0{,}8\,\lambda$ oder auf $1{,}25\,\lambda$?

64. Die *Fourier-Transformation*

$$\mathfrak{G}(s, t) = \int_{-\infty}^{\infty} \int_{-\infty}^{\infty} \mathfrak{W}(p, q) \cdot e^{-2\pi i(ps+qt)}\, dp \cdot dq \tag{1}$$

verwandelt eine Funktion $\mathfrak{W}$ der Variablen p, q in eine Funktion $\mathfrak{G}$ der Variablen s, t. Die Wahl der Buchstaben deutet an, daß $\mathfrak{W}$ und $\mathfrak{G}$ auch komplexe Werte annehmen. Diese Transformation, welche häufig auch in der eindimensionalen Form

$$\mathfrak{G}(s) = \int_{-\infty}^{\infty} \mathfrak{W}(p) \cdot e^{-2\pi i \cdot ps}\, dp \quad \text{verwendet wird,} \tag{2}$$

hat für die Wellenoptik besondere Bedeutung. Für den rechnerischen Zusammenhang ist § 62 in Verbindung mit § 59 zu vergleichen.

In *Abbes Theorie* der mikroskopischen Abbildung wird die Fourier-Transformation mehrfach verwendet. Zunächst bedeutet $\mathfrak{W}(p, q)$ die Objektfunktion, beschreibt also ein Objekt (mit Verteilung der Phasen und Amplituden entsprechend dem Gang von Betrag und Phase der Funktion $\mathfrak{W}$), das von einer ebenen Welle durchsetzt wird. Man studiert die Fraunhofersche Beugung; das „Spektrum" $\mathfrak{G}(s, t)$ wird also in Richtung s, t für $R \to \infty$ betrachtet. Der Name „Spektrum" für die transformierte Funktion, bei dem Abbe ursprünglich an gitterartige Objekte gedacht hatte, hat sich übrigens allgemein eingebürgert für das Ergebnis der Transformation (1), die man auch in der abgekürzten Form

$$\mathfrak{G} = \widetilde{\mathfrak{W}} \quad \text{schreiben kann. Rein mathematisch ist} \tag{3}$$

es nicht schwer, die Transformation (1) umzukehren: man findet

$$\mathfrak{W}(p, q) = \int_{-\infty}^{\infty} \int_{-\infty}^{\infty} \mathfrak{G}(s, t) \cdot e^{2\pi i \cdot (ps+qt)}\, ds \cdot dt\,. \tag{4}$$

Bis auf das Vorzeichen im Exponenten ist der „Operator“ in Übereinstimmung mit (1). Physikalisch aber ist die entsprechende Aufgabe – aus dem beobachteten Spektrum das Objekt zu rekonstruieren – meist nicht so leicht zu lösen, weil man vom Spektrum in der Regel nicht $\mathfrak{G}(s, t)$ sondern nur $|\mathfrak{G}(s, t)|^2$ messen kann. Abbe interessierte sich mehr für eine etwas andere Frage: wie wirkt ein Eingriff beim Spektrum auf das Ergebnis der nächsten Fourier-Transformation, die im Idealfall als Transformierte des Spektrums ein Abbild $\mathfrak{W}' = \tilde{\mathfrak{G}}$ des ursprünglichen Objektes $\mathfrak{W}$ erzeugen sollte. Nach der Mathematik erwartet man

(5) $\mathfrak{W}' = \tilde{\mathfrak{G}} = \mathfrak{W}(-p, -q)$ zu finden: das Bild

stimmt dann mit dem Objekt überein, aber das Achsenkreuz ist um 180° gedreht. Tatsächlich aber sind hier die Voraussetzungen der mathematischen Operation nicht erfüllt!

a) Die Integration geht nicht von $-\infty$ bis $+\infty$, weil der Bereich für s, t schon durch die numerische Apertur des Objektivs begrenzt ist.
b) Außerdem können etwaige Abbildungsfehler des Objektivs als Abweichungen zwischen $\mathfrak{G}$ und derjenigen Funktion $\mathfrak{G}^+$ sich bemerkbar machen, die in der bildseitigen Brennebene des Objektivs tatsächlich auftritt.
c) Schließlich greift man nicht selten absichtlich im „Spektrum“ ein, um das Bild des Objektes in erwünschter Weise zu beeinflussen – anschließend an Abbes berühmten Gitterversuch, durch den er zum Begründer der „kohärenten Optik“ wurde; auch Zernikes Phasenkontrast-Verfahren ist hier zu nennen. § 59, § 62

65. Die Mathematik stellt eine Reihe von Funktionenpaaren zur Verfügung, deren Partner miteinander durch Fourier-Transformation (nach **64** (1) oder (4)) verbunden sind. Viele von ihnen kommen auch in der Wellenoptik vor. Setzt man z. B.

$$(1) \qquad \mathfrak{W}(p) = W(p) = \begin{cases} a \text{ für } |p| \leqslant 1/a \\ 0 \text{ für alle andern } p \end{cases},$$

so führt die Rechnung auf das (reelle!) Spektrum

$$(2) \qquad \mathfrak{G}(s) = G(s) = \frac{\sin \pi\ s/a}{\operatorname{arc} \pi\ s/a}, \text{ optisch realisiert durch}$$

die Beugung am Spalt. Rechnerisch interessant ist die Rolle des Maßstab-Faktors a: je schmaler der Spalt, desto langsamer der Abfall der Funktion G(s) mit s, desto „breiter" also das Spektrum. Entwirft man ein Bild des Spektrums durch ein Objektiv, in dessen vorderem Brennpunkt der Spalt liegt, so bleibt im Grenzfall eine (begrenzte) ebene Welle.

a) Wird der Spalt seitlich verschoben – d.h. wird p – b statt p als Variable gesetzt – dann bekommt die Lichterregung $\mathfrak{G}(s)$ noch einen Phasenfaktor. Dieser bedeutet, daß die ebene Welle nunmehr gekippt erscheint: „Schiebung" im Objekt gibt „Kippung" im Bild des Spektrums und umgekehrt.

b) Der Übergang $a \to \infty$ liefert als Objekt die Funktion $W(p) = \delta(p)$: optisch ein sehr feiner Spalt der Fläche 1. Als Transformierte findet man jetzt G(s) = + 1 für alle s, also das kontinuierliche Spektrum, und als dessen Bild die homogene ebene Welle.

c) Man überlegt, daß $\delta\left(p + \frac{d}{2}\right) + \delta\left(p - \frac{d}{2}\right)$ den Doppelspalt mit Abstand d in symmetrischer Lage darstellt. Das Spektrum zeigt (infolge Interferenz der beiden zueinander verkippten ebenen Wellen) die Gestalt der inhomogenen ebenen Welle $\frac{1}{2} G(s) = \cos \pi \cdot d \cdot s$ (wieder reell wegen symmetrischer Lage).

d) Aus der Definition der Fourier-Transformation folgt $\mathfrak{A} + \mathfrak{B} \cdot c = \tilde{A} + \tilde{B} \cdot c$: die Spektra addieren sich, wenn die Objekte addiert werden – und umgekehrt.

66. Besonders wichtig ist für die optischen Anwendungen der *Produktsatz* der *Fourier-Transformation:*

$$\text{zu } \mathfrak{A} * \mathfrak{B} = \mathfrak{C} \text{ gehört } \tilde{\mathfrak{A}} \cdot \tilde{\mathfrak{B}} = \tilde{\mathfrak{C}}, \text{ d.h.}$$

die Transformierte eines Faltungsproduktes ist gleich dem Produkt der Transformierten. In Formeln geschrieben

$$\text{zu } \mathfrak{C}(\xi) = \int_{-\infty}^{\infty} \mathfrak{A}(x) \cdot \mathfrak{B}(\xi - x)\, dx \quad \text{gehört}$$

$$\tilde{\mathfrak{C}}(s) = \tilde{\mathfrak{A}}(s) \cdot \tilde{\mathfrak{B}}(s) \quad \text{für alle } s.$$

a) Zum „Rechteck“ $W(x) = \begin{Bmatrix} 1 \text{ für } |x| \leqslant 1/2 \\ 0 \text{ für die andern } x \end{Bmatrix}$ kennt man das Spektrum $G(s) = \frac{\sin \pi s}{\pi s}$. Wie muß die Funktion $W(x)$ aussehen, damit das Spektrum die Gestalt $G(s) = \left(\frac{\sin \pi s}{\pi s}\right)^2$ bekommt? Nach dem Produktsatz ist $W(x)$ als „Dreieck“ vorzustellen, d. h. als Faltungsprodukt der zwei identischen Rechtecke.

b) Wie stellt man diese Dreiecksfunktion im optischen Modell dar?

c) Wie wirkt der Übergang zu endlicher Strichbreite b beim Spektrum des Gitters mit N feinen Strichen und Gitterkonstante d? Das neue Gitter entsteht aus dem alten durch Faltung mit dem Rechteck $W_2(x) = \begin{Bmatrix} 1/b \text{ für } |x| \leqslant b/2 \\ 0 \text{ für sonstige } x \end{Bmatrix}$.
Daher wird das Spektrum multipliziert mit $G_2(s) = \frac{\sin \pi b s}{\pi b s}$, wodurch es Nullstellen bei $s = \pm 1/b, \pm 2/b \ldots$ bekommt. Wo bleibt λ?

d) Für das Gitter mit feinen Strichen liegt das Haupt-Maximum m^{ter} Ordnung bei $\sin w' = \frac{m}{d} \cdot \lambda$ oder $s = \frac{m}{d}$. Welche „Ordnungen“ fallen aus (als Nullstellen des Dämpfungsfaktors sinc b s), wenn man speziell $b = d/2$ wählt?

e) Wenn man anstelle der Spaltfunktion W_2 („Rechteck“) bei der Faltung in c), d) ein entsprechend schmales Prisma mit der Umlenkung δ verwendet, so wird eine Kippung des Objektes erzeugt, der eine Schiebung im Spektrum entspricht.

An die Stelle des Arguments $b \cdot s$ im Dämpfungsfaktor tritt dann $b(s - \delta/\lambda)$, so daß das zentrale Maximum von $s = 0$ auf $s = \delta/\lambda$ verschoben wird.

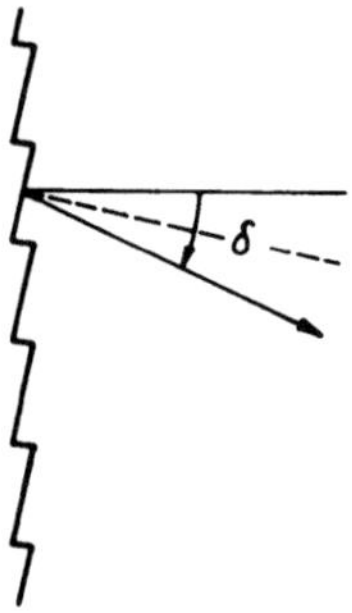

Abb. 50;2

So erzielt man die Bevorzugung einer gewünschten Ordnung, die als Glanz-Wirkung (engl. blaze) bezeichnet wird. Bei spiegelnden Gittern wird die Umlenkung durch passende Schräglage der spiegelnden Elemente gegenüber der Oberfläche des Gitters bewirkt. § 60, § 62, § 64, § 65

Anhang I
Strahlenoptische Abbildungsfehler bei zentrierten optischen Systemen

§ 51. Die Abweichungen gegenüber der Gaußischen Optik, welche als strahlenoptische Abbildungsfehler beschrieben werden, gehen auf zwei verschiedenartige Ursachen zurück:
zum einen auf die Abhängigkeit der Brechzahl n von der „Farbe“, d.h. von der Wellenlänge λ des Lichtes – daraus resultieren die sogenannten *Farbfehler* oder chromatischen Aberrationen.

Zum andern kann man auch für einfarbiges („monochromatisches“) Licht die Umlenkung eines Lichtstrahls bei Winkeln endlicher Größe nicht mehr proportional der Durchgangshöhe ansetzen, so daß die „Strahlenvereinigung“ nicht mehr selbstverständlich ist, sondern erst durch besondere Maßnahmen („Korrigieren der monochromatischen Aberrationen“) herbeigeführt werden muß.

Im allgemeinen hängen auch diese monochromatischen Abbildungsfehler wieder von der Wellenlänge des Lichtes ab. Dieser „chromatische Gang“ der einzelnen Abbildungsfehler muß ebenfalls berücksichtigt werden, obwohl man für diese Farbfehler höherer Ordnung nur ausnahmsweise besondere Namen hat – z.B. *Gaußfehler* für den chromatischen Gang der sphärischen Aberration.

§ 52. Zuerst sollen die *Farbfehler* betrachtet werden. Hier unterscheidet man chromatische *Längsaberration,* d.h. den Farbfehler der Bild*lage,* und chromatische *Vergrößerungsdifferenz,* d.h. den Farbfehler der Bild*größe,* der bisweilen (für endliche Bildwinkel) auch als *Farbquerfehler* bezeichnet wird.

Man geht davon aus, daß $n_{blau} > n_{rot}$ ist; die technische Optik schreibt dafür $n_F > n_C$ unter Verwendung der Fraunhoferschen Linien F (λ = 486 nm) für blau und
C (λ = 656 nm) für rot.

Für die Ablenkung $\delta = (n - 1)\alpha$ durch ein Prisma mit dem (kleinen!) brechenden Winkel α folgt sofort der Winkelunterschied $\delta_F - \delta_C = (n_F - n_C) \cdot \alpha$. Das heißt: „blau" wird stärker umgelenkt als „rot"; die Winkeldispersion $\delta_F - \delta_C$ ist gleich dem Produkt aus dem brechenden Winkel α und der „Dispersion" $n_F - n_C$ des Glases.

Der prozentuale Fehler ergibt sich somit unabhängig vom brechenden Winkel

(52;1) $$\frac{\delta_F - \delta_C}{\delta} = \frac{n_F - n_C}{n - 1}.$$

Man hat also $\delta_F - \delta_C = \delta/\nu$, wobei

(52;2) $$\nu = \frac{n - 1}{n_F - n_C}$$ als *Abbesche Zahl* der betreffenden Glassorte bezeichnet wird. Die Brechzahl n ohne Index soll für eine „mittlere Farbe" gelten; früher nahm man gelbes Licht (erst D, später d), heute bevorzugt man grünes Licht e ($\lambda = 546$ nm).

Wie die Übersichtstafel zeigt, liegt bei den üblichen Glasarten die Abbesche Zahl zwischen $\nu = 70$ für Krongläser und $\nu = 25$ für Schwerflinte. Für Überschlagsrechnungen empfiehlt sich $\nu = 50$.

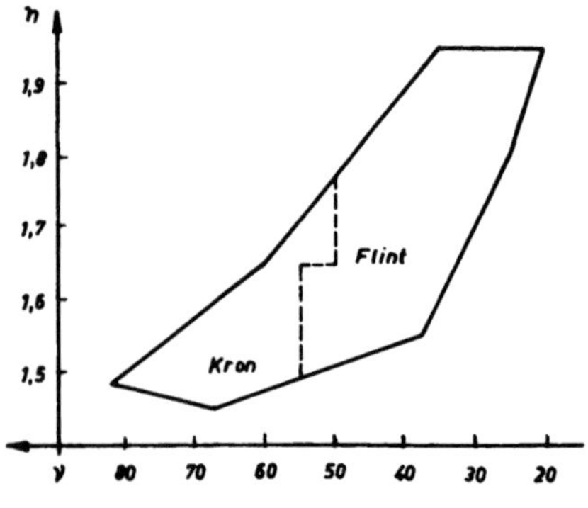

Abb. 52;1

Aus der bekannten Formel für die Umlenkung eines Lichtstrahls in der Höhe h durch die Linse der Brechkraft $\varphi = 1/f$: $\delta = h \cdot \varphi$ (→ § 9) bekommt man für die dünne Einzellinse sofort $\varphi_F - \varphi_C = \varphi/\nu$ oder

(52;3) $\quad f_F - f_C = -f/\nu$ als *chromatische Aberration* der *Brennweite*. Für $s = \infty$ ist das zugleich die *chromatische Längsaberration* $s'_F - s'_C = -f/\nu$; unabhängig vom Vorzeichen der Brennweite ist hier also „blau kurz" oder $|s'_F| < |s'_C|$. Für beliebige s gilt

(52;4) $$1/s'_F - 1/s'_C = \varphi/\nu = \frac{1}{f \cdot \nu}.$$

Kombiniert man zwei dünne Linsen φ_1, φ_2 – ihre Abbeschen Zahlen seien ν_1, ν_2 – mit so kleinem Abstand, daß für ihre Kombination $\varphi = \varphi_1 + \varphi_2$, dann wird für diese Kombination wegen (52;4) die chromatische Aberration $\varphi_F - \varphi_C = = \frac{\varphi_1}{\nu_1} + \frac{\varphi_2}{\nu_2}$. Soll diese Kombination frei sein von chromatischer Längsaberration, so muß man bewirken, daß $\frac{\varphi_1}{\nu_1} + \frac{\varphi_2}{\nu_2} = 0$ oder

(52;5) $$\varphi_1 = \varphi \frac{\nu_1}{\nu_1 - \nu_2}; \qquad \varphi_2 = \varphi \frac{\nu_2}{\nu_2 - \nu_1} \quad \text{wird.}$$

Ein Rechenbeispiel zeigt, wie die Wahl der ν-Werte sich bei einem derartigen *Achromaten* aus zwei dünnen Linsen auf die Brechkräfte der Einzellinsen auswirkt:

$\nu_1 = 60$ für die Sammellinse und $\nu_2 = 40$ für die Negativlinse gibt $\varphi_1 = 3\varphi$ und $\varphi_2 = -2\varphi$. Liegen die ν-Werte der verfugbaren Glasarten zu nahe beieinander, so erschwert das Ansteigen der Werte φ_1, φ_2 bei gegebenem φ das Achromatisieren: die starken Krümmungen der Einzellinsen fordern hohe Glasdicken und begrenzen den Durchmesser.

Aus diesem Grunde kann es sich empfehlen, bei Einzellinsen von hohem Öffnungsverhältnis auf die Achromasie zu verzichten!

Wenn man bei einem dünnen Achromaten die beiden Brennpunkte für blaues (F) und rotes (C) Licht zusammengelegt hat, so liegt der Brennpunkt für grünes Licht (e) erfahrungsgemäß um etwa 0,05% der Brennweite näher an der Linse als der gemeinsame Brennpunkt für C und F. Den Unterschied $s'_F - s'_e \approx \approx \frac{1}{2000} f$ nennt man das *sekundäre Spektrum.* Er geht darauf zurück, daß die Dispersionskurven $n = n(\lambda)$ der Glasarten mit verschiedenen ν-Werten einander nicht genügend ähnlich sind.

Sobald man zwei dünne Einzellinsen mit endlichem Abstand verwendet, wird an der 2. Linse $h_F \neq h_C$. Man steht nun beim Achromatisieren vor der Wahl, ob man φ_2 mit ν_2 derart wählen

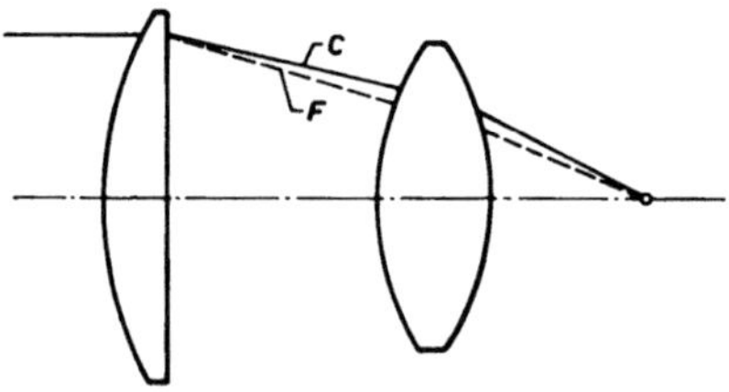

Abb. 52;2

soll, daß $s'(F) = s'(C)$ wird, daß also die *chromatische Längsaberration* beseitigt wird (wie die Abbildung zeigt) oder ob man bildseitig die beiden Neigungswinkel $u'(F) = u'(C)$ machen soll, so daß der chromatische Unterschied zwischen den Brennweiten $f = h/u'_2$ oder zwischen den Werten des Abbildungsmaßstabs $\beta = u_1/u'_2$ beseitigt wird.

Von einer Beseitigung der *chromatischen Vergrößerungsdifferenz* kann man allerdings in beiden Fällen nicht sprechen; denn im ersten Fall ist $L'_F \neq L'_C$, während im zweiten Fall zwar $L'_F = L'_C$ erreicht wird, die beiden gleichgroßen Bilder aber in unterschiedlichen Bildebenen liegen, so daß sie dem Betrachter im allgemeinen unter verschiedenen Winkeln erscheinen. Trotzdem eignet sich eine derartige Konstruktion für zweigliedrige Okulare (Typ Huygens oder Ramsden); man vergl. dazu § 44 (12).

Bringt man ein fehlerfreies Zwischenbild (erzeugt vom Objektiv) beispielsweise in den vorderen Brennpunkt F_C, so wird zwar nur $s'_C = \infty$, dagegen $s'_F \neq \infty$. Trotzdem sieht der **Benutzer das Bild ohne Farbränder. Denn wegen $f_F = f_C$ gehören** zu irgendeinem Wert L gleiche Winkel $w'_F = w'_C$ zwischen Hauptstrahl und optischer Achse.

Die noch vorhandene chromatische Längsaberration macht sich allein in unterschiedlicher Akkommodation geltend, und die stört bei dem kleinen Öffnungsverhältnis nicht, mit dem diese Okulare in der Regel benutzt werden.

Übrigens kann bei endlicher Strahlenweite $a' = s' - z'$ ein Bild auch dann frei von farbigen Rändern erscheinen, wenn sowohl die chromatische Differenz der Bildgrößen wie auch die chromatische Längsaberration von Null verschieden sind.

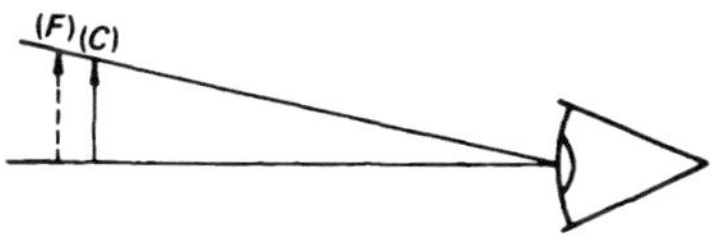

Abb. 52;3

Die Abbildung zeigt das Prinzip: man muß erreichen, daß $(L'/a')_F = (L'/a')_C$ wird. Zugleich erkennt man, daß bei den Okularen mit $a' = \infty$ nur ein Sonderfall dieser Anordnung vorliegt: hier muß $L'_F = L'_C$ sein. Es muß aber noch eine andere chromatische Aberration bedacht werden – insbesondere bei Okularen. Bei astronomischen Fernrohren, deren EP sehr weit vom Okular entfernt liegt, fällt die AP praktisch zusammen mit dem augenseitigen Brennpunkt F′ des Okulars.

Die chromatische Längsaberration bewirkt also unterschiedliche Lage der AP für die Farben F und C, und diese *„chromatische Pupillenaberration"* kann bei langbrennweitigen Okularen im Gesichtsfeld sehr störende farbige „Schatten" geben, sobald die Augenpupille bewegt wird: der chromatische Unterschied in der Vignettierung bewirkt dann eine „Färbung" ausgedehnter Bereiche im Sehfeld.

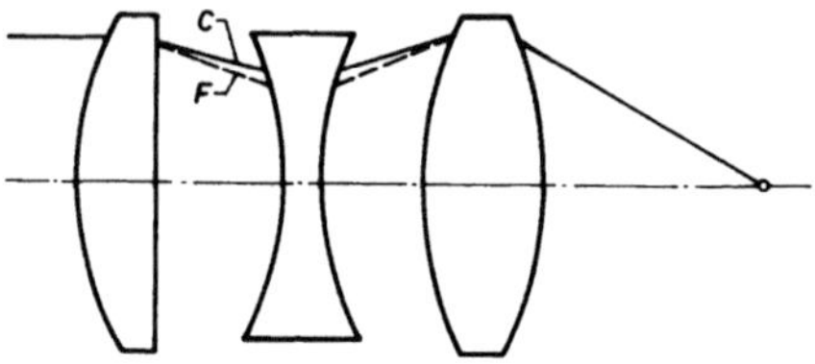

Abb. 52;4

Will man die beiden Farbfehler (für Lage und Größe) zugleich beseitigen, so muß man hinter der Schlußlinse des abbildenden Systems sowohl Gleichheit der Winkel $u'_F = u'_C$ wie auch Gleichheit der Schnittweiten $s'_F = s'_C$ herbeiführen; die letzte Fläche muß also von den beiden Lichtstrahlen mit der gleichen Höhe $h_F = h_C$ durchsetzt werden. Wie man aus der Abbildung erkennt, läßt sich diese Forderung mit drei Einzellinsen erfüllen, wenn ν-Werte, Brechkräfte und Abstände passend gewählt sind: derartige *Triplets* werden als Photoobjektive verwendet.

§ 53. Bei den *monochromatischen Abbildungsfehlern* unterscheidet man im allgemeinen fünf Typen durch besondere Namen:

> Verzeichnung, sagittale und tangentiale Bildfeldwölbung,
> Koma (= Asymmetriefehler) und
> Öffnungsfehler (= sphärische Aberration).

Bei dieser Reihenfolge war die Auffälligkeit maßgebend: die *Verzeichnung* wird sofort bemerkt, wenn gerade Linien des Objektes im Bild gekrümmt erscheinen, die *Bildfeldwölbung* tritt zutage, wenn man für Randpartien des Bildfeldes eine andere Fokussierung benötigt als für die Bildmitte. Benutzt man die bekannte Testfigur mit konzentrischen Kreisen (Zentrum liegt in der Bildmitte) und deren Durchmessern, so bemerkt man häufig unterschiedliche Werte für die Bildfeldwölbung, je nachdem man in den einzelnen Kreuzungspunkten die Speichen- oder die Felgen-Stückchen scharf einstellt: die ersten liefern die *sagittale Bildschale,* die anderen die *tangentiale Bildschale,* deren Abweichungen von der Bildebene als

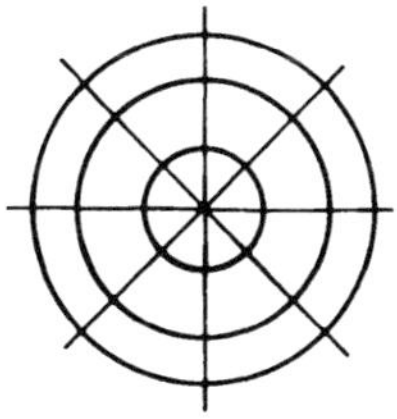

Abb. 53;1

sagittale und tangentiale Bildfeldwölbung bezeichnet werden. Die Verschiedenheit beider Einstellungen führt man zurück auf den *Astigmatismus* schiefer Büschel; die Differenz der beiden Bildfeldwölbungen nennt man darum *astigmatische Differenz.*

Komafehler sind schon schwerer zu erkennen; sie äußern sich meist als einseitige Unschärfe, so daß das Bild eines „Sterns" ähnlich einem Kometen mit einseitiger Lichtkonzentration erscheinen kann. Diese Unschärfe ändert sich nicht wesentlich beim Defokussieren, so daß sie einerseits das Scharfstellen des Bildes behindern, andererseits die „Tiefe" der Abbildung erhöhen und dadurch die Bildfeldwölbung verdecken kann.

Der *Öffnungsfehler* läßt sich deutlich nur beim Abbilden eines „Sterns" erkennen. Er gibt eine Unschärfe ohne Vorzugsrichtungen und kann dazu führen, daß mehrere (getrennt liegende) Einstellebenen zu einer Objektebene beobachtet werden.

Die Unterscheidung von gerade fünf Typen ergibt sich aus der sogenannten *Seidelschen Theorie.* Hier werden die vorkommenden Winkel zwar nicht mehr so klein wie in der Gaußischen Optik vorausgesetzt. Sie sollen aber doch so klein sein, daß man im Rahmen der geforderten Genauigkeit $\sin\alpha = \alpha - \frac{1}{6}\alpha^3$ setzen darf; daher spricht man oft von *Fehlern dritter Ordnung.*

Trotz dieser Vereinfachung sind die Zerstreuungsfiguren, welche von den einzelnen Seidelschen Fehlern (jeweils zusammen mit „falscher Einstellung") als Punktbild geliefert werden, schon recht kompliziert – erst recht gilt das beim Zusammenwirken von mehreren Seidelschen Fehlern. Deswegen sollen hier nur die Kurven betrachtet werden, welche von den Strahlen einer Aperturzone $a' = \text{const}$ bei festgehaltener Gaußischer Bildhöhe L' beschrieben werden. Diese Strahlen durchsetzen die AP auf dem Umfang eines Kreises, der zum Durchstoßpunkt des Hauptstrahls konzentrisch liegt.

Bei fehlerfreier Strahlenvereinigung würden sie den Mantel eines Kegels bilden, der die jeweilige Einstellebene in einem Kreis trifft. Der Radius R dieses Unschärfekreises ergibt sich proportional der Defokussierung Δz (gegenüber der Gaußischen Bildebene), also $R = -C \cdot \Delta z$; das negative Vorzeichen liefert „intrafokal" positive Werte R – der Unschärfekreis ist dann mit der Aperturzone gleichorientiert; für negative R (also „extra") liegt er um 180° verdreht.

Die Fehler der Strahlenvereinigung führen bei den einzelnen Strahlen zu Winkelfehlern, und diese äußern sich beim Durchstoßen der Bildebene als Ablage gegenüber dem Unschärfekreis, wodurch eine charakteristische Aberrationskurve entsteht. Überlagerung dieser Kurven, welche zu den verschiedenen Werten a' gehören, liefert die Zerstreuungsfigur für die Bildhöhe L'.

Maßgebend für die *Größe* dieser Ablage ist für jeden der 5 Fehler eine Zahl V_i ($i = 1 \ldots 5$). Diese Zahlen V_i zeigen eine charakteristische Abhängigkeit von Apertur a' und Bildhöhe L'. Man findet sie nämlich proportional zu

a) a'^3 bei V_1 (Öffnungsfehler),
b) $a'^2 L'$ bei V_2 (Koma),
c) d) $a' L'^2$ bei V_3 (Astigmatismus) und V_4 (Bildfeldwölbung),
e) L'^3 bei V_5 (Verzeichnung).

Da die Summe der Exponenten gleich 3 sein muß, ist diese Aufzählung für Fehler 3. Ordnung vollständig.

Wenn man Aberrationen im Bild des Sterns auch für größere Werte von L' und a' analysiert (so daß der Bereich der Seidelschen Theorie verlassen wird), dann treten auch höhere Potenzen dieser Größen auf: Fehler 5., 7. . . . Ordnung (der Praktiker spricht gern von „Zonenfehlern"); aber die Zuordnung zu den einzelnen Typen aufgrund der Symmetrie-Eigenschaften bleibt gültig.

Um die *Form* der Abweichungskurve zu demonstrieren, welche von einem der Seidelschen Fehler geliefert wird, dient neben dem Unschärfekreis noch ein gleichgroßer Trägerkreis, auf dem sich der Fußpunkt F eines Zeigers FE mit der Länge V_i bewegt: der Endpunkt E dieses Zeigers beschreibt dann die Abweichungskurve. In den Figuren auf S. 221 ist V_i positiv vorausgesetzt; für negatives V_i hat der Zeiger umgekehrte Richtung. Unschärfe- und Trägerkreis fallen nur bei der Koma nicht zusammen: hier ist das Zentrum des Trägerkreises um die Strecke $2 V_2$ in y-Richtung (also im Meridianschnitt) verschoben – daher die Unsymmetrie in der Zerstreuungsfigur. Läßt man den Lichtstrahl auf dem Aperturkreis $a' = \text{const}$ mit der Winkelgeschwindigkeit ω_T wandern, so wandern die zugeordneten Punkte auf Unschärfe- und Trägerkreis mit der gleichen Winkelgeschwindigkeit ω_T, während sich der Zeiger mit der Winkelgeschwindigkeit ω_Z dreht. Für den Wert des Quotienten ω_Z/ω_T stehen die 4 Werte 0, + 1, – 1 und + 2 zur Verfügung; ihnen entsprechen die Seidelschen Fehlertypen.

1. $\omega_Z = 0$ bedeutet *Verzeichnung:* alle Zeiger sind einander parallel; als Abweichungskurve entsteht ein Kreis kongruent dem Unschärfekreis, um V_5 versetzt.

2. Zu $\omega_Z = \omega_T$ gehören *sphärische Aberration* und *Bildfeldwölbung,* also $V_1 + V_4$ für die Zeigerlänge. Trennung der beiden Fehler ist nur möglich, wenn verschiedene a' betrachtet werden. Die Abweichungskurve liegt als Kreis konzentrisch zum Unschärfekreis. Sie reduziert sich auf einen Punkt für $R + V_1 + V_4 = 0$: diese Einstellung liefert den *Fokus* der zugehörigen Apertur*zone.*

3. Bei $\omega_Z = -\omega_T$ dagegen entsteht als Abweichungskurve eine Ellipse, die auch zu einer „Brennlinie" entarten kann und die in der Einstellung zwischen der vertikalen (im sagittalen Fokus liegenden) und der horizontalen („tangentialen") Brennlinie den „Kreis kleinster Verwirrung" darstellt.

4. Setzt man $\omega_Z = 2 \cdot \omega_T$, dann bekommt man die Zerstreuungskurve der Koma: eine Brezel-Form, die auch zum

doppelt durchlaufenen Kreis entarten kann. Abbildung 53;3 zeigt den Aufbau der Zerstreuungsfigur (für R = 0) aus diesen Kreisen. Typisch für Koma ist im Meridianschnitt der Verlauf dreier Strahlen, den man im Abbildung 53;4 dargestellt sieht: die beiden Randstrahlen (vom oberen und unteren Rand der Apertur) liefern in ihrem Schnittpunkt eine andere Bildhöhe L'_{Rd} als der zentral gelegene Hauptstrahl (mit L'_M).

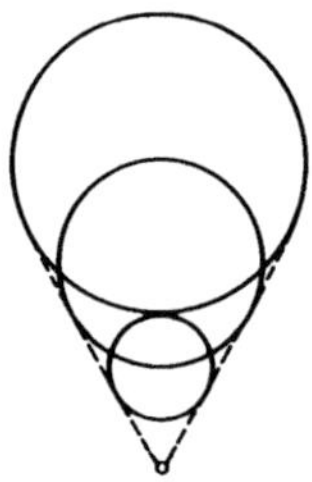

Abb. 53;3

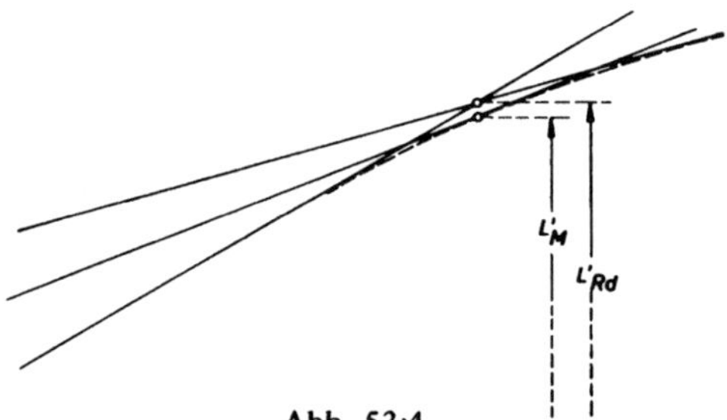

Abb. 53;4

Für die Zerstreuungsfiguren, die man durch Zusammenfassung der Aberrationskurven für die einzelnen Aperturzonen erhält, kann man nunmehr feststellen:

a) Bei der Verzeichnung ist das Bild gegenüber der Soll-Lage in meridionaler Richtung verlagert; die Apertur a′ spielt dabei keine Rolle. Es genügt also, den Hauptstrahl im Meridianschnitt zu verfolgen.

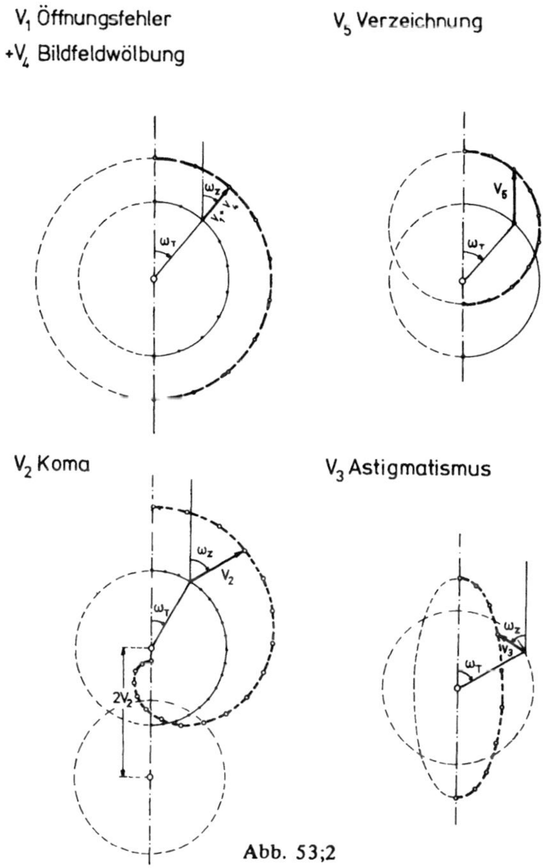

Abb. 53;2

b) Bei der astigmatischen Bildfeldwölbung ist die Zerstreuungsfigur eine Ellipse, deren eine Achse im Meridianschnitt liegt. Beim Defokussieren ändert sich das Achsenverhältnis, so daß die Ellipse im sagittalen Bild zum Strich in y-Richtung wird; entsprechender Strich in x-Richtung im tangentialen Bild. 2 Symmetrie-Ebenen sind typisch für diesen Fehler.

c) Hat man reine Bildfeldwölbung ohne Astigmatismus, so wird die Ellipse zum Kreis, dessen Durchmesser sich beim Defokussieren auf Null bringen läßt: Rotationssymmetrie.

d) Bei der Koma besitzt die Zerstreuungsfigur nur *eine* Symmetrie-Ebene, den Meridianschnitt. Das heißt, der „Komet" scheint nach der Bildmitte zu zielen (Schweif nach außen: „Außenkoma") oder in umgekehrter Richtung („Innenkoma").

e) Der Öffnungsfehler liefert eine kreisförmige Zerstreuungsfigur, deren Durchmesser durch Defokussieren geändert, aber nicht auf Null gebracht werden kann.

Schließlich noch ein allgemeiner Hinweis: auch die Abbildung der Blende ist nicht frei von Aberrationen; man darf sich also die EP und AP nicht einfach als fehlerfreie Kreisscheiben vorstellen (wenn die Blende kreisförmig ist). Technisch wichtig ist speziell die *Blendenkoma.* Sie kann die Größe der EP für schief einfallende Bündel so stark beeinflussen, daß die „natürliche Vignettierung" bei Weitwinkelobjektiven erhebliche Abweichungen vom $\cos^4$-Gesetz zu bewirken vermag.

§ 54. Nun soll gezeigt werden, *wie* die verschiedenartigen Abbildungsfehler zustande kommen. Wie schon früher betont wurde, liegt der wesentliche Unterschied gegenüber der Gaußischen Optik darin, daß die Umlenkung eines Lichtstrahls mit zunehmender Höhe rascher wächst als diese Höhe selbst. Es fragt sich, ob diese Grunderscheinung ausreicht, um die verschiedenen Typen von Aberrationen zu erklären.

Diese Frage soll zunächst am *sphärischen Hohlspiegel* (nicht Parabolspiegel!) untersucht werden. Hier läßt sich der Vorgang besonders gut verfolgen, weil es keine windschiefen Strahlen gibt; der Kugelspiegel hat ja keine optische Achse, so daß jede Gerade, die durch den Krümmungsmittelpunkt Z hindurchgeht, als → Hilfsachse dienen kann. Man bemerkt, daß alle Strahlen des Parallelbündels, die mit gleichem Abstand h von der zugehörigen Hilfsachse ankommen, sich nach der Spiegelung in demselben Punkt S′ auf dieser Geraden schneiden: sie bilden den Mantel eines Rotationskegels mit der Spitze im *sagittalen Bildpunkt* S′, dessen Lage von h abhängt; darin äußert sich die *sphärische Aberration.*

Andererseits treffen sich zwei benachbarte Strahlen eines Meridianschnitts im Punkt T′, dem *tangentialen Bildpunkt.* Läßt man innerhalb dieses Meridianschnitts den Abstand h variieren, so hüllen die gespiegelten Strahlen die *kaustische Kurve* ein, die zunächst als Träger der verschiedenen Punkte T′ definiert ist. Im Spezialfall des Kugelspiegels ist diese Kurve als Kardioide bekannt. Zugleich erkennt man, daß diese Kurve nur der Schnitt der Zeichenebene mit der *kaustischen Fläche* oder *Kaustik* ist; sie geht aus der Kurve durch Rotation um den Mittelstrahl (Hilfsachse) hervor. Der Name Kaustik oder Brennfläche weist auf die Strahlenkonzentration hin – besonders ausgeprägt in der Spitze dieser Fläche, dem Brennpunkt T'_0.

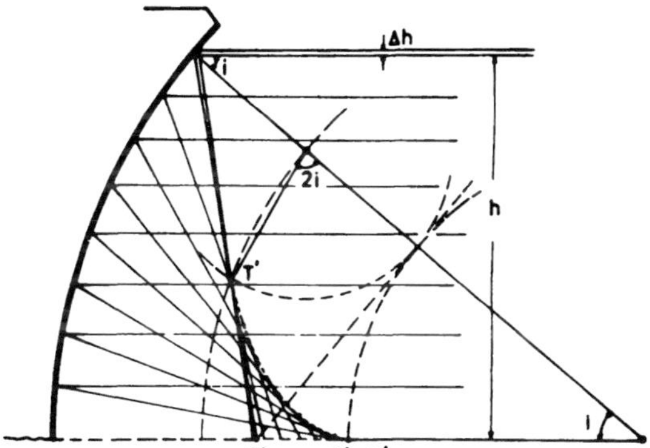

Abb. 54;1

Isoliert man durch eine exzentrisch liegende Aperturblende eine Auswahl der Strahlen – der Strahl durch die Blendenmitte wird nun zum *Hauptstrahl* mit der Höhe h_H über der Hilfsachse – so findet man als Ausschnitt aus der bisherigen Kaustik eine rinnenartige Fläche. Sie schneidet die Bildebene, welche man senkrecht zum Einfallslot des Hauptstrahls durch dessen sagittalen Bildpunkt S'_H hindurchlegt, in einer typischen *Koma*figur, welche noch deutlicher hervortritt, wenn man das ganze gespiegelte Bündel mit der Bildebene zum Schnitt bringt: die „Rinne" wirkt als Grenzlinie für die Durchstoßpunkte der Strahlen und markiert so den „Kopf des Kometen". Andererseits bilden oberer und unterer Randstrahl des Bündels im Meridianschnitt zusammen mit dem Hauptstrahl das Komadreieck entsprechend Abb. 53;4.

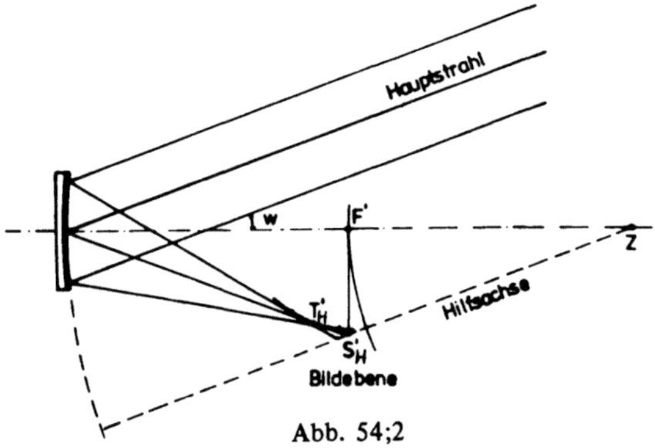

Abb. 54;2

Man erkennt auch den *Astigmatismus* bei dieser Abbildung des unendlich fernen Punktes; die astigmatische Differenz ergibt sich als Abstand zwischem dem sagittalen (S'_H) und dem tangentialen (T'_H) Bildpunkt auf dem Hauptstrahl.

Aus der Konstruktion geht hervor, daß Astigmatismus und Koma beim Hohlspiegel verschwinden, wenn der Hauptstrahl mit der Hilfsachse zusammenfällt; das erreicht man durch Anordnung der Blende konzentrisch zum Krümmungsmittelpunkt Z des Spiegels. Von den 5 Abbildungsfehlern bleiben dann nur noch der Öffnungsfehler und die Bildfeldwölbung. Für unendlich entferntes Objekt liegen die Kaustikspitzen, die zu den verschiedenen Neigungswinkeln w gehören, auf der Bildschale mit dem Radius R', der hier gleich der Gaußischen Brennweite R' = f ist; sowohl dieser Zahlenwert wie das Vorzeichen von R' ist eine Besonderheit des Kugelspiegels gegenüber einer entsprechenden Linse! Benutzt man den Hohlspiegel mit anderer Blendenlage, so beobachtet man ein Anwachsen des Astigmatismus proportional der 2. Potenz des Einfallwinkels (und damit der Bildhöhe L'). In diesem Fall muß man die Schale der sagittalen Bildpunkte (mit Radius R_s) unterscheiden von der Schale der Tangentialpunkte (Radius R_t). Aus der Konstruktion folgt, daß die *tangentiale Bildfeldwölbung* $\Delta t' = \frac{L'^2}{2 R_t}$

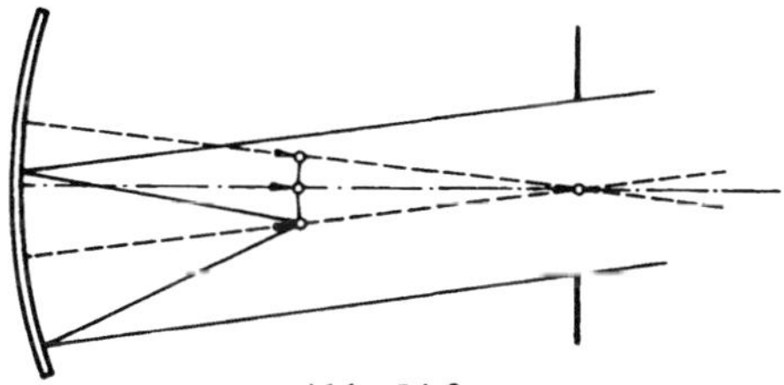

Abb. 54;3

dreimal so rasch für festes L' zunimmt wie die sagittale Bildfeldwölbung $\Delta s' = \frac{L'^2}{2 R_s}$, wenn man die Blende verschiebt. Das heißt aber, daß die Krümmungswerte für diese beiden Bildschalen mit dem Wert $1/R'$ für die „natürliche Bildfeldkrümmung" zusammenhängen durch die Beziehung $\frac{3}{R_s} - \frac{1}{R_t} = \frac{2}{R'}$. Die Erfahrung zeigt, daß eine entsprechende Beziehung auch bei Linsen gilt, wenn man den Astigmatismus durch Blendenlage oder Durchbiegung beeinflußt!

§ 55. Wenn man sich anschaulich klarmachen möchte, wie Verzeichnung, Öffnungsfehler und Koma bei dünnen Linsen zustande kommen, so greift man gern auf die Vorstellung (§ 1) zurück, daß der Linsenschnitt aus einer Anzahl von Prismen aufgebaut sei, deren brechender Winkel proportional der Höhe h zunimmt.

Geht man davon aus, daß die Ablenkung δ eines Lichtstrahls, die in der Gaußischen Optik gleich $(n - 1)\,\alpha$ war, *hier*

a) vom Einfallswinkel abhängt (daher *Minimum der Ablenkung für symmetrischen Durchgang*) und daß

b) dieses Minimum δ mit α rascher zunimmt als $(n - 1)\,\alpha$, also „*überproportionale* Zunahme“ mit h, dann hat man alle Hilfsmittel bereit.

Bei der *Verzeichnung* handelt es sich um die Abweichung $\Delta L' = L' - L_0'$ der tatsächlichen Bildhöhe L' vom theoretischen Sollwert $L_0' = \beta_0 \cdot L$ oder $L_0' = -f_0 \cdot \text{tang}\, w$.

Diese Bildhöhe L' bestimmt der Hauptstrahl – stellvertretend für das schiefe Büschel, das vom Objektpunkt L her-

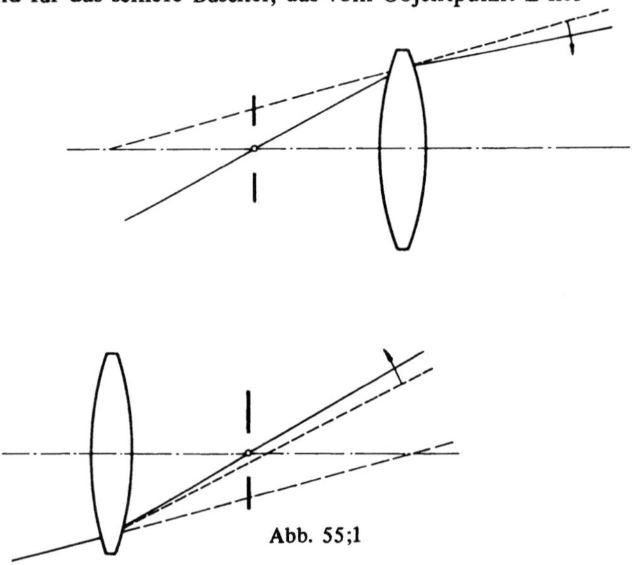

Abb. 55;1

kommt oder als Parallelbüschel mit der Neigung w gegenüber der optischen Achse einfällt.

Wie man aus den beiden Figuren in der Abbildung ersieht, führt die überproportionale Umlenkung des Hauptstrahls durch eine (dünne) Sammellinse je nach Blendenlage zu unterschiedlichen Vorzeichen bei der Verzeichnung:

a) mit Vorderblende gibt die Linse zu kleine Bildhöhen L', also *tonnenförmige* Verzeichnung;

b) mit Hinterblende wird die Bildhöhe zu groß, man bekommt *kissenförmige* Verzeichnung;

c) die Abbildung ist frei von Verzeichnung, wenn der Hauptstrahl durch die Linsenmitte geht, die Blende also mit der Linse zusammenfällt.

Diese Bestimmung des *Vorzeichens* der Verzeichnung durch die Blendenlage führt auf den Gedanken, durch Anordnung je einer Sammellinse auf beiden Seiten der Blende („symmetrisches Objektiv“) die Verzeichnung auszugleichen.

Natürlich hängt der *Betrag* der Verzeichnung auch von der Durchbiegung der Linse ab – Minimum bei symmetrischem Durchgang (also entgegengesetzt gleichen Einfallswinkeln) für den Hauptstrahl.

Ganz anders wirkt die überproportionale Umlenkung beim *Öffnungsfehler!* Hier ist die Lage der Blende belanglos, denn es handelt sich allein um das Mittenbüschel. Das Vorzeichen des Fehlers richtet sich nach dem Vorzeichen der Brechkraft, während sein Betrag von der Durchbiegung und dem Öffnungsverhältnis abhängt. Das Minimum des Betrages (bei gegebener Brechkraft) erwartet man bei symmetrischem Durchgang; man spricht hier von *„Linse günstigster Form“*. Wenn man nur auf den Betrag des Öffnungsfehlers achtet, findet man bei Positiv- wie Negativlinsen für den Randstrahl kürzere Schnittweite als für den achsnahen Strahl; daher die Faustregel „Rand kurz“.

Mit Rücksicht auf das Vorzeichen der sphärischen Längsaberration $\Delta s' = s' - s'_0$ spricht man bei Sammellinsen von „Unterkorrektion“ (d.h. $\Delta s'$ negativ), bei Negativlinsen von „Überkorrektion“ (also $s' > s'_0$) des Öffnungsfehlers. Entsprechend nennt man den Hohlspiegel „sphärisch unterkorrigiert“.

Zur Orientierung über die *Größenordnung des Öffnungsfehlers* einige Zahlenbeispiele! Sie gelten für $s = \infty$, so daß man eine *Plankonvexlinse* (mit Planfläche zum Bild) praktisch als Linse günstigster Form betrachten kann – sie ist für Versuchsaufbauten allgemein zu empfehlen. Für einen Randstrahl mit der Einfallshöhe h gilt etwa $\Delta s' = -\frac{h^2}{f}$, während man bei einem sphärischen Hohlspiegel nur 1/8 dieses Wertes bekommt. Dreht man die Plankonvexlinse um, so daß das ankommende Parallelbündel an der Eingangsfläche nicht gebrochen wird, so wächst der Öffnungsfehler auf den vierfachen Betrag! Dabei wird Glas mit Brechzahl nahe 1,5 vorausgesetzt; Steigerung auf n = 2 würde den Öffnungsfehler etwa auf die Hälfte vermindern.

Es versteht sich, daß Fehler höherer Ordnung (die proportional h^4, h^6, . . . ansteigen würden) hier nicht berücksichtigt sind. Deshalb sollte man bei der Anwendung für Überschlagsrechnungen das Öffnungsverhältnis kleiner als 1 : 5 halten.

Mit Rücksicht auf die starke Wirkung der Durchbiegung kann man den Öffnungsfehler z. B. bei einem Achromat dadurch beseitigen, daß man eine Sammellinse höherer Brechkraft φ_+ kombiniert mit einer Negativlinse geringerer Brechkraft φ_-: diese biegt man so stark durch, daß die Beiträge beider Einzellinsen zu $\Delta s'$ für den Randstrahl entgegengesetzt gleich werden trotz unterschiedlicher Brechkräfte. Wegen der Fehler höherer Ordnung gilt diese Kompensation nicht für alle Werte h innerhalb der Apertur; deshalb bleibt in der Regel ein → Zonenfehler zurück.

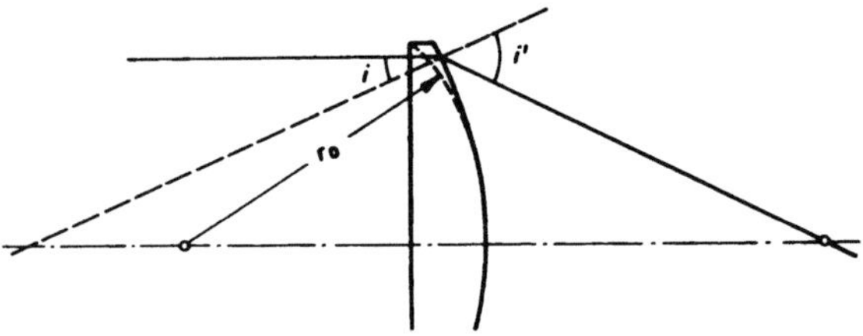

Abb. 55;2

Wie die Abbildung zeigt, kann man auch bei einer Einzellinse von sehr ungünstiger Form den Öffnungsfehler dadurch beseitigen, daß eine der brechenden Kugelflächen durch eine *asphärische Fläche* ersetzt wird. Näheres in § 58; hier genügt der Hinweis, daß man das „überproportionale“ Anwachsen der Umlenkung δ mit α dadurch kompensiert, daß man den brechenden Winkel α entsprechend langsamer mit $|h|$ anwachsen läßt. Im gleichen Sinn unterscheidet sich der Parabolspiegel vom sphärischen Spiegel: die Umlenkung wächst langsamer mit $|h|$.

Auch für die Darstellung des Komafehlers und seines Zusammenhangs mit der Sinusbedingung eignet sich das Prismenmodell. *Abbes Sinusbedingung* – die übrigens in Strenge nur für „sphärisch korrigierte", d.h. von sphärischer Aberration befreite optische Systeme gilt – schreibt beim Mittenbüschel die bildseitige numerische Apertur $n' \cdot \sin u'$ vor, wenn die objektseitige Durchgangshöhe h oder numerische Apertur $n \cdot \sin u$ für den betreffenden Strahl vorgegeben wird und die Gaußischen Werte f_0 für Brennweite oder β_0 für Abbildungsmaßstab bekannt sind. Sie fordert nämlich

(55;1) $\quad n' \cdot \sin u' = h/f_0 \quad$ für $\quad s = \infty \quad$ oder

(55;2) $\quad n' \cdot \sin u' = n \cdot \sin u/\beta_0 \quad$ für endliches s .

Gehorcht ein optisches System der Sinusbedingung – man spricht mit Abbe dann von einem *aplanatisch* korrigierten System – dann ist die Abbildung für kleine Bildhöhen L′ *frei von Koma* (und sphärischer Aberration). Vergl. § 49 sowie § 20.

Um die Abweichung von der Sinusbedingung bequemer kennzeichnen zu können, definiert man den tatsächlichen Wert des Quotienten $h/(n' \cdot \sin u')$ als *Randstrahlbrennweite* $f_S(h)$ und stellt den „Öffnungsfehler der Brennweite"

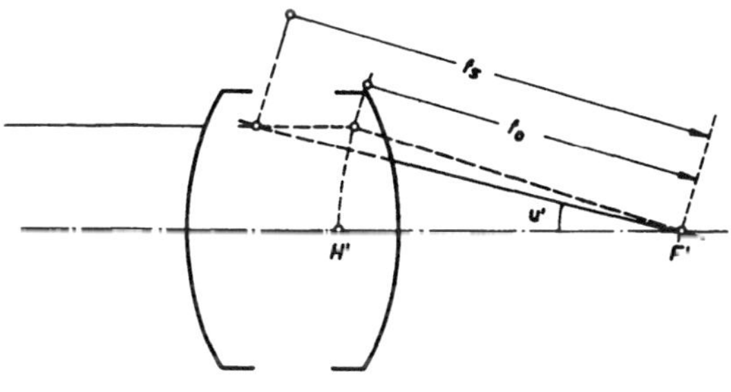

Abb. 55;3a

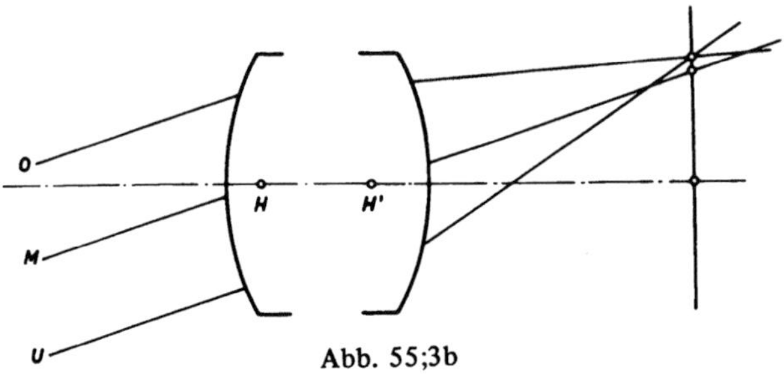

Abb. 55;3b

$$(55;3) \qquad \Delta f = h/(n' \cdot \sin u') - f_0 = f_S(h) - f_0$$

ähnlich wie die sphärische Längsaberration $\Delta s' = s'_S(h) - s'_0$ in Kurvenform dar. Wenn man – bei korrigierter sphärischer Aberration $\Delta s'$ – den Wert $\Delta f > 0$ findet, so erwartet man im *Komadreieck* $L'_{Rd}/L'_M > 1$, also „Außenkomma" im Bild des Sterns. Demnach kann man die Behauptung der Sinusbedingung auch so formulieren: wenn sin u' zu klein ist, der Randstrahl des Mittenbüschels also gegenüber der optischen Achse zu geringe Neigung aufweist, dann bekommt man ein Komadreieck, bei dem der Mittelstrahl M des schiefen Büschels zwischen dem Schnittpunkt der beiden Randstrahlen 0 und U dieses Büschels und der Achse hindurchgeht.

Die Abbildung 55;4 bestätigt diese Behauptung an der Linse ungünstiger Form (die sphärische Aberration ist durch eine asphärische Fläche beseitigt), während sich bei der Linse günstiger Form in Abb. 55;5 die drei Strahlen 0, M und U in einem Punkte schneiden. In beiden Abbildungen ist neben dem Mittenbüschel auch ein schiefes Büschel gezeichnet. Gewinnt man dessen ankommende Strahlen durch Drehen (um den gleichen Winkel w) aus den Strahlen des Mittenbüschels,

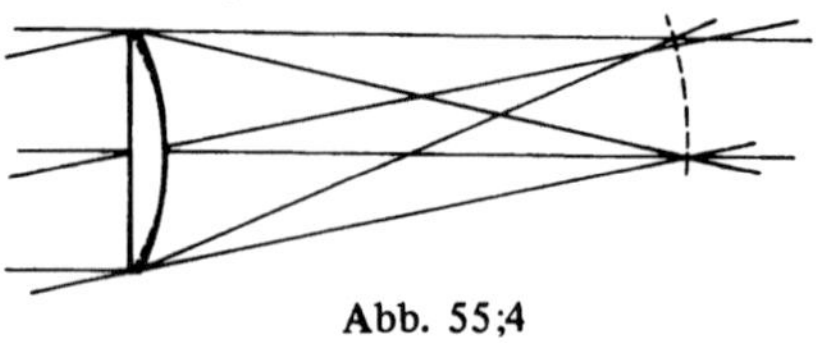

Abb. 55;4

so findet man bei der Linse ungünstiger Form den typischen Unterschied in der Umlenkung zwischen oberen und unterem Randstrahl: oben nähert man sich durch die Drehung dem symmetrischen Durchgang – daher schwächere Ablenkung als beim Mittenbüschel, während man sich unten noch davon entfernt, so daß dieser Strahl stärker abgelenkt wird; der Schnittpunkt zwischen 0 und U rückt nach außen. Dazu paßt es, daß u′ hier zu klein ist, f_S also zu groß. Bei der Linse günstiger

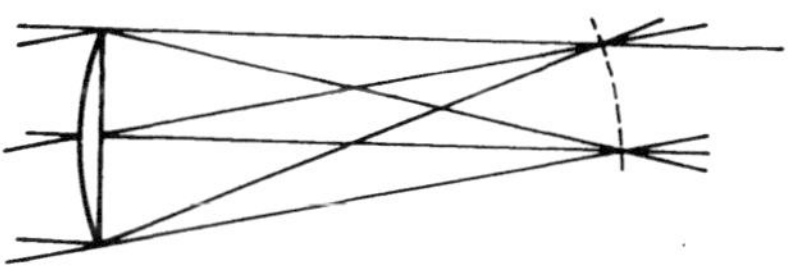

Abb. 55;5

Form (welche auch der Sinusbedingung genügt) geht man dagegen sowohl bei 0 wie bei U vom Minimum der Ablenkung aus; deswegen drehen sich beide Randstrahlen um den gleichen Winkel wie der Hauptstrahl, ihr Schnittpunkt bleibt auf dem Hauptstrahl.

§ 56. Die Bildfeldwölbung bei korrigiertem Astigmatismus, die sogenannte *Petzvalkrümmung* im Bild eines ebenen Objektes, wird zwar als einer der 5 Seidelschen Abbildungsfehler genannt, ist im Grunde aber kein Fehler sondern eine ganz natürliche Eigenschaft der optischen Abbildung. Das erkennt man bei der Abbildung durch eine einzelne brechende Fläche, die in § 6 bei der Ableitung der Formel für den Abbildungsmaßstab β betrachtet wurde. Damals ergab sich zwanglos die Abbildung der Objektfläche konzentrisch zum Krümmungszentrum (also mit dem Radius r – s) auf die ebenfalls konzentrisch liegende Bildschale vom Radius r – s′. Legt man das Objekt speziell in die Ebene s = ∞, so geht die Bildschale durch den Brennpunkt $s' = \frac{n' \cdot r}{n' - n}$, bekommt also den Radius

$$R' = -r \frac{n}{n' - n}. \tag{56;1}$$

Zur Bildhöhe L' gehört dann die Pfeilhöhe $p' = \frac{L'^2}{2R'}$. Will man auf diese Weise den Radius der Bildschale am Schluß eines Linsensystems bestimmen, so könnte man, mit dem Objektradius $R = R'$ beginnend, jeweils die Objektschale gegenüber ihrer „natürlichen" Krümmung so verbiegen, daß sie zur vorangehenden Bildschale paßt: $R_\nu = R'_{\nu-1}$. Das geht im einzelnen über die Tiefenvergrößerung α, mit der $p'_{\nu-1}$ als p_ν beim „Biegen" übertragen wird.

Besonders übersichtlich wird das Ergebnis, wenn man nicht p'_ν sondern p'_ν/n'_ν betrachtet (dann leisten Planflächen $r = \infty$ keinen eigenen Beitrag), so daß man für den *Anteil der Fläche ν*

$R'_\nu = -r_\nu \cdot \frac{n_\nu \cdot n'_\nu}{n'_\nu - n_\nu}$ oder

$$1/R'_\nu = -\frac{1}{r_\nu}\left(\frac{1}{n'_\nu} - \frac{1}{n_\nu}\right) \tag{56;2}$$

erhält: dann ergibt sich nämlich die Gesamtkrümmung $1/R'$ für das Linsensystem als Summe der Einzelwerte (56;2), und es gilt der

$$\textit{Satz von Petzval} \quad \frac{1}{R'} = -\sum_{\nu=1}^{k} \frac{1}{r_\nu}\left(\frac{1}{n'_\nu} - \frac{1}{n_\nu}\right). \tag{56;3}$$

Zur Bildhöhe L'_k hinter Fläche k gehört also die Bildfeldwölbung

$$p' = n'_k \frac{L'^2_k}{2R'} = -n'_k \cdot \frac{L'^2_k}{2} \sum_{\nu=1}^{k} \frac{1}{r_\nu}\left(\frac{1}{n'_\nu} - \frac{1}{n_\nu}\right). \tag{56;4}$$

Der Satz (56;3) besitzt trotz seiner Beschränkung auf den Spezialfall, daß der Astigmatismus korrigiert ist (und auf das Seidelsche Gebiet) sehr große Bedeutung für die Planung von optischen Systemen. Er vereinfacht sich für Systeme aus dünnen Linsen in Luft, weil dort die Anteile der beiden Linsenflächen zusammengezogen werden zum Beitrag

$-\frac{n-1}{n} \times \left(\frac{1}{r} - \frac{1}{r'}\right) = -\varphi/n$. Hier wird also der reziproke Wert für den „Petzvalradius“ R′ errechnet als

$$(56;5) \qquad 1/R' = -\sum_m \frac{\varphi_m}{n_m} = -\sum_m \frac{1}{n_m f_m} .$$

Wenn man diese Formel vergleicht mit der ähnlich gebauten

$$(56;6) \qquad \text{Maßstabsgleichung} \quad 1/f = \sum_m \omega_m / f_m \qquad \text{(S. 73 f.)},$$

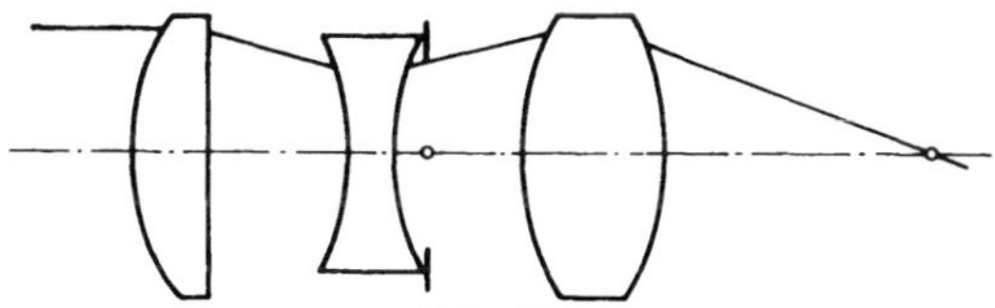

Abb. 56;1

so erkennt man, daß der Wert der Krümmung 1/R′ bei gegebener Brennweite f verkleinert werden kann, wenn man positive und negative Linsen zusammenwirken läßt. Am Beispiel des *Triplets* erkennt man, wie hier vorzugehen ist: die relative Höhe ω_m muß bei der Negativlinse deutlich kleiner sein als bei der Sammellinse.

Abweichend von (56;2) liefert eine Spiegelfläche (in Luft) übrigens den Beitrag

$$(56;7) \qquad 1/R' = \frac{2}{r'} .$$

Man findet gegenüber der dünnen Linse hier eine Umkehr des Vorzeichens: während der Petzvalradius für eine einzelne Sammellinse negativ ausfällt (Bildschale hohl zum ankommenden Licht), wird er für den Hohlspiegel positiv: die Bildschale ist konzentrisch zum Spiegel und damit konvex zum ankommenden Licht.

Als *Petzvalsumme* eines optischen Systems bezeichnet man die Größe $-f/R'$, wenn R′ nach (56;4 oder 5) errechnet ist. Hier bezieht man sich also auf Gesamtbrennweite 1; das negative Vorzeichen hat historische Gründe.

Anhang II. Etwas Wellenoptik

§ 57. Hier sollen aus dem Gebiet der Wellenoptik nur diejenigen Dinge behandelt werden, die zum besseren Verständnis der Strahlenoptik und einiger Interferenz-Geräte sowie zur Gewinnung von Toleranzvorschriften dienen. Die allgemeinen Grundlagen findet man in Lehrbüchern der Physik; hier sollen nur Ergänzungen gegeben werden. Dabei geht man zweckmäßig in drei Stufen vor.

Auf Stufe 1 wird allein die *Existenz der Wellenflächen* vorausgesetzt, die von allen Strahlen eines Lichtbündels senkrecht durchsetzt werden. Das Strahlenbündel kommt von einem leuchtenden Punkt her. Deswegen beginnt der Strahlengang mit Kugelflächen, die zum Objektpunkt konzentrisch liegen. Durch Brechungen und Spiegelungen werden die Wellenflächen verformt; zum Schluß sollen sie wieder so gestaltet sein, daß sie von Kugelwellen, zu denen auch ebene Wellen gehören, nur unwesentlich abweichen.

Zunächst sind drei Fragen zu beantworten:

a) Wie bekommt man durch Beobachtung oder Rechnung die Gestalt einer Wellenfläche $z(x, y)$ oder ihre Abweichung $l(x, y)$ von einer Vergleichskugel?
b) Welche Kugelflächen soll man zum Vergleich heranziehen?
c) Welche Abweichungen $l(x, y)$ gelten als unwesentlich?

Zur Beobachtung von Wellenflächen bedient man sich gern der *Zweistrahl-Interferometer* – eingestellt auf Interferenzen gleicher Dicke, wie sie als Newtonsche Ringe bekannt sind (z. B. von der Prüfung optischer Flächen mit dem Probeglas). Allerdings arbeitet man beim Interferometer mit wohldefinierter Lichtführung: jeder Strahl des Bündels, das von der „punktförmigen“ Lichtquelle herkommt, wird an einer halbdurchlässigen Spiegelfläche in zwei Strahlen (daher der Name) aufgespalten, die man auf unterschiedlichen Wegen führt. Dadurch erreicht man, daß die Welle I schließlich die Vergleichsfläche und Welle II die zu prüfende Wellenfläche darstellt, wenn sie wieder (durch halbdurchlässigen Spiegel) zusammengeführt werden und dann die beiden Bilder I, II der Lichtquelle bilden.

Der Beobachter, in dessen Augen-Pupille diese beiden Bilder liegen, sieht in der Bildebene ein *Interferogramm,* also ein System von Interferenzlinien. Dieses kann man vergleichen mit den *Höhenschichtlinien* auf einer Landkarte. Ebenso wie man dort die Erdoberfläche zum Schnitt bringt mit einer Schar von Horizontalebenen (mit Abständen gleich der Höhenstufe Δh, z. B. $\Delta h = 10\,m$), so sieht man hier die Schnittlinien zwischen der zu prüfenden Wellenfläche und einer Schar von „idealen" Wellenflächen, die mit Δh gleich der Wellenlänge λ (des verwendeten Lichtes) gestuft sind.

Zwei wesentliche Unterschiede gegenüber der Landkarte liegen allerdings darin, daß man die Wellenfläche mit Ebenen oder mit Kugelflächen verschiedener Radien vergleichen möchte (die Wahl trifft man z. B. durch unterschiedliche Fokussierung), und daß man die Vergleichsfläche gegenüber der untersuchten Wellenfläche kippen kann. Dadurch hat es der Beobachter in der Hand, entweder auf eine möglichst kleine Zahl von „Streifen" oder „Ringen" einzustellen und so die „am besten passende" Vergleichswelle aufzusuchen, oder aber durch dichtere Lage der Streifen auch lokale Störungen in der Wellenfläche wahrzunehmen, die sonst nicht auffallen würden. Abweichungen der Größe $\lambda/10$ sieht man ohne besondere Schwierigkeit.

Ebenso wie bei den geographischen Karten kann man jedes Interferogramm benutzen, um Profile durch die dargestellte Wellenfläche zu zeichnen und dadurch den Typus der Abweichung zu kennzeichnen, gegebenenfalls auch eine Beschreibung der Funktion $l(x, y)$ zu erhalten, die als Abweichung der Wellenfläche von der Bezugskugel definiert ist. Man stellt sie zweckmäßig als Potenzreihe mit den Koeffizienten C_{km} dar:

$$l(x, y) = \sum_{k,m} C_{km}\, x^k y^m \quad . \tag{57;1}$$

Zum Übergang auf z (x, y) fehlt in der Regel die Information über die Lage der Bezugskugel.

Für den Vergleich mit der Strahlenoptik interessieren die Werte der *Gradienten* $\frac{\partial z}{\partial x}, \frac{\partial z}{\partial y}$ oder $\frac{\partial l}{\partial x}, \frac{\partial l}{\partial y}$; denn sie kennzeichnen die Richtung der Normalen (das sind die Lichtstrahlen!) in den einzelnen Punkten x, y der Wellenfläche. Um diese Richtungswerte in Abhängigkeit von x, y zu bekommen, kann man sich entweder auf die trigonometrische Durchrechnung einer genügend großen Anzahl von Strahlen stützen, oder man kann gemessene Queraberrationen benutzen. Allemal hängen die Komponenten $\Delta L'_x$, $\Delta L'_y$ dieser Queraberration – gemessen in der Ebene z = R, die den Krümmungsmittelpunkt der Bezugskugel enthält, und bezogen auf diesen Mittelpunkt als Nullpunkt $\Delta L'_x = \Delta L'_y = 0$ – mit den Gradientenwerten zusammen über

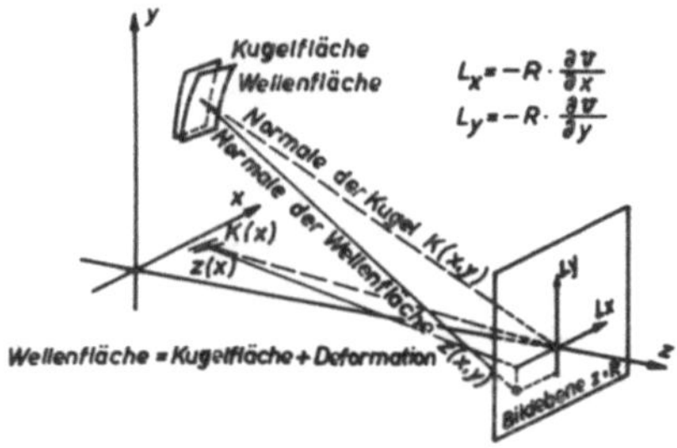

Abb. 57;1

$$\Delta L'_x = -R \cdot \frac{\partial l}{\partial x}\,; \qquad \Delta L'_y = -R \cdot \frac{\partial l}{\partial y}\,. \tag{57;2}$$

Wenn dieser Mittelpunkt auf der z-Achse liegt, hat man

$$l(x, y) = z(x, y) - \frac{x^2 + y^2}{2R}\,; \tag{57;3}$$

Verschiebung dieses Zentrums um $\Delta z = \Delta R$ gibt in der Funktion $l(x, y)$ einen zusätzlichen Anteil

$$(57;4) \qquad \Delta l = \frac{x^2 + y^2}{2}\left(\frac{1}{R} - \frac{1}{R + \Delta R}\right) \sim \frac{\Delta R (x^2 + y^2)}{2 R^2},$$

der natürlich auch in der Potenzreihe für $l(x, y)$ auftritt. Entsprechend führt seitliche Auswanderung des Zentrums (also Kippung) der Bezugskugel zu einer Änderung bei den linearen Gliedern $C_{10} \cdot x + C_{01} \cdot y$ der Reihe (57;1).

Besonders einfach ist der Zusammenhang bei rotationssymmetrischen Wellenflächen $z = z(h^2)$ mit $h^2 = x^2 + y^2$. Legt man das Zentrum der Vergleichskugel wieder auf die z-Achse, so daß auch die Funktion $l(x, y)$ Rotationssymmetrie bekommt

$$(57;5) \qquad l(h^2) = z(h^2) - \frac{h^2}{2R},$$

dann kann man sogar von der *sphärischen Längsaberration* $\Delta s'$ der Lichtstrahlen ausgehen. Üblicherweise kennt man $\Delta s'$ als Funktion von h^2 oder $\sin^2 u'$ (mit $\sin u' = h/R$). Die Formeln werden besonders übersichtlich, wenn man sowohl l wie $\Delta s'$ nach Potenzen der relativen Pfeilhöhe $p = 1 - \cos u' \approx \approx \frac{1}{2} \sin^2 u'$ (mit $d p = \sin u' \cdot d u'$) entwickelt.

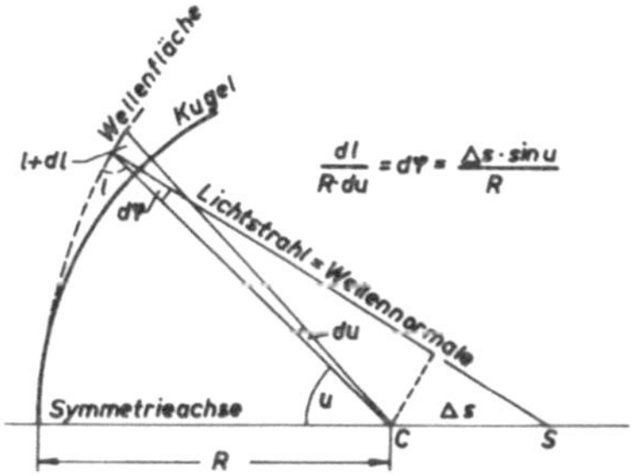

Abb. 57;2

Dann gilt nämlich

(57;6) $\Delta s'(p) = \frac{dl}{dp}$; zur Entwicklung

(57;7) $l(p) = c_0 + c_1 p + c_2 p^2 + c_3 p^3$ gehört also

(57;8) $\Delta s'(p) = c_1 + 2c_2 p + 3c_3 p^2$.

c_1 kennzeichnet hier die Lage der Einstell-Ebene (gegeben durch den Mittelpunkt der Bezugskugel) gegenüber dem Gaußischen Bildpunkt, ändert sich also beim „Umfokussieren", d.h. beim Verschieben der Einstell-Ebene. Die anderen beiden Summanden beschreiben die „sphärische Aberration mit Zonenfehler"; bei $c_3 = 0$ (wenn also $\Delta s'$ proportional zu p bzw. $\sin^2 u'$ zunimmt) spricht man von „zonenfreiem" Öffnungsfehler. Für später interessiert noch der Hinweis, daß die Variable p bis auf den Faktor 2π mit dem *Raumwinkel* $\omega = 2\pi p$ übereinstimmt. Durch (57;7) kennt man also die Wellenaberration l auch als Funktion des Raumwinkels.

Damit ist die 1. Frage beantwortet. Es bleibt noch zu verabreden, an welcher Stelle des Strahlengangs die Wellenfläche liegen soll, die man untersuchen will. Nach Möglichkeit wird man sie in der Austrittspupille des untersuchten optischen Systems betrachten, weil sich dort die verschiedenen schiefen Bündel durchsetzen mit nahezu gemeinsamer Begrenzung.

Auch die Antworten auf die beiden anderen Fragen sind schon vorbereitet. Wenn es gelingt, die Wellenfläche zwischen zwei konzentrische Kugelflächen einzuschließen, deren Abstand ΔR deutlich kleiner als $\lambda/2$ ist – beispielsweise gleich $\lambda/4$ – dann pflegt man unter Berufung auf Lord Rayleigh den Mindestwert für ΔR, den man durch passende Wahl für den Krümmungsmittelpunkt der beiden einschließenden Kugelflächen erreichen kann, als Maß für die Abweichung von der Kugelform zu verwenden. Die Antwort auf die dritte Frage ist dann sehr einfach:

nach der bekannten *λ/4-Regel von Lord Rayleigh* ist die Verschlechterung der Bildgüte durch Wellenaberration solange praktisch belanglos, wie die oben eingeführte Differenz ΔR

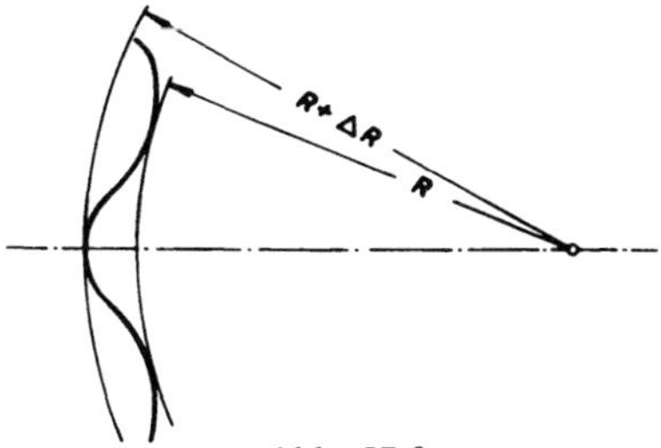

Abb. 57;3

die Grenze $\lambda/4$ nicht überschreitet. Es wäre unrichtig, hier $|\Delta l| \leqslant \lambda/4$ zu fordern: die *Variationsbreite* von l soll höchstens gleich $\lambda/4$ werden. Durch Umrechnung mit den oben gegebenen Formeln erhält man daraus *Toleranzvorschriften* für die verschiedenen Arten von Längsaberrationen:

a) bei „falscher Einstellung" (d.h. $c_2 = c_3 = 0$) muß

$$(57;9) \quad |\Delta s'| \leqslant \frac{\lambda}{2 \sin^2 u'_{Rd}} \quad \text{bleiben.}$$

b) Bei einfachem Öffnungsfehler $\Delta s' = 2 c_2 \sin^2 u' + c_1$ genügt

$$(57;10) \quad |s'_{Rd} - s'_0| \leqslant \frac{4\lambda}{\sin^2 u'_{Rd}},$$

sofern man c_1 günstig wählt: Einstellebene mit der Schnittweite $s'_E = \frac{1}{2}(s'_{Rd} + s'_0)$.

c) Bei „Öffnungsfehler mit Zone" gilt c_3 als gegeben. Hier kann man bei den Schnittweiten eine Streubreite

$$(57;11) \quad |s'_{max} - s'_{min}| \leqslant \frac{6\lambda}{\sin^2 u'_{Rd}}$$

zulassen, wenn c_1 und c_2 passend gewählt werden können, so daß

$$(57;12) \quad s'_{Rd} = s'_0 \quad \text{und} \quad s'_E = \frac{3}{4} \cdot s'_{Zn} + \frac{1}{4}\, s'_{Rd}\,.$$

d) Die gleiche Toleranz wie zu a) gilt beim Astigmatismus $|s'_{mer} - s'_{sag}|$, vergleichbare Werte auch beim → sekundären Spektrum (vergl. **10** in § 44 und S. 257 f.).

Falls es nicht gelingt, die Variationsbreite der Wellenaberration durch $\lambda/4$ zu begrenzen, kann die dritte Frage von S. 234 mit wellenoptischen Methoden nicht mehr beantwortet werden, denn dann versagt in der Regel auch die → Definitionshelligkeit als Gütemaß. Man ist dann auf *strahlenoptische* Kriterien angewiesen.

§ 58. Bisher waren die Wellenflächen, die zu einem Strahlenbündel gehören, gewissermaßen in einer Momentaufnahme betrachtet worden; ihre Wanderung entlang den Strahlen interessiert erst jetzt (Stufe 2 der Überlegung).

Wie die Physik lehrt, wandern die Wellenflächen im leeren Raum (und praktisch auch in Luft) mit der Geschwindigkeit $c = 3 \cdot 10^{10}$ cm/sec; im optischen Medium der Brechzahl n beträgt ihre Geschwindigkeit nur c/n. Entsprechend verringert sich auch ihre Wellenlänge – und damit die „Höhenstufe" im Interferogramm – auf $\lambda = \lambda_0/n$ gegenüber dem Wert λ_0 im Vakuum; nur die Frequenz $f = c/\lambda_0$ bleibt unabhängig von n.

Die Zeit T, welche eine dieser Wellen vom Objektpunkt bis zum Bild benötigt, ist somit proportional der sogenannten

(58;1) *optischen Weglänge* $g = \sum_{\nu} n_\nu \cdot \mathfrak{d}'_\nu$,

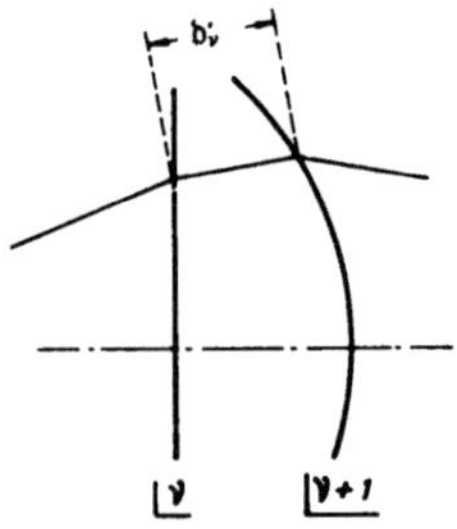

Abb. 58;1

wobei die „schiefen Dicken" $\mathfrak{d}'_\nu$ entlang einem der Lichtstrahlen des zugehörigen Bündels verfolgt und jeweils von Fläche zu Fläche gemessen werden.

Wenn irgendwo zwei Wellenflächen I, II mit unterschiedlichen g-Werten zusammentreffen (z. B. bei einem Interferenzversuch), dann spricht man dort von ihrer *Gangdifferenz* $\Delta g = g_{II} - g_I$.

Die Interferenzkurven, welche oben mit Höhenlinien verglichen wurden, sind Kurven gleicher Gangdifferenz $\Delta g =$ $=$ const. Vielleicht sollte man anstelle der Werte g lieber die *Laufzeiten* $T = g/c$ verwenden, weil es bei Δg tatsächlich nur auf den Zeitunterschied ankommt. Dadurch könnten unnötige Zweifel beim Vergleich mit → reduzierten Größen $\frac{d'_\nu}{n_\nu}$ vermieden werden. Leider hätte man dann mit unhandlich kleinen Zahlen für T zu arbeiten, weil c so groß ist.

Diese einfache Vorstellung von der Ausbreitung der Wellenflächen geht schon auf Huygens (1690) zurück. Sie gibt nicht nur die physikalische Deutung für die Brechzahl, sondern begründet auch praktisch wichtige Arbeitsverfahren, weil die Wellenflächen nun als Flächen T = const gedeutet werden.

Dadurch kommt man zum *Prinzip der gleichzeitigen Ankunft:*

> Wenn man auf verschiedene Strahlen des abbildenden Bündels die Lichtzeit T für den Weg vom Objektpunkt bis zu irgendeiner der Wellenflächen und speziell bis zum Bildpunkt berechnet, dann soll stets dieselbe Zahl T herauskommen.

Die Anwendung auf ebene Wellen führt bekanntlich auf die Winkelzuordnung $n \cdot \sin i = n' \cdot \sin i'$ des Brechungsgesetzes, wodurch man diese „verstehen" kann (Abb. 58;2). Entsprechend versteht man nun die Ablenkung durch das *Prisma* (Abb. 58;3) aus der Forderung $l_1 = n \cdot B_1$; $l_2 = n \cdot B_2$: durch den unteren Randstrahl des Büschels ist die Strecke $B = B_1 + B_2$ gegeben; der Fußpunkt des Lotes von der Spitze

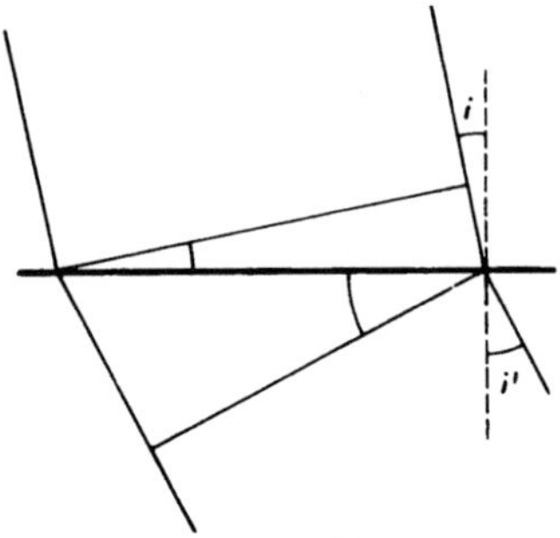

Abb. 58;2

auf diesen Strahl (das die Wellenfläche im Prisma darstellt) zerlegt B in B_1 und B_2.

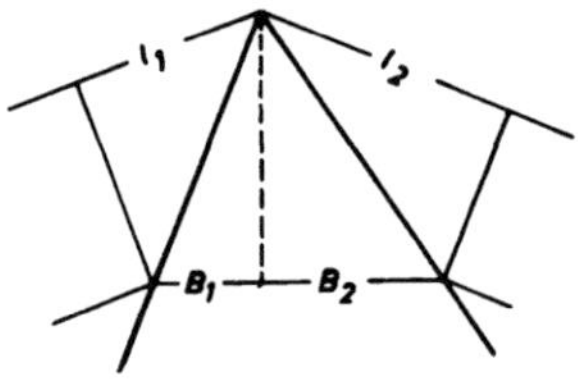

Abb. 58;3

Weniger bekannt ist die Anwendung dieses Prinzips auf die Berechnung der *Brennpunktslage* (Schnittweite s') *für* eine *randscharfe Linse* nach Rayleigh:

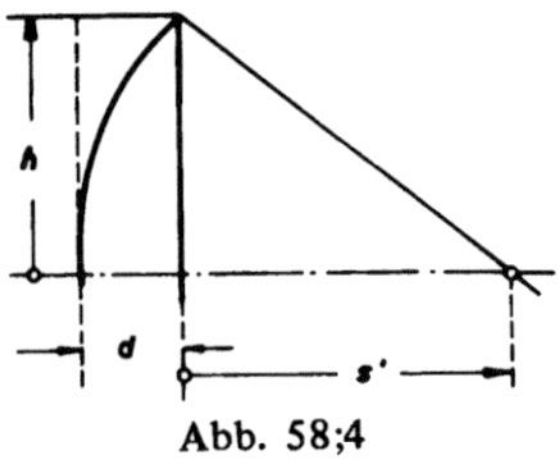

Abb. 58;4

Vergleich von Rand- und Achsenstrahl fordert
$n \cdot d + s' = d + \sqrt{h^2 + s'^2} = d + s' \cdot \sqrt{1 + (h/s')^2}$. Daraus ergibt

sich für mäßiges Öffnungsverhältnis $2 \cdot (n - 1) \cdot d \cdot s' = h^2$; im Sonderfall $n = 1{,}5$ gilt somit $s' \cdot d = h^2$. Allerdings ist zu bedenken, daß diese Anwendung des Prinzips der gleichzeitigen Ankunft eigentlich eine punktförmige Strahlenvereinigung (als Endlage der Kugelwelle) voraussetzt; deswegen kann obige Formel nur einen Näherungswert liefern.

Frei von diesem Einwand ist die punktweise Bestimmung der *Meridiankurve* einer *asphärischen Linse,* wenn man gerade durch diese Deformation eine punktförmige Strahlenvereinigung herbeiführt. Die Abbildung zeigt das Beispiel einer Plan-

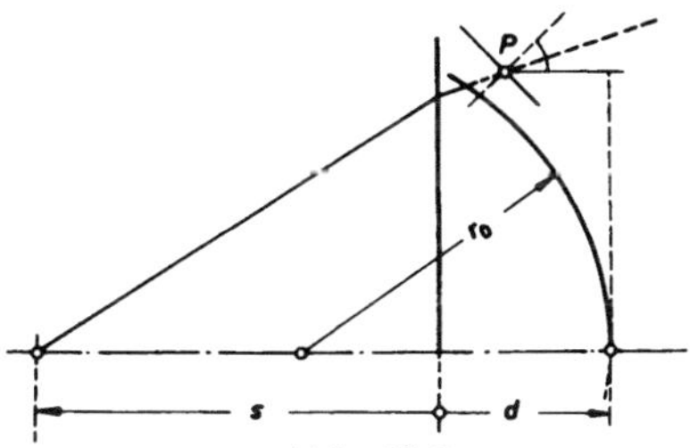

Abb. 58;5

konvexlinse mit Endschnittweite ∞: sobald man s, die Scheiteldicke d und die Brechzahl n vorgibt, kennt man $g_0 = |s_0| + n \cdot d$ bis zur achssenkrechten Ebene, die im Scheitel berührt (also bis zur geforderten Wellenfläche). Für irgendeinen Strahl, dessen Brechung an Fläche 1 leicht zu verfolgen ist, läßt man Punkt P auf dem gebrochenen Strahl wandern – die geforderte Strahlrichtung nach der 2. Brechung kennt man ja – bis $\Sigma n \cdot \mathfrak{d}$ auch hier den Sollwert $g = g_0$ annimmt. So bekommt man punktweise das Profil. Aber mit dem Brechungsgesetz kann man auch die Winkel i, i' berechnen, weil die Umlenkung bekannt ist (→ § 49; **58**); damit erhält man zu den Punkten auch die Linienelemente des Profils. Den Scheitelradius r_0 bestimmt man besser mit der Nullstrahlformel.

Auch die Anwendung auf den Fall *inhomogener Medien* (hier sollen sie geschichtet sein) ist praktisch von Bedeutung. Wenn eine planparallele Platte „prismatische Wirkung" zeigt, wenn sie also das Licht wie ein Prisma ablenkt, so kann man als Erklärung einen linearen Gang der Brechzahl mit der Koordinate h unterstellen. Entsprechend deutet „Linsen-Wirkung" bei einer Planparallel-Platte auf eine quadratische Abhängigkeit der Brechzahl von h.

Den linearen Gang bekommt man leicht durch Temperaturschichtung z. B. bei der Luft. Quadratischer Gang kann bei Glas durch den „*Kühlprozeß*" bei der Herstellung entstehen, indem sich der Rand schneller abkühlt als die Mitte einer Objektivscheibe.

§ 59. Auf der 3. Stufe der Betrachtung muß auch die *Interferenz* berücksichtigt werden; denn jetzt geht es um die Lichtverteilung im Beugungsbild oder Interferogramm.

Interferenz verleiht der optischen Abbildung zusätzliche Kontraste, indem sie dafür sorgt, daß unter gewissen Umständen „Licht plus Licht gleich Dunkelheit" wird.

Bei der Lösung technischer Aufgaben genügen die Vorstellungen von Huygens und Fresnel. Sie sollen in folgenden drei *Sätzen* dargestellt und durch einige *Anmerkungen* erläutert werden.

Satz 1) „Licht" wird hier nicht als Intensität sondern als *Zeiger* dargestellt, d.h. als Größe mit Länge und Richtung. Dieser Zeiger erhält den Namen *Lichterregung;* das Quadrat seiner Länge wird als *Intensität* gedeutet, soll also proportional der beobachteten Beleuchtungsstärke E sein. Dem Zusammenwirken mehrerer Anteile soll die Addition der Zeiger entsprechen. So entsteht das *Zeigerdiagramm.*

Für die Rechnung schreibt man die Lichterregung als komplexe Zahl $\mathfrak{G} = |\mathfrak{G}| \cdot e^{i\varphi}$, deren Betrag („Amplitude") die Länge und deren Phase φ die Richtung des Zeigers angibt. Die Intensität wird dann $J = |\mathfrak{G}|^2$. Beim Zusammenwirken der Anteile $\mathfrak{G}_n$ $(n = 1 \ldots N)$ wird

(59;1) $\mathfrak{G} = \mathfrak{G}_1 + \mathfrak{G}_2 + \ldots + \mathfrak{G}_N$ die resultierende Lichterregung,

(59;2) $|\mathfrak{G}|^2 = |\sum_1^N \mathfrak{G}_n|^2$ die zugehörige Intensität.

Sie kann offenbar verschwinden (Auslöschung durch Interferenz), obwohl die einzelnen Intensitätswerte $|\mathfrak{E}_n|^2$ von Null verschieden sind.

Anmerkung a): **Satz 1 gilt für** ***kohärentes*** **Licht. Auch die** Vorstellung einzelner Wellenflächen (wie sie schon auf den Stufen 1 und 2 verwendet wurde) setzt kohärentes Licht voraus. Dieses stellt sich als Grenzfall dar; als der andere Grenzfall steht ihm das *inkohärente* Licht gegenüber. Bei diesem addieren sich nicht die Anteile $\mathfrak{E}_n$ sondern die Intensitäten $|\mathfrak{E}_n|^2$: statt der Aussage (59;2) hat man dann

$$(59;3)\qquad J = \sum_1^N |\mathfrak{E}_n|^2 \ .$$

Beide Grenzfälle findet man nur ausnahmsweise realisiert; in der Regel hat man es mit *partiell-kohärentem* Licht zu tun (→ Kohärenzgrad). Außerdem stellt sich die Frage nach der zeitlichen Kohärenz (reicht die Kohärenzlänge?).

Satz 2: Wellenflächen sind nach Definition Flächen konstanter Phase $\varphi(x, y) = \text{const}$. In den Punkten x, y einer Wellenfläche hat man also gleichphasige Werte der Lichterregung

$$(59;4)\qquad \mathfrak{E}(x, y) = A(x, y) \cdot e^{i\,\text{const}} \ .$$

Die Wellenamplitude $A(x, y)$ kann auch konstant sein.

Anmerkung b): Auf einer *homogenen* Wellenfläche ist nach Defin. $A(x, y) = \text{const}$; andernfalls spricht man von *inhomogenen* Wellen.

Anmerkung c): Drei Ursachen können eine Welle auch ohne Interferenz inhomogen machen:

I. Besondere Eigenschaften der Lichtquelle (→ Strahlertyp)
II. Besonderheiten der optischen Abbildung
III. Lichtverluste durch Absorption in Linsen oder Prismen oder Beschichtung optischer Flächen.

Satz 3: Zur Lichterregung $\mathfrak{E}$ im Aufpunkt gibt das Flächenelement $dx \cdot dy$ der Wellenfläche mit der Wellenamplitude $A(x, y)$ den Anteil

(59;5) $$d\mathfrak{G} = \frac{1}{R^2} \cdot A(x, y) \cdot e^{2\pi i \cdot \frac{l(x,y)}{\lambda}} \cdot dx \cdot dy ,$$

wenn die Wellenfläche gegenüber der Bezugskugel, die mit dem Radius R um den Aufpunkt herum gelegt ist, die Wellenaberration $l(x, y)$ zeigt. Daher gilt für die Lichterregung insgesamt

(59;6) $$\mathfrak{G} = \frac{1}{R^2} \iint_{(\omega')} A(x, y) \cdot e^{\frac{2\pi i}{\lambda} \cdot l(x,y)} \cdot dx \cdot dy .$$

Die Integration wird erstreckt über die (für den Aufpunkt) wirksame Raumapertur ω'.

Anmerkung d): Wegen der Division des Exponenten durch die Wellenlänge λ bringen schon kleine Änderungen der Wellenaberration $l(x, y)$ deutliche Wirkung beim Phasenfaktor $e^{\frac{2\pi i}{\lambda} l(x,y)}$

Anmerkung e): Man bemerkt, daß hier nicht die Intensität sondern die Amplitude $|d\mathfrak{G}| = A(x, y) \cdot \frac{dx \cdot dy}{R^2}$ proportional dem beleuchtenden Raumwinkel $d\omega' = \frac{dx \cdot dy}{R^2}$ ist.

Die unter d) und e) genannten Einflüsse bewirken die Steigerung der Kontraste durch Interferenz.

Anmerkung f): Liegt der Aufpunkt im Zentrum einer aberrationslosen Wellenfläche (Kugelwelle) mit $A(x, y) = \text{const}$, so wächst $|\mathfrak{G}| = A(x, y) \iint \frac{dx \cdot dy}{R^2} = A(x, y) \cdot \omega'$ proportional dem *Quadrat* des Öffnungsverhältnisses. Die Intensität $J = |\mathfrak{G}|^2$ und damit die Beleuchtungsstärke E wächst hier also proportional der *4. Potenz* des Öffnungsverhältnisses!

Den Vorgang der Interferenz und den Aufbau des Interferenzfeldes kann man bequem verfolgen beim *Zusammenwirken von zwei Anteilen* $\mathfrak{G}_{I}, \mathfrak{G}_{II}$.

Offenbar verschwindet $\mathfrak{G} = \mathfrak{G}_I + \mathfrak{G}_{II}$ genau dann, wenn $\mathfrak{G}_{II} = -\mathfrak{G}_I$ ist. Das bedeutet zwei Forderungen:
1. soll $|\mathfrak{G}_I| = |\mathfrak{G}_{II}|$ und
2. soll $\varphi_{II} - \varphi_I$ ein ungerades Vielfaches von $\pm\pi$ sein.

Die erste Forderung ist praktisch wichtig, wenn eine Linsenfläche durch Bedampfen entspiegelt werden soll: der Belag soll die Brechzahl $n_B = \sqrt{n_G}$ bekommen. Denn nach Fresnels Reflexionsformel wird $|\mathfrak{G}_I|$ proportional $\dfrac{n_B - 1}{n_B + 1}$ und $|\mathfrak{G}_{II}|$ proportional zu $\dfrac{n_G - n_B}{n_G + n_B} = \dfrac{n_G/n_B - 1}{n_G/n_B + 1}$; somit soll

$$n_G/n_B = n_B \quad \text{sein.} \tag{59;7}$$

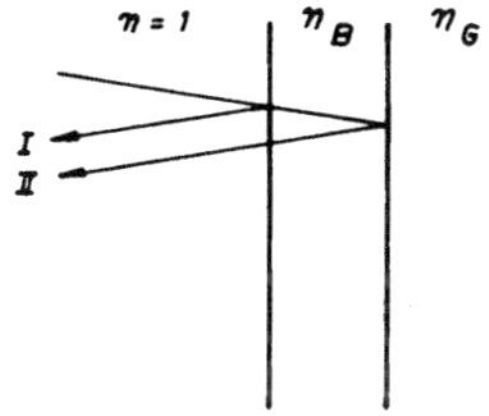

Abb. 59;1

Wenn man nur die zweite Forderung zu erfüllen vermag, gewinnt man wenigstens ein *relatives Minimum* der Intensität (verglichen mit den anders-phasigen Nachbarpunkten des Interferenzfeldes). Umgekehrt findet man *relative Maxima* dort, wo $\varphi_{II} - \varphi_I$ ein gerades Vielfaches von $\pm\pi$ oder $\varphi_I = \varphi_{II}$ ist.

Als Modell soll das Interferenzfeld betrachtet werden, welches von zwei kohärent (und gleichstark) strahlenden Punkten B_I und B_{II} mit dem Abstand d erzeugt wird. Zur Vereinfachung sollen die beiden Punkte auch gleichphasig strahlen, so daß man im Abstand a die Phase $\varphi = \dfrac{2\pi}{\lambda}$ a beobachtet.

Dann findet man Rotationshyperboloide (mit den Brennpunkten B_I und B_{II}) als Orte gleicher Phasendifferenz. Speziell erwartet man relative Maxima auf der Mittelebene $\Delta a = 0$ und den Hyperboloiden Δa = ganzzahligem Vielfachen von λ und relative Minima für Δa = ungeradem Vielfachen von $\lambda/2$. Bei der praktischen Anwendung sind die Abstände a so groß, daß die Hyperbeln nicht von ihren Asymptoten zu unterscheiden sind. Dann gilt

(59;8) $\qquad \Delta a = d \cdot \cos\vartheta$,

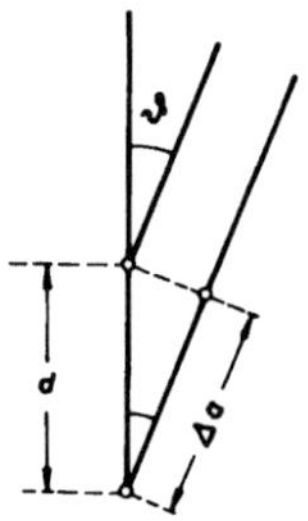

Abb. 59;2

so daß man den Abstandsunterschied Δa (und damit die Phasendifferenz $\Delta\varphi$) auch durch den Neigungswinkel ϑ zwischen der Verbindungsgeraden der Quellpunkte B_I, B_{II} und der Richtung zum jeweiligen Aufpunkt kennzeichnen kann. Das Paar kohärent strahlender Punkte wirkt zusammen also wie ein kleiner Strahler von speziellem Typ $J = J(\vartheta)$.

Auf einem Schirm senkrecht zur genannten Verbindungsgeraden findet man demnach ein System konzentrischer *Ringe* ϑ = const als Interferogramm, während auf einem Schirm parallel zu jener Geraden als Schnittkurven mit den Hyperboloiden jetzt Interferenzstreifen erscheinen, die in der Nähe des Mittelstreifens $\vartheta = \pi/2$ (daher $\Delta a = 0$) von geraden Linien nicht zu unterscheiden sind. Allemal hat man von Ring zu Ring oder Streifen zu Streifen den Winkelabstand $\Delta\vartheta$, der sich aus $\Delta \cos\vartheta = \lambda/d$ ergibt:

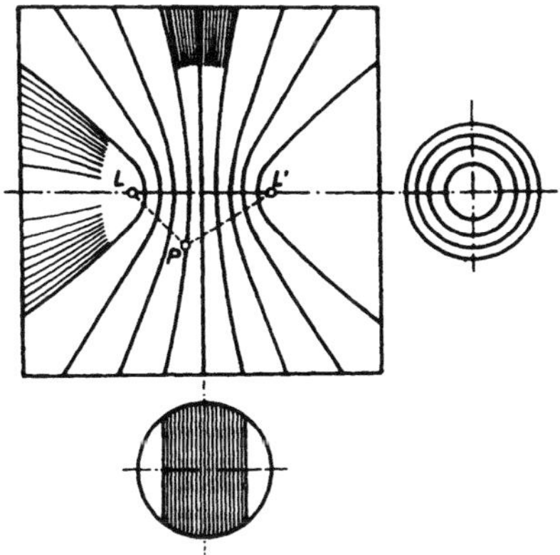

Abb. 59;3

(59;9) $\Delta \vartheta = \lambda/d$ bei den Streifen nahe $\vartheta = \pi/2$ und

(59;10) $\vartheta \cdot \Delta \vartheta = \lambda/d$ bei den Ringen nahe $\vartheta = 0$.

Der Beobachter am → Michelson-Interferometer sieht eben diese Winkelabstände $\Delta \vartheta$, wenn die beiden Lichtquellen-Bilder B_I, B_{II} in seiner Augenpupille liegen. Es hängt von der Justierung ab, ob das Interferometer die *Ringe gleicher Neigung* zeigt (hier liegen B_I und B_{II} hintereinander, die beiden Endspiegel überlagern sich zu einer virtuellen Planparallel-Platte) oder ob *Streifen gleicher Dicke* erscheinen (B_I und B_{II} nebeneinander, die Endspiegel bilden einen virtuellen Keil).

In der Literatur wird häufig von *Haidingerschen Ringen* (gl. Neig.) und *Fizeauschen Streifen* (gl. Dicke) gesprochen.

Allemal wird man darauf achten, daß $\Delta \vartheta$ nicht zu klein wird. Fordert man mindestens 1° Abstand von Streifen zu Streifen, so muß wegen (59;9) $d < 50\lambda$ oder $d < 0{,}03$ mm bleiben (Kontrolle mit Lupe beim Justieren). Bei den Ringen kann man schon $d \leqslant 1$ mm zulassen, wenn man nur im Zentralbereich entsprechend große $\Delta \vartheta$ wünscht – und wenn die „*Kohärenzlänge*" der verwendeten Lichtquelle groß genug ist (sonst verschwindet der Kontrast und damit die Sichtbarkeit der Interferenzen)!

Eine Warnung: trotz des Ausdrucks Kohärenz*länge* geht es hier um die *zeitliche Kohärenz* in der Strahlung des leuchtenden „Punktes".

Solange man nur *ein* Paar kohärenter Strahler B_I, B_{II} verwendete, würden die Interferenzbilder unendliche „Tiefe" zeigen – entsprechend der unendlichen Ausdehnung der Hyperboloide. Mit Rücksicht auf die erwünschte Beleuchtungsstärke muß man aber weitere kohärente Punktepaare heranziehen.

Nun strahlt ein anderer Punkt A der Lichtquelle nicht kohärent mit B; vielmehr geben seine beiden Bildpunkte A_I, A_{II} ihr eigenes Hyperboloid und ihr eigenes Streifensystem auf dem Schirm. Um gegenseitige Störung zu vermeiden, die zu Verlust an Kontrast führen würde, muß man durch passende Anordnung für sogenannte *räumliche Kohärenz* sorgen.

Damit ist gemeint, daß die Interferenzstreifen, die z. B. von A_I, A_{II} herrühren, bei passender Lage des Auffangschirms mit den Streifen, die von B_I, B_{II} herrühren, nach Lage und Abstand genügend übereinstimmen.

Diese beiden Forderungen sind für einen Aufpunkt P jedenfalls dann erfüllt, wenn dort die Gangdifferenzen Δg_A (die von A_I, A_{II} herrühren) und Δg_B (von B_I, B_{II} geliefert) miteinander ausreichend genau übereinstimmen für alle Punkte A, B, . . . der Lichtquelle. Diese Forderung $\Delta g_A = \Delta g_B$ legt den „Ort der Interferenzen" ebenso fest wie früher die Forderung nach gleichzeitiger Ankunft auf unterschiedlichen Wegen das Bild eines Punktes. Sie läßt sich in eine sehr einfache Vorschrift übersetzen, wenn man den Begriff der *homologen Strahlen* benutzt. Durch den Aufspaltungsvorgang, der aus der ursprünglichen Lichtquelle die beiden Bilder I, II entstehen läßt, wird aus jedem Lichtstrahl, der die ursprüngliche Lichtquelle verläßt, ein Paar *homologer* Strahlen erzeugt.

Wie man durch einfache Umformung erkennt, ist die Forderung $\Delta g_A = \Delta g_B$ . . . gleichbedeutend mit der Vorschrift, daß sich ein Paar homologer Strahlen der beiden Lichtquellen-Bilder I, II im Aufpunkt P schneiden soll. Denn $g_{A\,II} - g_{A\,I} = g_{B\,II} - g_{B\,I}$ bedeutet auch $g_{A\,II} - g_{B\,II} = g_{A\,I} - g_{B\,I}$ oder

$\vartheta_{II} = \vartheta_I$, wenn man analog wie früher bei $B_I B_{II}$ jetzt den Winkel ϑ_{II} auf die Gerade durch $A_{II} B_{II}$ (also auf die Oberfläche des Lichtquellenbildes II) bezieht. Entsprechend bei I. Die Vorschrift $\vartheta_I = \vartheta_{II}$ kennzeichnet aber gerade ein Paar homologer Strahlen!

Bei Interferenzen gleicher Dicke ergibt sich als Ort der Interferenzen hieraus der Kreis, den man durch die Mittelpunkte der beiden Lichtquellenbilder I, II und durch den Schnittpunkt ihrer beiden Mittelsenkrechten (also $\vartheta_I = \vartheta_{II} = \pi/2$) hindurchlegt (Konstanz der Peripheriewinkel), während die Interferenzen gleicher Neigung auf der unendlich fernen Ebene zu liegen scheinen (denn die beiden Mittellote sind einander parallel).

Nun gibt es – wie bei der optischen Abbildung – auch beim Ort der Interferenzen eine *endliche Tiefe:* man kann sie ableiten aus einer zulässigen „Unschärfe" $d\vartheta$ in der Lage homologer Strahlen, die man entsprechend einer Art Beugung dem Durchmesser des Lichtquellenbildes umgekehrt proportional setzen kann. Daraus folgt der bekannte Unterschied: bei Interferenzen gleicher Dicke begrenzt die geforderte „Tiefe" den Durchmesser der Lichtquelle bzw. die Beleuchtungsapertur, während man bei Interferenz gleicher Neigung beliebig große Lichtquellen verwenden kann.

Als typisches Anwendungsgebiet für die Zweistrahl-Interferenzen gleicher Dicke soll die *Prüfung von Oberflächen* kurz betrachtet werden. Dabei kann es sich um die Oberfläche eines Werkstücks oder die Gestalt einer Wellenfläche handeln: allemal werden Abweichungen von der Sollform die Dicke des virtuellen Keils lokal ändern und entsprechende Auslenkungen bei den Streifen konstanter Dicke an dieser Stelle bewirken. Der Weg der Entwicklung führt von *Newtons Farbglas* (Beobachtung mit weißem Licht, keine vorgeschriebene Lichtführung) zum *Probeglas* der optischen Werkstatt (hier verwendet man in der Regel einfarbiges Licht; die Lichtführung wird nur in Sonderfällen vorgeschrieben) und weiter zum → *Planflächen-Prüfgerät:* hier legt man Wert auf exakte Lichtführung und monochromatisches Licht; ein Pupillenversetzer dient zugleich als Lupe für die Beobachtung der Interferenzstreifen. Diese Lupe soll genügend frei von Verzeichnung abbilden, damit man Auslenkungen um $\frac{1}{10}$ Streifenbreite noch sicher genug feststellen kann. Bei diesen Anordnungen fand die Strahlenteilung „auf" dem Objekt statt, die Wege I und II lagen also nahe beisammen. Das ändert sich beim Michelson-Interferometer; durch die Trennung der Wege I und II gewinnt man neue Möglichkeiten (noch deutlicher beim → Interferometer nach Mach-Zehnder), allerdings auch neue Schwierigkeiten. Beim → *Twyman-Interferometer* zur Objektiv-Prüfung wird dann der eine Planspiegel ersetzt durch eine Kombination aus dem Objektiv (also einer Sammellinse) und dem Konvexspiegel, der zum Bildpunkt konzentrisch liegt. Die ankommende ebene Welle würde nur dann als Kugelwelle den Prüfling verlassen, „in sich" reflektiert werden und darum nach der Spiegelung als ebene Welle wieder aus der Kombination austreten, wenn die Abbildung durch das Objektiv fehlerfrei wäre. Tatsächlich bekommt sie Verformungen $l(x, y)$, die in doppelter Größe auf der austretenden Welle erscheinen, wenn sie mit der ebenen Welle vom Planspiegel durch Interferenz verglichen wird.

§ 60. Vielfach geht es bei wellenoptischen Geräten um das (monochromatische oder spektrale) *Auflösungsvermögen* und dessen Steigerung. Zur Lösung derartiger Aufgaben läßt man eine größere Zahl (N) von kohärenten Anteilen $\mathfrak{G}_n$ ($n = 1, \ldots, N$) zusammenwirken, so daß $\mathfrak{G} = \Sigma\, \mathfrak{G}_n$ wird.

Diese Anteile kann man durch mehrfache Spiegelung gewinnen, so daß aus jedem ursprünglichen Lichtstrahl N zueinander homologe Strahlen entstehen: dann beobachtet man Viel*strahl*-Interferenzen, z. B. beim Fabry-Perot-Interferometer oder bei der Lummer-Gehrcke-Platte. Hier ist N strenggenommen gleich ∞, aber die „effektive Strahlenzahl" *(G. Hansen)* ist endlich, weil die $|\mathfrak{G}_n|$ mit wachsendem n immer kleiner werden. Oder man kann die ankommende Wellenfläche an N verschiedenen Stellen anzapfen (z. B. durch N Spalte): so bekommt man Viel*spalt*-Interferenzen, beispielsweise beim

Beugungsgitter. Bei dieser Art der Erzeugung von kohärenten Anteilen gehört zu jedem $\mathfrak{G}_n$ eine besondere Ausstrahlungsrichtung in dem strahlenden Punkte, von dem die Welle herkommt. Die Lichtquelle wird also auf Richtungskohärenz beansprucht, es gibt *keine homologen* Strahlen. Dafür kann man hier auch für sehr große N (z. B. 100 000) die $|\mathfrak{G}_n|$ gleich groß halten.

Abb. 60;1

Im Zeigerdiagramm erscheint $\mathfrak{G} = \sum_n \mathfrak{G}_n$ als Sehne eines Polygonzuges. Diese erreicht ihre größtmögliche Länge $|\mathfrak{G}|_0 = \Sigma\, |\mathfrak{G}_n|$, wenn alle $\mathfrak{G}_n$ gleichphasig zusammenarbeiten.

Demnach wird man den Quotienten $J/J_0 = \left(\frac{|\mathfrak{G}|}{|\mathfrak{G}|_0}\right)^2 = \left(\frac{|\Sigma\,\mathfrak{G}_n|}{\Sigma|\mathfrak{G}_n|}\right)^2$ als *relative Intensität* im Interferenzfeld verfolgen.

Im Grenzfall N = ∞ wird der Polygonzug zur *Cornu-Kurve*, die relative Intensität $= \left(\frac{\text{Sehnenlänge}}{\text{Bogenlänge}}\right)^2$.

Praktisch wichtig ist der Sonderfall, daß

a) alle Zeigerlängen $|\mathfrak{G}_n|$ gleich groß und daß auch

b) die $\Delta\varphi$ zwischen benachbarten $\mathfrak{G}_n$ gleich groß sind.

Dann kann sich der Polygonzug zum echten Polygon $\mathfrak{G} = 0$ schließen: erstmals für $\Delta\varphi = \frac{2\pi}{N}$, dann für den doppelten . . . (N − 1) fachen Wert. Zwei Hauptmaxima für $\mathfrak{G}$ sind also durch (N − 1) Nullstellen getrennt, die jeweils wieder Nebenmaxima einschließen. Für $\Delta\varphi = m \cdot 2\pi$ bekommt man das Hauptmaximum („Spektrum") m^{ter} Ordnung.

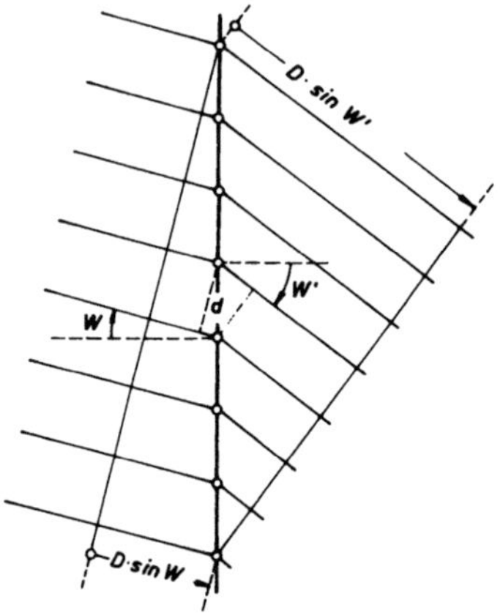

Abb. 60;2

Als Beispiel die Beugung am ebenen Gitter mit der Gitterkonstanten d und N Strichen, daher Durchmesser D = N · d. Die Strichbreite sei so klein, daß das Zeigerdiagramm die oben beschriebene Polygon-Gestalt hat – für breitere Striche würden die einzelnen Zeiger durch kleine Kreisbogen ersetzt. Beleuchtet wird mit ebener Welle (daher beim Gitterspektroskop das Kollimatorobjektiv zwischen Spalt und Gitter), beobachtet wird ebenfalls mit Einstellung auf unendlich: entweder mit Fernrohr (Spektroskop) oder in der Brennebene des Kamera-Objektivs (Spektrograph). Die auftretenden Gangdifferenzen sind mit den Neigungswinkeln w und w′ (für ein- und austretende Welle) verbunden durch

(60;1) $$\Delta g = d \cdot (\sin w' - \sin w)$$

zwischen benachbarten $\mathfrak{G}_n$. Das Spektrum m^{ter} Ordnung ($m = 0, \pm 1, \pm 2, \ldots$) liegt speziell bei w′ mit $\sin w' = \sin w + m \cdot \lambda/d$.

Für das (monochromatische) Auflösungsvermögen interessiert (entsprechend der von Lord Rayleigh gegebenen → Auflösungsregel) der Winkelunterschied $\Delta w'$ zwischen

Hauptmaximum und der benachbarten Nullstelle. $\Delta g = \lambda/N = d \cdot \Delta \sin w' = d \cdot \cos w' \cdot \Delta w'$ gibt unabhängig von der Ordnung m

$$(60;2) \qquad \Delta w'_{min} = \frac{\lambda}{N \cdot d} \frac{1}{\cos w'} = \frac{\lambda}{D} \frac{1}{\cos w'} .$$

Über die *Winkeldispersion* $\frac{dw'}{d\lambda} = \frac{m}{d} \frac{1}{\cos w'}$ bekommt man hieraus die kleinste trennbare Wellenlängen-Differenz
$\Delta \lambda_{min} = \Delta w' : \frac{dw'}{d\lambda} = \frac{\lambda}{m \cdot N}$ und somit das

$$(60;3) \qquad \textit{spektrale Auflösungsvermögen} \quad \frac{\lambda}{\Delta \lambda_{min}} = m \cdot N .$$

Zum Unterschied gegen (60;2) ist dies proportional m und unabhängig von w'.

Für den Vergleich interessiert die *Beugung der ebenen Welle* am Spalt der Breite D. Hier tritt die Integration $\mathfrak{G} = \int d\mathfrak{G}$ an die Stelle der Summation. Es bleibt der lineare Anstieg der Gangdifferenz Δg mit der Ortskoordinate

$$(60;4) \qquad \Delta g = x \cdot (\sin w' - \sin w); \quad \text{daher für } x = D$$

$$(60;5) \qquad \Delta g_{Rd} = D \cdot (\sin w' - \sin w) \quad \text{mit} \quad \varphi_{Rd} = 2\pi \cdot \frac{\Delta g_{Rd}}{\lambda} .$$

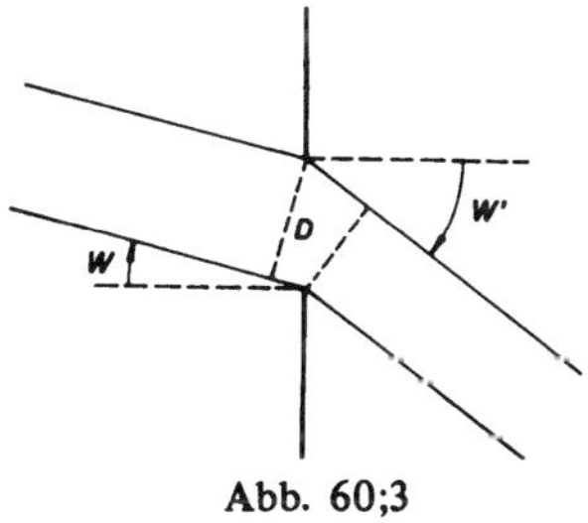

Abb. 60;3

Der Polygonzug wird hier zum Kreisbogen. Dieser schließt sich erstmals für $\Delta g_{Rd} = \lambda$; die erste Nullstelle liegt also bei

$\sin w' = \sin w + \lambda/D$. Damit ergibt sich die Auflösungsgrenze in Übereinstimmung mit (60;2) rechts. Wenn man w′ weiter zunehmen läßt, wächst die Lichterregung wieder bis zum 1. Nebenmaximum bei $\Delta g_{Rd} = \frac{3}{2}\lambda$ usw.

Der Gang der relativen Intensität mit w′ läßt sich bequem darstellen, weil man beim Kreisbogen den Quotienten $\frac{\text{Sehnenlänge}}{\text{Bogenlänge}} = \frac{2 \cdot \sin \Delta\varphi_{Rd}/2}{2 \cdot \text{arc}\,\Delta\varphi_{Rd}/2}$ findet. Daher gilt für die relative Intensität

$$(60;6) \qquad J/J_0 = \left(\frac{\sin \pi \cdot D/\lambda\,(\sin w' - \sin w)}{\text{arc}\,\pi \cdot D/\lambda\,(\sin w' - \sin w)}\right)^2$$

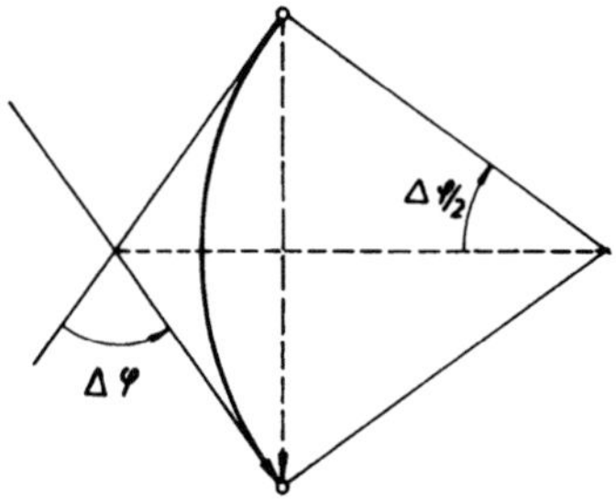

Abb. 60;4

oder in einer neuerdings verwendeten Schreibweise, die $\text{sinc}\,y$ für $\frac{\sin \pi y}{\text{arc}\,\pi y}$ setzt:

$$(60;7) \qquad J/J_0 = \left(\text{sinc}\left[\frac{D}{\lambda} \cdot (\sin w' - \sin w)\right]\right)^2 .$$

§ 61. Ein anderes Beispiel für das Zusammenwirken unendlich vieler Anteile d𝔖 bietet die *Beugung am rotationssymmetrischen Objektiv*. Zur Vereinfachung soll auch die ankommende Wellenfläche und der Aufpunkt zur optischen Achse zentriert liegen. Es wird gefragt, wie sich die *Definitionshelligkeit* J/J_0 in Abhängigkeit von der Fokussierung ändert.

Der Name „Definitionshelligkeit" für den Quotienten aus der Intensität J im Zentrum des Beugungsbildes und der Intensität J_0 im Zentrum einer fehlerfreien Kugelwelle gleicher Apertur (das ist ein Sonderfall der bisher betrachteten relativen Intensität) wurde von *Strehl* vorgeschlagen; daher spricht man im Ausland oft von „strehl-definition". Der Begriff stammt aber schon von *Lord Rayleigh.* Dieser stellte durch Versuche fest,

a) daß Abbildungs- und Herstellungsfehler bei optischen Systemen im praktischen Gebrauch nicht bemerkt werden, solange die Definitionshelligkeit größer als 80% bleibt, und
b) daß man beim Vergleich von Systemen mit unterschiedlicher Bildgüte dasjenige bevorzugt, das die höhere Definitionshelligkeit (> 80%) besitzt.

Wegen der Rotationssymmetrie kennt man die Wellenaberration $l(\omega)$ als Funktion des Raumwinkels ω; vergl. dazu § 57, S. 238. Läßt man jetzt die Wellenamplitude A (x, y) beiseite (sie wird hier als konstant vorausgesetzt), so liefern die früheren Formeln (S. 246)

$$(61;1) \qquad \mathfrak{G} = \int e^{\frac{2\pi i}{\lambda} \cdot l(\omega)} \, d\omega \quad \text{und}$$

$$(61;2) \qquad \mathfrak{G}_0 = \int d\omega = \omega_{max}$$

für das aberrationsfreie System.

Das heißt: die Bogenlänge der Cornu-Kurve ist hier gleich ω_{max}; die Sehnenlänge möchte man durch Einwirkung auf die Abbildungsfehler so groß machen, daß sie mindestens 9/10 der Bogenlänge beträgt (entsprechend 81% Definitionshelligkeit).

Beim Defokussieren des aberrationsfreien Objektivs liefert Formel (57;7) $l(p)$ als lineare Funktion des Raumwinkels analog wie oben in (60;4): als Cornu-Kurve gehört dazu wieder der Kreisbogen mit $J/J_0 = \dfrac{\sin \Delta \varphi_{Rd}/2}{\text{arc}\, \Delta \varphi_{Rd}/2}$. Nimmt man versuchsweise $\Delta \varphi_{Rd} = \pi/2$ – das entspricht der $\lambda/4$-Grenze – so ergibt sich $J/J_0 = \left(\dfrac{\sqrt{1/2}}{\pi/4}\right)^2 = 0{,}5 \cdot \dfrac{16}{\pi^2} = 81\%$: damit ist die früher betrachtete $\lambda/4$-Regel einschließlich der daraus abgeleiteten Toleranzgrenze (57;9) für die Defokussierung eines aberrationsfreien Objektivs als gleichbedeutend mit der 80%-Forderung erkannt. Ähnliche Übereinstimmung findet man auch für die beiden einfachsten Formen von sphärischer Aberration, so daß man auch die Toleranzen nach (57;11 und 10) unbesorgt verwenden kann.

Bei der *Lochkamera* handelt es sich ebenfalls um eine Art von „falscher Einstellung": die ebene Welle, welche vom Objekt $s = \infty$ herkommt und die kleine kreisförmige Öffnung vom Durchmesser $2h$ durchsetzt, würde zwar das Optimum der Definitionshelligkeit im Abstand $s' = \infty$ geben, aber nicht das Maximum der Lichterregung! Denn der beleuchtende Raumwinkel $\omega' = \pi \cdot \left(\frac{h}{s'}\right)^2$ wächst bei gegebenem h durch Verkleinern von s'; gleichzeitig wächst aber bei der Cornu-Kurve (hier ein Kreisbogen) der Zentriwinkel $\Delta\varphi = 2\pi \frac{\Delta g}{\lambda} = \frac{\pi \cdot h^2}{s' \cdot \lambda}$, der als Argument der Funktion $\frac{\sin \Delta\varphi/2}{\operatorname{arc} \Delta\varphi/2}$ die Konzentration des Lichtes im Beugungsbild regelt. Wo liegt das Optimum? Einfacher beantwortet sich die Frage, wenn s' vorgegeben und h gesucht ist. Wegen $\Delta\varphi = \omega \cdot s'/\lambda$ liegt dann der Radius der Cornu-Kurve fest; die gesuchte maximale Länge der Sehne bekommt man für den Halbkreis $\Delta\varphi = \pi$, also $h = \sqrt{s' \cdot \lambda}$ oder das Öffnungsverhältnis $2h/s' = 2\sqrt{\lambda/s'}$. Verglichen mit dem Bild im Fokus einer Linse gleicher Brennweite ($f = s'$) und Öffnung beträgt die Definitionshelligkeit allerdings nur $(2/\pi)^2$ oder rund 40%.

§ 62. Zum Schluß noch der Zusammenhang zwischen Beugung und *Fourier-Transformation.* Wenn man für den Aufpunkt in der Achse die Lichterregung nach (59;6) berechnet hat – $l_0(x, y)$ sei die für diesen Aufpunkt gültige Wellenaberration – und nun in der gleichen Bildebene zum benachbarten Aufpunkt L'_x, L'_y übergeht, so ändert sich unter dem Integral praktisch nur die Wellenaberration: $l(x, y)$ anstatt bisher $l_0(x, y)$.

Eine einfache Rechnung liefert die Differenz dieser Aberrationen: nach Pythagoras bildet man das Quadrat des Abstands vom Punkt x, y, z zu jedem der beiden Aufpunkte; die Differenz dieser Quadrate ist praktisch gleich $2R(l - l_0)$. Also

$$(62;1) \qquad l(x, y) = l_0(x, y) - \frac{x \cdot L'_x + y \cdot L'_y}{R} + \frac{L'^2_x + L'^2_y}{2R} .$$

Der letzte Term rechts soll nach Voraussetzung (Achsnähe!) so klein sein, daß er fortbleiben darf. Dann gibt (59;6)

$$(62;2) \qquad \mathfrak{G}(L'_x, L'_y) = \frac{1}{R^2} \iint A(x, y) \cdot e^{\frac{2\pi i}{\lambda} \cdot l_0} \times$$

$$\times\, e^{-2\pi i \frac{x \cdot L'_x + y \cdot L'_y}{\lambda \cdot R}} \cdot dx \cdot dy \quad \text{oder}$$

$$(62;3) \qquad \mathfrak{G}(L'_x, L'_y) = \iint \mathfrak{W}(x, y) \cdot e^{-2\pi i \frac{x \cdot L'_x + y \cdot L'_y}{\lambda \cdot R}} \times$$

$$\times\, d\left(\frac{x}{R}\right) d\left(\frac{y}{R}\right)$$

mit der Abkürzung

$$(62;4) \qquad \mathfrak{W}(x, y) = A(x, y) \cdot e^{\frac{2\pi i \cdot l_0(x,y)}{\lambda}}$$

für die sogenannte *Wellenfunktion.* Insbesondere wird

$$(62;5) \qquad \mathfrak{G}_0 = \mathfrak{G}(0, 0) = \iint \mathfrak{W}(x, y) \cdot d\left(\frac{x}{R}\right) \cdot d\left(\frac{y}{R}\right) .$$

Geht man über zu den Variablen $p = x/R$, $q = y/R$, $s = L'_x/\lambda$ und $t = L'_y/\lambda$, so erkennt man durch Vergleich von (62;3) mit (1) auf Seite 206, daß die *Lichterregung* durch *Fouriertransformation* aus der *Wellenfunktion* hervorgeht.

Es versteht sich aber, daß die Variablen p, . . . , t nicht notwendig dimensionslos sein müssen! Wesentlich ist allein, daß hier $p \cdot s = \frac{x \cdot L'_x}{R \cdot \lambda}$ und $q \cdot t = \frac{y \cdot L'_y}{R \cdot \lambda}$ bleibt. Wie die wellenoptischen Beispiele auf Seite 207 bis 210 zeigen, wählt man p, q vorzugsweise gleich den Ortskoordinaten x, y; dann bekommen s, t die Dimension einer reziproken Länge (bisweilen „Ortsfrequenz" genannt). Vergl. S. 266 und § 65.

Anhang III.
Unscharfe Abbildung

§ 63. Unter der Voraussetzung punktscharfer Abbildung war in § 21 die Formel $E = B \cdot \omega'$ abgeleitet worden: die Beleuchtungsstärke E im Bildpunkt x', y' errechnet sich als Produkt aus dem beleuchtenden Raumwinkel ω' und der Leuchtdichte $B(x, y)$ im zugeordneten Objektpunkt x, y. Dabei wurde Zuordnung durch Gaußische Abbildung angenommen.

Was wird aus dieser Beziehung, wenn die Strahlenvereinigung nicht mehr vollkommen ist? Das Licht, welches von x, y herkommt, beleuchtet nun ein ganzes Zerstreuungsscheibchen und wird entsprechend „verdünnt“. Andererseits bekommt der festgehaltene Bildpunkt x', y' nun auch Anteile von dem Licht, das von den Nachbarpunkten $x_u = x - \xi$, $y_u = y - \eta$ herrührt. Dabei sind alle diejenigen Punkte x_u, y_u beteiligt, für welche die *Verwaschungsfunktion* $V(\xi, \eta)$ von Null verschieden ist. Wie der Name andeutet, erscheint die Verteilung der Leuchtdichte im Objekt durch die Unschärfe verwaschen, so daß der Wert $B(x, y)$ nun zu ersetzen ist durch

$$(63;1) \qquad \mathcal{B}(x, y) = \int\int B(x - \xi, y - \eta) \cdot V(\xi, \eta) \cdot d\xi \cdot d\eta \; ;$$

jeder Nachbarpunkt liefert seinen Anteil dE proportional dem Produkt aus seiner Leuchtdichte und dem Gewichtsfaktor $V(\xi, \eta)$ mit $\int\int V(\xi, \eta) \cdot d\xi \cdot d\eta = 1$.

Man erkennt den Zusammenhang zwischen der Funktion $V(\xi, \eta)$ und dem Punktbild („Lichtgebirge“), das zu der unscharfen Abbildung gehört: $V(\xi, \eta)$ beschreibt die Helligkeitsverteilung in diesem Punktbild, wenn es rückwärts in die Objektebene verlegt und auf das Volumen („Masse“) 1 normiert wird. An die Stelle der früheren Formel $E = B \cdot \omega'$ tritt jetzt der *Faltungssatz der optischen Abbildung*

$$(63;2) \qquad E = \mathcal{B} \cdot \omega' \quad \text{mit} \quad \mathcal{B} = B * V;$$

maßgebend für die Verteilung der Beleuchtungsstärke im Bild ist nicht mehr die Funktion $B(x, y)$, welche die Verteilung der Leuchtdichte im Objekt beschreibt, sondern das → Faltungsprodukt aus dieser Funktion und der Verwaschungsfunktion $V(\xi, \eta)$. Da der Faltungsprozeß eine Mittelbildung darstellt, bewirkt er eine Abrundung von scharfen Konturen („Unschärfe") und ein Absinken der Kontraste im Bild kleiner Objekte oder kleiner Einzelheiten, wodurch diese verschwinden können, indem sie unter die Schwelle des Beobachters geraten.

Besonders anschaulich kann man diese Wirkungen verfolgen im Sonderfall, daß ein „Schwarz-Weiß-Objekt" abgebildet werden soll, also ein Objektfeld ohne Halbtöne.

Nimmt man an, daß die Leuchtdichte im Objekt nur gleich 0 oder 1 sein kann, so wirkt der Faktor B unter dem Integral

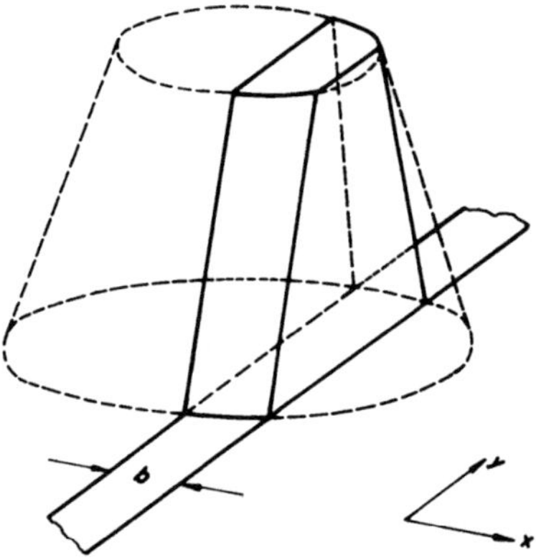

Abb. 63;1

in (63;1) offenbar wie eine Schablone, die nur an den Stellen $x_u = x - \xi$, $y_u = y - \eta$ mit $B(x_u, y_u) = 1$ durchlässig ist. Dadurch entsteht bei der Integration ein Ausschnitt aus dem Lichtgebirge, dessen Lage und Größe im Bereich der ξ, η natürlich mit x, y wechselt.

So kommt man zum *Satz von André:*

Bei einem Schwarz-Weiß-Objekt ist die scheinbare Leuchtdichte $B(x, y)$ gleich demjenigen Teilvolumen des Lichtgebirges $V(\xi, \eta)$, welches von den durchlässigen Teilen $B(x - \xi, y - \eta) = 1$ der „Objektschablone“ freigegeben wird, wenn man diese so anordnet, daß der Punkt x, y der Schablone mit dem Punkt $\xi = 0$, $\eta = 0$ des Lichtgebirges zusammenfällt.

Die Abbildung zeigt am Beispiel des Spaltes endlicher Breite („des Balkens“), wie man das Profil des Bildes in Abhängigkeit von x erhält, wenn das Lichtgebirge in Richtung x verschoben wird. Verschiebung in Richtung y ist bei diesem eindimensionalen Objekt offenbar ohne Wirkung.

Man erkennt unmittelbar, daß man im Maximum dieses Profils die „richtige“ Beleuchtungsstärke $E_{max} = \omega' \cdot 1$ erst dann bekommen kann, wenn die Breite b des Balkens mindestens gleich dem Durchmesser des Lichtgebirges wird, so daß $B = 1$ werden kann.

Auf der anderen Seite liefert der Übergang $b \to 0$ das *Linienbild* mit dem Profil $L(\xi)$

(63;3) $$L(\xi) = \int_{-\infty}^{\infty} V(\xi, \eta) \cdot d\eta \ .$$

Als Bild der *Schwarz-Weiß-Kante* (bei der $B = 0$ für negative x und $B = 1$ für $x \geqslant 0$) bekommt man entsprechend das

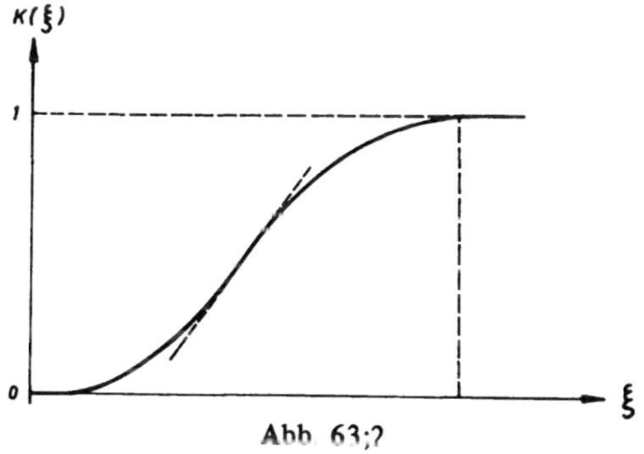

Abb. 63;2

Kantenbild $K(\xi)$. Hier ist die Stufenhöhe stets gleich 1 (als Volumen des Lichtgebirges); der Anstieg ist um so steiler, je kleiner der Durchmesser des Lichtgebirges ist. Offenbar ist die Ableitung („Gradient") $\frac{\mathrm{d}K}{\mathrm{d}\xi} = L(\xi)$. Verwendet man also das Quadrat dieses Gradienten, integriert über die Gesamtbreite der Kante, als Maß für die Bildgüte, so hat man tatsächlich mit dem $\int_{-\infty}^{\infty} [L(\xi)]^2 \cdot \mathrm{d}\xi$ gearbeitet. Analog wie für $V(\xi, \eta)$ gilt auch für $L(\xi)$ ein Erhaltungssatz

$$(63;4) \qquad \int_{-\infty}^{\infty} L(\xi) \cdot \mathrm{d}\xi = 1 \,.$$

Nebenbei eine Bemerkung zu den Grenzen $-\infty$ bis $+\infty$ bei den Integralen: diese haben keine physikalische Bedeutung, weil die Integranden nur in sehr begrenzten Gebieten von Null verschieden sind; sie sollen aber die Anwendung von mathematischen Sätzen erleichtern.

Besondere Bedeutung gewinnt der Faltungssatz der optischen Abbildung im Zusammenhang mit der Abbildung gitterartiger Objekte – speziell dann, wenn diese dazu dienen, die Leistung eines optischen Systems zahlenmäßig zu kennzeichnen.

§ 64. Zunächst aber muß die optische Übertragungsfunktion betrachtet werden.

Früher prüfte man vorzugsweise das *Auflösungsvermögen.* Der Doppelstern, dessen „Auflösung" als Kriterium dienen soll, wird nur bei theoretischen Überlegungen verwendet. Bei technischen Messungen benutzte man seit *Foucault* Strichgitter mit verschiedenen Werten der Gitterkonstanten d. Beliebt

Abb. 64;1

waren Foucaults Miren (siehe Abb.). Als Auflösungsgrenze wurde der reziproke Wert 1/d für das feinste noch auflösbare Gitter angegeben. Als auflösbar galt ein Gitter schon dann, wenn der Beobachter lediglich die Orientierung der Gitterstriche zu erkennen vermochte. Ähnlich wird auch beim → Landoltschen Ring verfahren.

Leider hängt die jeweils festgestellte Auflösungsgrenze nicht nur von der Abbildungsgüte des Geräts sondern auch von der *Sehleistung* des Beobachters ab; diese wird stark beeinflußt durch die wirksame Leuchtdichte. Vor allem aber kann man durch *„falsche Auflösung"* (spurious resolution) getäuscht werden, indem Gitter mittlerer Feinheit nicht mehr aufgelöst werden, noch feinere Gitter dagegen wieder aufgelöst erscheinen.

Schließlich lag hier nur eine *subjektive Beurteilung* vor; eine *objektive Messung* ist besser.

Die Verwendung des sogenannten *Siemens-Sterns* oder Radialgitters (Nutting; Ströble) brachte einen wesentlichen Fortschritt in der Technik, besonders bei photographischer Auswertung.

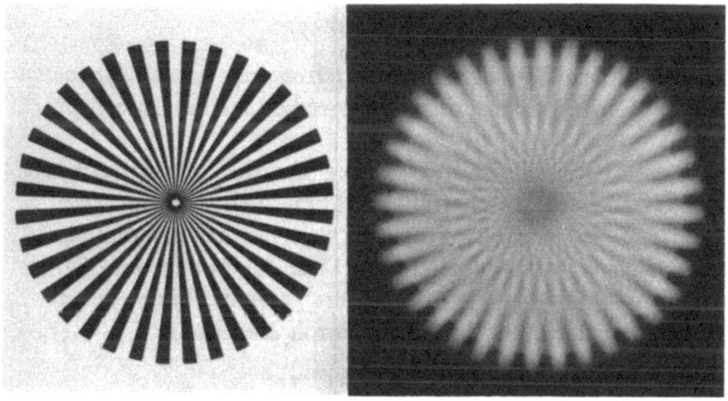

a b

Abb. 64:2

Es blieb aber die Schwierigkeit mit dem Kriterium „Auflösung“: ein spezielles optisches System kann in der Auflösung einem anderen überlegen sein, obwohl es im praktischen Gebrauch schlechter beurteilt wird! Heute bevorzugt man die

Messung der optischen Übertragungsfunktion.

Die abgekürzte Bezeichnung „Übertragungsfunktion“ wird hier absichtlich gewählt, weil für die ausführliche Bezeichnung keine Übereinstimmung besteht. Die Literatur spricht u. a. von Kontrastübertragungsfunktion (KÜF) oder contrast-transfer-function (ct-function), neuerdings von Modulations-Übertragungsfunktion. Auch hier werden Gitter als Testfiguren verwendet. Anstelle der bisher üblichen Strichgitter benutzt man vorzugsweise sogenannte *Sinusgitter.* Das sind Gitter, deren

Abb. 64;3

Profil (das ist die Leuchtdichte in Abhängigkeit von der Ortskoordinate x) beschrieben wird durch die Funktion

$$(64;1) \qquad B(x) = 1 + \cos(2\pi \cdot \nu \cdot x)\ .$$

Dabei ist ν die sogenannte *Ortsfrequenz* (spatial frequency), angegeben in Linien pro mm, bisweilen auch in Linien pro Grad.

Diese Gitter haben den Vorzug, daß die Sinusform ihres Profils auch bei unscharfer Abbildung nicht verloren geht, während das Rechteck-Profil des Strich- oder Balken-Gitters erheblich verformt werden kann. Wie die Abbildung zeigt, kann man das Bild des Sinusgitters – wieder bleibt ein unwesentlicher Faktor beiseite – durch die Funktion

$$(64;2) \qquad E(x) = 1 + \eta(\nu) \cdot \cos(2\pi \cdot \nu \cdot x + \psi(\nu))$$

beschreiben. Hier kennzeichnet $\eta(\nu) = \dfrac{E_{max} - E_{min}}{E_{max} + E_{min}}$ den ver-

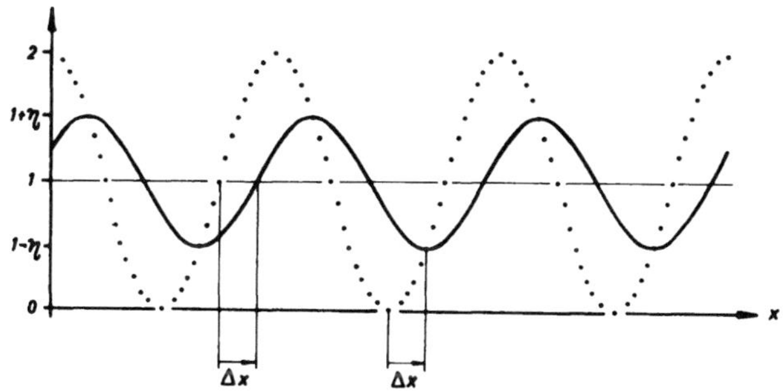

Abb. 64;4

minderten Kontrast. $\psi(\nu)$ beschreibt die Verschiebung des Gitterbildes gegenüber der Soll-Lage in Bruchteilen der Periode. Mit der gemessenen Verschiebung Δ x hängt $\psi(\nu)$ zusammen durch $\psi(\nu) = -2\pi \cdot \nu \cdot \Delta z$: je feiner das Gitter, je höher also seine Ortsfrequenz ν, desto kleiner ist die Verschiebung Δ x, die zu einem bestimmten Wert $\psi(\nu)$ gehört. Für viele Anwendungen interessiert nur der *Kontrastverlust,* so daß eine Dar-

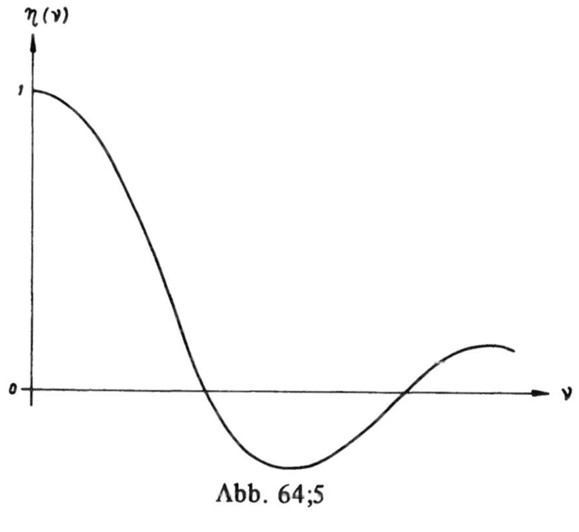

Abb. 64;5

stellung der Größe η in Abhängigkeit von ν genügt. Negative Werte von η bedeuten dann eine *Kontrastumkehr,* wie sie im Bild des Siemenssterns in Abb. 64;2 rechts zu sehen ist: dunkel mit hell vertauscht. $\eta(0) = 1$ folgt daraus, daß ein sehr grobes Gitter durch die Abbildung nicht verschlechtert werden kann, so daß $E_{min} = 0$ bleiben muß – andernfalls handelt es sich um eine Störung durch Falschlicht oder Fremdlicht.

Die eigentliche Übertragungsfunktion $\ddot{U}(\nu)$ erfaßt man aber nur in der Schreibweise mit komplexen Größen

$$(64;3) \qquad \ddot{U}(\nu) = \eta(\nu) \cdot e^{i \cdot \psi(\nu)} \, .$$

Ihr entspräche die räumliche Darstellung in Zylinderkoordinaten (mit Radius $\eta(\nu) \geqslant 0$ und Drehwinkel $\psi(\nu)$). Bequemer zu zeichnen ist eine Zerlegung in Real- und Imaginärteil: oben der Realteil $\eta(\nu) \cdot \cos \psi(\nu)$, darunter (quasi als Grundriß) der Imaginärteil $\eta(\nu) \cdot \sin \psi(\nu)$.

Die komplexe Schreibweise für die Übertragungsfunktion empfiehlt sich schon darum, weil für jeden Wert ν zwei Meßgrößen η und ψ festzuhalten sind. Sie bietet außerdem den Vorteil, daß sich die Wirkung einer *Abbildungskette* besonders übersichtlich formulieren läßt.

Hier gilt nämlich der

Produktsatz der Übertragungsfunktion:

Wenn man mehrere (nicht kohärente!) Abbildungsprozesse nacheinander ausführt, welche einzeln durch die Übertragungsfunktionen $\ddot{U}_1(\nu), \ddot{U}_2(\nu) \ldots \ddot{U}_k(\nu)$ beschrieben werden, so kann man den Übergang vom ursprünglichen Objektgitter zum k^{ten} Bildgitter gleich durch die resultierende Übertragungsfunktion $\ddot{U}_{1-k}(\nu)$ beschreiben, die sich für jeden Wert der (gemeinsamen!) Ortsfrequenz ν als Produkt komplexer Zahlen berechnen läßt entsprechend dem Produktsatz

$$(64;4) \qquad \ddot{U}_{1-k}(\nu) = \ddot{U}_1(\nu) \cdot \ddot{U}_2(\nu) \ldots \ddot{U}_k(\nu) \, .$$

Bei dieser Multiplikation im Anschluß an die Schreibweise (64;3) addieren sich die Exponenten, während sich die Schwächungsfaktoren $\eta(\nu)$ multiplizieren:

$$\psi_{1-k}(\nu) = \psi_1(\nu) + \psi_2(\nu) + \ldots + \psi_k(\nu)\,,$$

$$\eta_{1-k}(\nu) = \eta_1(\nu)\cdot\eta_2(\nu)\cdot\ldots\cdot\eta_k(\nu)\,.$$

Dieser Produktsatz beruht darauf, daß sich jedes der vorkommenden Gitter bis auf unwesentliche Faktoren durch einen Ausdruck (64;2) beschreiben läßt. Die Eins soll nur das Auftreten negativer Werte verhindern. Der 2. Summand stellt sich dar als Projektion einer Schraube, deren Radius ursprünglich den Wert 1 hatte, durch Schwächung des Kontrastes bei der Abbildung aber auf $\eta(\nu)$ verkleinert wurde, während die Verschiebungsgröße $\psi(\nu)$ als Drehung der Schraube um den Winkel ψ zu deuten ist. Jede neue Abbildung gibt zusätzlich einen Schwächungsfaktor $\eta(\nu)$ beim Kontrast und eine neue Verschiebung Δx beim Gitter, somit eine zusätzliche Drehung $\psi(\nu)$ bei der Schraube.

Als *Beispiel einer Abbildungskette* kann man die Herstellung eines photographischen Bildes betrachten.

Der 1. Prozeß liefert z. B. ein Kleinbildnegativ; die zugehörige Übertragungsfunktion ist $\ddot{U}_1(\nu)$. Das Positiv entsteht daraus durch Vergrößern; diesem 2. Prozeß entspricht $\ddot{U}_2(\nu)$. Strenggenommen müßte man übrigens bei jedem der beiden Prozesse die optische Abbildung und die photographische Entwicklung des „aufbelichteten" Bildes für sich betrachten; jeder dieser Teilprozesse hat seine eigene Übertragungsfunktion. Eine etwas längere Kette ergibt sich beim *Fernsehen;* dieses Beispiel veranlaßte *O. Schade* 1951 zur Einführung der Übertragungsfunktion. Neben den verschiedenen optischen Abbildungen, bei denen (mit eigener Übertragungsfunktion!) auch das Auge des Betrachters mitwirkt, sind hier noch die Einflüsse der Elektronenoptik (bei Aufnahme und Wiedergabe) sowie die Wirkung von Sender und Empfänger des Rundfunks zu berücksichtigen.

Sobald in einer derartigen Abbildungskette auch nur eines der Glieder – z. B. das Auge oder die Photoschicht – als *Tiefpaß* mit der Frequenzgrenze ν_g arbeitet, so daß Werte

$|\nu| > \nu_g$ für die Abbildung durch dieses Element wertlos sind, dann lohnt es sich wegen des Produktsatzes (64;4) auch bei den anderen Gliedern der Kette nicht, die Werte $\text{Ü}(\nu)$ für $|\nu| > \nu_g$ zu betrachten.

Eine Warnung muß allerdings beachtet werden:

Das Arbeiten mit den hier behandelten Übertragungsfunktionen und speziell die Anwendung des Produktsatzes ist nur bei *inkohärenter* Abbildung gestattet. Diese Voraussetzung ist jedenfalls dann gegeben, wenn man jeweils mit einer zeitlichen Unterbrechung zwischen den einzelnen Abbildungsvorgängen der Kette rechnen darf. Wieweit die Streuung an Mattscheibe oder Projektionswand bereits als Unterbrechung wirkt, muß stets geprüft werden.

§ 65. Nach dieser Vorbereitung soll der Zusammenhang zwischen dem Faltungssatz (63;1) und der Übertragungsfunktion hergestellt werden.

Wenn dieser Faltungssatz auf ein gitterartiges Objekt angewendet wird – dadurch definiert, daß die Leuchtdichte B(x) von y unabhängig ist – so bekommt man

$$(65;1)\qquad \mathit{B}(x) = \int B(x-\xi)\left[\int V(\xi,\eta)\,d\eta\right]\cdot d\xi = \\ = \int B(x-\xi)\cdot L(\xi)\cdot d\xi\ .$$

Hier wirkt also das Linienbild (63;3) anstatt des Punktbildes $V(\xi, \eta)$ als Verwaschungsfunktion.

Wählt man nun speziell das Sinusgitter (64;1) als Objekt, so bekommt man unter Benutzung der Formel $\cos(a-b) = \cos a \cdot \cos b + \sin a \cdot \sin b$:

$$B(x) = \int [1 + \cos 2\pi\cdot\nu\cdot(x-\xi)]\cdot L(\xi)\cdot d\xi = \\ = \int L(\xi)\cdot d\xi + \cos 2\pi\cdot\nu\cdot x\cdot\int L(\xi)\cdot\cos 2\pi\cdot\nu\cdot\xi\cdot d\xi + \\ + \sin 2\pi\cdot\nu\cdot x\int L(\xi)\cdot\sin 2\pi\cdot\nu\cdot\xi\cdot d\xi .$$

Wegen (63;4) ist das erste dieser Integrale gleich 1. Auf der anderen Seite soll B(x) durch die Funktion (64;2) beschrieben werden. Wenn man hier den cos der Summe umformt und die Faktoren einander gleich setzt, mit denen $\cos 2\pi\cdot\nu\cdot x$ bzw.

$\sin 2\pi \cdot \nu \cdot x$ hier auf beiden Seiten auftreten, bekommt man

$$\eta(\nu) \cdot \cos \psi(\nu) = \int L(\xi) \cdot \cos 2\pi \cdot \nu \cdot \xi \cdot d\xi \quad \text{und}$$

$$\eta(\nu) \cdot \sin \psi(\nu) = -\int L(\xi) \cdot \sin 2\pi \cdot \nu \cdot \xi \cdot d\xi \ .$$

Zusammen mit der Verabredung (64;3) hat man also

$$\text{(65;2)} \qquad \ddot{U}(\nu) = \int L(\xi) \cdot e^{-2\pi i \cdot \nu \cdot \xi} \cdot d\xi \ ;$$

das heißt: die Übertragungsfunktion $\ddot{U}(\nu)$ entsteht durch → *Fouriertransformation* aus dem Linienbild $L(\xi)$.

Abgesehen von der allgemeinen Einsicht, welche dieser Satz vermittelt, führt er auch zu praktischen Folgerungen.

Zunächst zeigt (65;2) einen Weg, wie man aus dem gemessenen Linienbild die Übertragungsfunktion durch Integration finden kann – beispielsweise mit einem Analogrechner (*J. Hertel* 1963). Zum andern bringt dieser Satz die Verbindung zu den Sätzen aus der Theorie der Fourier-Transformation (→ § 50). Beispielsweise gilt die Umkehrung

$$\text{(65;3)} \qquad L(\xi) = \int \ddot{U}(\nu) \cdot e^{2\pi i \nu \xi} \cdot d\nu \ ,$$

so daß man insbesondere den Zentralwert $L(0)$ des Linienbildes, der auch als Gütemaß dienen kann, als Integral über die Funktion $\ddot{U}(\nu)$ erhält: $L(0) = \int \ddot{U}(\nu) \cdot d\nu$.

Vor allem verfügt man über den → Produktsatz der Fourier-Transformation, der oben für die Abbildungskette bereits direkt gewonnen wurde: jeder neuen Abbildung entspricht die Faltung des bisher erhaltenen Linienbildes mit der neuen Verwaschungsfunktion und die Multiplikation der bisher erhaltenen Übertragungsfunktion mit der Fourier-Transformierten dieser neuen Verwaschungsfunktion. Unter Umständen läßt sich dieser Schritt sogar rückwärts vollziehen: „Entfaltung" bei der Verwaschungsfunktion bewirkt über Division bei der Übertragungsfunktion.

Nun ein praktisches Beispiel! Gesucht ist die Übertragungsfunktion für die *unscharfe Einstellung.* Das Linienbild soll allein durch Defokussieren um die Strecke Δz ohne andere Abbildungsfehler zustande kommen. Wählt man Δz so groß, daß auch die Beugung zu vernachlässigen ist, so erscheint das Profil $L(\mathrm{x})$ als Rechteck, dessen Breite b mit dem Öffnungsverhältnis Ö und der Strecke Δz bekanntlich durch $\mathrm{b} = \mathrm{Ö} \cdot \Delta z$ zusammenhängt. Die Fläche dieses Profils muß wegen (63;4) gleich 1 sein, daher seine Höhe $\mathrm{h} = 1/\mathrm{b}$.

Legt man dieses Profil symmetrisch zum Nullpunkt, so verschwindet im Integral $\ddot{\mathrm{U}}(\nu) = \frac{1}{\mathrm{b}} \int_{-\mathrm{b}/2}^{\mathrm{b}/2} \mathrm{e}^{-2\pi i \nu \mathrm{x}} \cdot \mathrm{d\,x}$ der Imaginärteil; für den Realteil bekommt man

$$\ddot{\mathrm{U}}(\nu) = \frac{2}{\mathrm{b}} \int_{0}^{\mathrm{b}/2} \cos 2\pi \cdot \nu \cdot \mathrm{x} \cdot \mathrm{d\,x} = \frac{\sin \pi \cdot \nu \cdot \mathrm{b}}{\pi \cdot \nu \cdot \mathrm{b}}.$$

Wird Δz und damit b groß genug gewählt, dann zeigt die Übertragungsfunktion schon innerhalb des praktisch interessanten ν-Bereichs mehrfachen Wechsel des Vorzeichens und damit die Kontrastumkehr, welche die Abbildung 64;2 vorführt.

In der Regel hängt das Profil L des Linienbildes von der Orientierung der Objektlinie, also ihrem Azimut ϑ ab. Eine entsprechende Abhängigkeit ist bei der Übertragungsfunktion zu erwarten; demgemäß könnte man $\ddot{\mathrm{U}}(\nu, \vartheta)$ über den Polarkoordinaten ν (als Radius) und ϑ (als Winkel) auftragen. Wenn anstelle dieser Polarkoordinaten die rechtwinkligen Koordinaten ν_x, ν_y verwendet werden, erhält man die zweidimensionale Übertragungsfunktion als Fouriertransformierte des Punktbildes $\mathrm{V}(\mathrm{x}, \mathrm{y})$

$$(65;4) \qquad \ddot{\mathrm{U}}(\nu_\mathrm{x}, \nu_\mathrm{y}) = \int\!\!\int_{(-\infty)}^{(\infty)} \mathrm{V}(\mathrm{x}, \mathrm{y}) \cdot \mathrm{e}^{-2\pi i(\nu_\mathrm{x} \cdot \mathrm{x} + \nu_\mathrm{y} \cdot \mathrm{y})} \cdot \mathrm{d\,x} \cdot \mathrm{d\,y}.$$

Lösungen

Zu 1: a) Beide Anordnungen sind möglich. b) f_3 gleich Abstand des Schirms vom Okular = 50 cm. $|\gamma| = 20$ gibt dann $f_{13} = 10$ m. c) Hier ist $f_{12} = f_1 \cdot \beta_2$; nach Newton gilt $\beta_2 = -x_2'/f_2$, wo $x_2' = 50$ cm und $x_2 = -e_{12} \cdot f_1 = 1$ m führt auf $\beta_2 = -10$, daher $f_2 = 5$ cm und $e_{12} = 5$ mm: das Okular wird herausgezogen. d) $\gamma = -20$ wie bei b).

Zu 2: a) Allemal folgt B aus $E = B \cdot d\omega'$. Entweder die Sonne abbilden mit einer Linse; deren Öffnungsverhältnis gibt $d\omega'$. Oder E messen bei direkter Einstrahlung (mit senkrechtem Einfall); dann ist $d\omega' = \frac{\pi}{4}\left(\frac{1}{100}\right)^2$.

Zu 3: a) Die Behauptung ist falsch. Bei der strahlenden Oberfläche der Sonne hängt die Leuchtdichte von der Ausstrahlungsrichtung ab. b) Sie ist unabhängig von der Richtung. c) Nein – eben wegen b).

Zu 4: a) Sonnenfinsternis! b) $\text{arc}\, 2w = \frac{1}{100}$ gibt $f \geqslant 1$ m. Winkelgeschwindigkeit 360° in 24 Stunden oder $\Delta w =$ = 15 Bogensekunden in $\Delta t = 1$ Zeitsekunde. Wegen arc 15″ = $= 75 \cdot 10^{-6}$ ergibt sich Unschärfe $\Delta L' = 75 \cdot 10^{-3}$ mm für $f = 1$ m bei 1 sec Belichtung. $\Delta L' \leqslant 12 \cdot 10^{-3}$ mm fordert daher $f \cdot \Delta t \leqslant 12/75$ m · sec. c) Annahme $f = 1$ m und $\Delta t = 1/7$ sec fordert $E \geqslant 0{,}224$ lux, damit die Belichtung 0,032 lux sec wird. Wegen $\bar{B} = \frac{1}{4}$ sb und $E = 10^4 \cdot \bar{B} \cdot d\omega'$ muß also $d\omega' = \frac{\pi}{4} \cdot Ö^2 \geqslant 0{,}9 \cdot 10^{-4}$ oder das Öffnungsverhältnis $Ö \geqslant 1:93$ bleiben: freier Durchmesser $D \geqslant 11$ mm würde hier reichen. d) $\rho'/f \leqslant 12 \cdot 10^{-6} = \text{arc}\, 2{,}5''$ fordert nach der bekannten Regel (D = 120 mm für 1″ Beugungsunschärfe) D ⩾ 48 mm für f = 1 m oder Ö ⩾ 1 : 21. Das bedeutet den Faktor $20 = \left(\frac{93}{21}\right)^2$ bei dω' oder Zunahme der Belichtung auf 0,64 lux sec bei $\Delta t = \frac{1}{7}$ sec, so daß man Negativmaterial mit Empfindlichkeit unter 10 °DIN verwenden oder Δt entsprechend verkleinern könnte. Verdoppelung von f würde auch Verdoppelung von D fordern, damit die Unschärfe $\Delta L'$ infolge Beugung nicht zunimmt. Demnach wäre eher zu prüfen, ob man nicht f halbieren und den gewünschten Durchmesser des Mondbildes durch entsprechend stärkere Vergrößerung gewinnen soll, zumal Negativmaterial geringerer Empfindlichkeit ein erheblich feineres Korn besitzen kann.

Zu 5: a) Zu Ö = 1 : 21 oder sin u′ = 0,024 gehört die Kenngröße $\lambda/\sin^2 u' = \frac{5,5}{5,8}$ mm = 0,95 mm. Die Rayleigh-Toleranz beträgt somit 3,8 mm für den Öffnungsfehler und $|\Delta s'| \leqslant 0{,}47$ mm für falsche Einstellung. b) $f/\nu = 16{,}7$ mm chromatische Längsaberration (visuell zwischen rot und blau) ist erheblich zu groß, so daß Berechnung des Öffnungsfehlers für die Linse nicht lohnt. c) Nach Seite 227 f. wird $\Delta s'_{Rd} = -\frac{3}{42}$ mm: das ist belanglos. d) Vom freien Durchmesser des Fangspiegels, der maximal 16 mm betragen darf, benötigt man weniger als 2 mm für das Mittenbüschel (weil er so nahe am Brennpunkt liegt). Daher kann ein Bild bis zum Durchmesser 14 mm vignettefrei abgebildet werden.

Zu 6: a) $E_N = d\Phi/F_N$ ist unabhängig von der Fläche F_0, weil Zähler und Nenner dieser Größe proportional sind. Da die „Verdichtung“ proportional dem Quadrat des Verhältnisses der Brennweiten $f_{Obj} : f_{Auge}$ ausfällt, ist $E_N = E_0 \cdot (f_{Obj}/f_{Auge})^2$. b) Man setzt ein spiegelndes Prisma entsprechender Kantenlänge auf die Oberfläche (EP) des Objektivs. Der Beobachter kann das quadratisch begrenzte „Infeld“, das vom künstlichen

Stern beleuchtet ist, mit dem daran grenzenden „Umfeld“ (vom Prüfling beleuchtet) bequem vergleichen. c) E_N aus a) ist zu vergleichen mit $E'_N = 10^4 \bar{B} \cdot d\omega'$, wobei $d\omega'$ für das freie Auge gleich $\frac{\pi}{4} \cdot (7/f_{Auge})^2$ wird. Ansatz $E_N = E'_N$ gibt nach Multiplikation mit f^2_{Auge}: $E_0 \cdot f^2_{Obj} = \frac{\pi}{4} \cdot 49 \cdot 10^4 \bar{B}$ oder mit $E_0 = 1{,}5 \cdot 10^{-7}$ lux und $f = 1$ m: $\bar{B} = 3{,}9 \cdot 10^{-7}$ sb bzw. $1{,}2 \cdot 10^{-2}$ asb.

Zu 7: a) $E_N = \text{const}\,(\gamma_{Norm}/\gamma)^2$. b) Nein. c) Beides.

Zu 8: a) $\log E_0$ zwischen $-\frac{15{,}2}{2{,}5} = +0{,}92 - 7$ und $-\frac{20{,}2}{2{,}5} = 0{,}92 - 9$ oder E_0 zwischen $8{,}3 \cdot 10^{-7}$ lux und $8{,}3 \cdot 10^{-9}$ lux. b) Die Aufhellung des Himmelsgrunds stört im Freien und hebt dort den Schwellenwert. d) Wegen $\log 1{,}01 = 0{,}0043$ wird $\Delta m = 0{,}0108$. Das heißt: $\Delta m = \frac{1}{100}$ entspricht 1% Unterschied der Leuchtdichte.

Zu 9: a) $\Delta s' = \frac{1}{1000} \cdot D \cdot f^2$. b) $\sin u' = h/f$ gibt $\lambda/\sin^2 u' = \left(\frac{f}{h}\right)^2 \cdot \lambda$. Aus $|\Delta s'| \leqslant \frac{1}{2} \lambda/\sin^2 u'$ wird somit $|D| \leqslant 500 \cdot \lambda/h^2$. c) $h = 1$ mm mit $\lambda = 5 \cdot 10^{-4}$ mm fordert als obere Grenze für $|D|$: 0,25 dptr bei falscher Einstellung und Astigmatismus, 2 dptr beim Öffnungsfehler. $h = 1$ bedeutet „kritische Blende“ des Auges.

Zu 10: a) $\sin u' = 1/30$ gibt $\lambda/\sin^2 u' = 900 \cdot 5 \cdot 10^{-4}$ mm = 0,45 mm ist zu vergleichen mit $f/2000 = 0{,}6$ mm; die Toleranz für falsche Einstellung ist also um den Faktor 3/8 kleiner als das sekund. Spektrum. b) $f/2000 \leqslant \frac{4}{3} \lambda/\sin^2 u'$ oder abgerundet $f \cdot \lambda \geqslant \left(\frac{d}{100}\right)^2$, wenn Durchmesser d, Brennweite f und Wellenlänge λ in mm gegeben.

Zu 11: Zum AP-Durchmesser $\frac{80}{40}$ mm = 2 mm gehört nach 9 die Rayleigh-Grenze 0,25 dptr für Astigmatismus: hier 4mal so groß. b) Beim Drehen des Fernrohrs um seine Achse blieb der Astigmatismus unverändert. c) Vor dem Fernrohr ist D_m gleich 1 dptr: $\gamma^2 = \frac{1}{1600}$ dptr. d) $R_s = \infty$, $R_m = 1{,}6$ km.
e) Pfeilhöhe $= \frac{1}{2} h^2/R_m = \frac{1600}{3200} \cdot 10^{-3}$ mm $= \lambda = 4 \cdot \lambda/4$.
f) Kein Zufall. Jeder Lichtstrahl behält seine Wellenaberration.

Zu 12: a) Entsprechend den Regeln der Differentiation bekommt man für die chromatische Änderung von
$\varphi_{12} = \varphi_1 + \varphi_2 - d \cdot \varphi_1 \cdot \varphi_2$

$$\Delta\varphi_{12} = \Delta\varphi_1 + \Delta\varphi_2 - d \cdot \varphi_1 \cdot \Delta\varphi_2 - d \cdot \varphi_2 \cdot \Delta\varphi_1 =$$
$$= \frac{1}{\nu} [\varphi_1 + \varphi_2 - 2 \cdot d \cdot \varphi_1 \cdot \varphi_2] .$$

Der Inhalt der Klammer verschwindet, wenn
$2d = \frac{\varphi_1 + \varphi_2}{\varphi_1 \cdot \varphi_2} = f_1 + f_2$. b) $\varphi_{12} = \varphi_1 + \varphi_2 - \frac{1}{2}(\varphi_1 + \varphi_2) = = \frac{1}{2}(\varphi_1 + \varphi_2)$. c) Folgt aus b).

Zu 13: Sie ist davon unabhängig wegen **12** b), c).

Zu 14: Fall I: „Kron voraus“, also $\varphi_1 = +2$; $\varphi_2 = -1$. Fall II: „Flint voraus“ mit $\varphi_1 = -1$, $\varphi_2 = +2$.
a) I: $\varphi_2 = 0{,}6 \cdot \left(\frac{1}{r_2} - 0\right)$ gibt $1/r_2 = -\frac{5}{3}$. Aus
$\varphi_1 = 0{,}5 \cdot \left(\frac{1}{r_1} - \frac{1}{r_2}\right) = +2$ folgt dann $\frac{1}{r_1} = +4 - \frac{5}{3}$. Insgesamt
$\frac{1}{r_1} = +\frac{7}{3}, \frac{1}{r_2} = -\frac{5}{3}, \frac{1}{r_3} = 0$. Analog bei II $0{,}5 \cdot \frac{1}{r_2} = +2$ und
$0{,}6 \cdot \left(\frac{1}{r_1} - \frac{1}{r_2}\right) = -1$; daher $\frac{1}{r_1} = +\frac{7}{3}, \frac{1}{r_2} = +\frac{12}{3}$. b) Als

Brechkraft der Kittfläche entscheidet $\varphi = \frac{n' - n}{r_2}$ durch sein Vorzeichen. Bei I ist $\varphi = -\frac{1}{6}$, bei II $\varphi = -\frac{2}{5}$. Also beide Mal zerstreuende Kittfläche.

Zu 15: a) Gegenüber **14** ändert sich für die Hinterlinse nur die Numerierung der Radien. Also $\frac{1}{r_3} = -\frac{5}{3}$ bei I und $+4$ bei II. Wegen der Vorschrift für das Intervall kennt man damit auch $\frac{1}{r_2} = -\frac{103}{60}$ für I und $+\frac{79}{20}$ für II. Die Werte $\frac{1}{r_1} - \frac{1}{r_2}$ bleiben erhalten (Durchbiegung!). Daher $\frac{1}{r_1} = +\frac{137}{60}$ bei I wie bei II: von außen ist kein Unterschied zwischen I und II zu sehen. b) Als Summe aus den Brechkräften der Flächen 2 und 3 erhält man $\varphi = -\frac{17}{120}$ bei I und $-\frac{37}{100}$ bei II: beide Mal „zerstreuende Luftlinse". Die Abweichungen von den Werten für die Kittfläche betragen $\frac{3}{120}$ bei I und $\frac{3}{100}$ bei II; der Unterschied geht auf den Unterschied der Werte $(n_1 - 1)$ zurück.

Zu 16: a) Wegen $h = f \cdot n_1 \sin u_1$ (Sinusbedingung) und $N = 250/f$ wird $d = 2h = \frac{500}{N} \cdot n_1 \sin u_1$. Daher $0{,}5\,\text{mm} \leqslant d \leqslant 1\,\text{mm}$. b) Verlust von effektiver Sehschärfe, Gesichtsfeld und effektiver „Lichtstärke" stören hier mehr. Dazu kommt größere Empfindlichkeit gegen Erschütterungen bei Freihandgebrauch.

Zu 17: b) Je nach der Reihenfolge der beiden Spiegelungen erfolgt die 90°-Drehung im Uhrzeiger- oder im Gegenzeiger-Sinn; Drehachse ist stets die z-Achse. Die oberen Vorzeichen entsprechen dem 1. Fall, die unteren dem 2. Fall. Allemal bleibt $a_z' = a_z$. c) Das skalare Produkt $a_x \cdot a_x' + a_y \cdot a_y' + a_z \cdot a_z'$

ist gleich dem cos des eingeschlossenen Winkels, weil $|\mathfrak{a}| = |\mathfrak{a}'| = 1$ Wegen b) ist $a_x \cdot a'_x = - a_y \cdot a'_y$, so daß $\cos = a_z^2 = \epsilon^2$: $\cos > 0$ bedeutet, daß der Drehwinkel kleiner als 90° wird, sobald $\epsilon \neq 0$.

Zu 18: a) Sie gilt allgemein (man stelle sich bildseitig telezentrischen Hauptstrahl vor). b) „Planschlag" gibt keine Umlenkung für die Systemachse – höchstens Parallelversetzung (S. 54). c) $|\Delta h| < 240 \cdot 5 \cdot 10^{-6}$ mm $= 1{,}2 \cdot 10^{-3}$ mm (!).

Zu 20: a) Weil nach Definition $e = f_0 \cdot b/b'$, während nach Newton $x = f_0/\beta = f_0 : b'/b$: daher $e = x$; A liegt in F. b) Von der Objektseite her mit $s_1 = \infty$ rechnend findet man $s'_1 = f_1 = d'_1$, also $s_2 = s'_2 = 0$: F liegt in Linse 2. In umgekehrter Richtung wird $f_1 = +0{,}5$ und $f_2 = +1$. Daher führt jetzt $s_1 = \infty$ auf $s'_1 = +0{,}5$ mit $s_2 = -0{,}5$ und $1/s'_2 = -2 + 1 = -1$, also $s'_2 = -1$: auch dieser Brennpunkt (F') liegt in der Linse mit $f = +0{,}5$ wie F. c) Wenn man $d'_1 = f_1$ beibehält, so daß $\beta_2 = +1$ bleibt, ist f_{12} unabhängig von f_2. Verkürzen von f_2 bewirkt aber, daß F näher zum Okular wandert. Für die Rechnung in umgekehrter Richtung ist stets $s'_2 = -a_1$. Hier soll also $s'_2 = -1{,}2$ sein, wozu $1/s_2 = -1 - 1/1{,}2 = -\frac{2{,}2}{1{,}2}$ oder $s_2 = -\frac{0{,}6}{1{,}1}$ gehört. Das gibt $s'_1 = +\frac{0{,}5}{1{,}1}$. Wieder von vorn gezählt heißt das $f_2 = +\frac{5}{11} = +0{,}4545$.

Zu 21: a) folgt daraus, daß der Abstand zwischen Linse 1 und der Bildebene (Strichplatte) $= d'_{12} + s'_2$ sich nicht ändert. b) Nach Newton ist $\Delta x_2 = f_2 \cdot \Delta(1/\beta_2) = f_2 \left(\frac{1}{\beta_2} - \frac{1}{\beta_{20}}\right)$ und $\Delta x'_2 = - f_2 \cdot \Delta\beta_2$. Mit $x'_1 = \Delta x_2 - \Delta x'_2$ hat man die angegebenen Formeln. c) folgt mit Newton.

Zu 22: a) Man findet $\Delta w_1 = - h \cdot s'_2 : (x_1 \cdot \beta_1 \cdot \beta_2 \cdot f_2) = \frac{h \cdot s'_2}{f_1 f_2 \cdot \beta_2}$. b) Wegen (9;3) ist $\Delta w_1/h = \left(\frac{1}{\beta_2} - 1\right)/f_1$. Für die Negativlinse ist der Quotient maximal $\frac{1}{3} : f_1$, für die Sammellinse maximal $\frac{1}{2} : f_1$. c) Im Nenner steht 3 anstatt $\beta_{20} = 1{,}5$ bei der einen und 2 anstatt $\beta_{20} = 2/3$ bei der andern Linse. Damit ist die Empfindlichkeit um den Faktor 2 bzw. 3 vermindert.

Zu 23: a) Wegen $b' = b \cdot \beta_1 \cdot \beta_2$ und $f_0 = f_1 \cdot \beta_{20}$ ist $e = f_0\, b/b'$ gleichbedeutend mit $e = f_1 \cdot \beta_{20}/(\beta_1 \cdot \beta_2) = x_1 \cdot \beta_{20}/\beta_2$. b) Eben ergab sich $f_0/e = \beta_1 \cdot \beta_2$; dieses Produkt wurde in **21** c) als quadratische Funktion von V erkannt. c) Wegen $e/x_1 = \beta_{20}/\beta_2$ wird $a_1 = x_1 \cdot \Delta\beta_2/\beta_2 = -\frac{f_1^2 \cdot \Delta\beta_2}{x_1' \cdot \beta_2}$ oder $a_1' = x_1' \cdot f_2 \cdot \beta_2/V$. $x_1' \cdot \beta_2/V$ kennt man aus **21** b) als lineare Funktion von V; man findet sogar $a_1' = \text{const} + V$! Das Bild des anallaktischen Punkts kann man sich demnach starr mit der Schiebelinse verbunden denken. d) Man kennt $a_1'/a_{10}' = 1 + V/\text{const} = 1 + \Delta\beta/\left(\beta_{20} - \frac{1}{\beta_{20}}\right)$ hier gleich $1 - 0{,}4 \cdot \frac{6}{5} = 0{,}52$. Reziprok dazu ist das gesuchte Verhältnis der a_1-Werte, also $= 2{,}70$.

Zu 25: a) Ja. Vom Auge her betrachtet wird f_2 verkleinert auf $f_{12} = f_2 : \beta_1$. Nach der Formel für die Lupenvergrößerung gilt also $f_{12} = 250/N$. b) f_{12} ist negativ, weil β_1 negativ ist. Die Konstruktion nach Formel (7;12) liefert „außen" liegende Hauptpunkte, also Reihenfolge H, F, F′, H′ beim Mikroskop gegenüber F′, H, H′, F bei der Negativlinse. c) F liegt in der Objektebene, H um $|f_{12}|$ links davor, F′ liegt in der AP, H′ um f_{12} weiter rechts.

Zu 26: a) $2\,L_1 = 2\,f_{12} \cdot \text{tang}\,w' = \frac{2}{3}\,\frac{250}{N} = \frac{1}{N} \cdot 166{,}7\,\text{mm}$. b) Wegen $D = -1000/x'$ für die Akkommodation D in dptr und $x \cdot x' = -(f_{12})^2$ ergibt sich die Tiefe $x = 1 \cdot f_{12}^2/1000 =$

$= \left(\frac{250}{N}\right)^2 / 1000\,\text{mm} = 62{,}5\,\text{mm}: N^2$. c) $2\,L_1/x = \frac{8}{3}\,|N|$.

Zu 27: a) $\beta_1 = \frac{1}{n}$ und $\beta_2 = n^2$ geben $\beta_{12} = n$. Aus dem vorgegebenen Wert $\beta^2 = 3$ folgt für den zweilinsigen Kondensor $n^2 = 3$ oder $n = 1{,}732$. b) konzentrisch, sonst wird $\beta_{12} = \frac{1}{n}$. c) $d'_1 = 5$, $d'_2 = 1$, $d'_3 = 5$ mit $r_1 = -10$, $r_2 = -9{,}5$, $r_3 = -27$, $r_4 = -20{,}3$.

Zu 28: a) Nur um 180° verdreht, weil beide Teilstrahlen gleich oft (3 ×) gespiegelt werden. b) Nur eine Gerade: in ihr schneiden sich die beiden neutralen Ebenen. c) Farbgläser zwischen Würfel und Dachkantprismen – z. B. rot für das eine und grün für das andere. d) Addition zu „weiß" im Überlagerungsbereich beider Teilbilder läßt nur die abweichend liegenden Teile farbig hervortreten.

Zu 29: Wegen $h = -f_0 \sin u$ (Sinusbedingung!), also $2 \cdot h \cdot dh = f_0^2 \cdot d(\sin^2 u)$ entspricht der Ringfläche $2\pi \cdot h \cdot dh$ die Raumwinkel-Differenz $d\omega = \pi \cdot d(\sin^2 u)$. Diese nimmt aus der Quelle den Lichtstrom $d\Phi = \pi \cdot J(u) \cdot d(\sin^2 u)$ auf, so daß man als Beleuchtungsstärke $E(h) = \frac{d\Phi}{2\pi \cdot h \cdot dh} = J(u)/f_0^2$ bekommt. Da der Nenner konstant ist, kann man durch Messung der Werte $E(h)$ den Strahlertyp $J(u)$ feststellen.

Zu 30: a) Mit $f = 36$ kommt man besser zurecht. Wenn hinter dem Okular wieder $\tan w' = 0{,}30$ gilt, so bleibt der Bildkreis mit $2\,L' = 22\,\text{mm}$ dem Rechteck 24 × 36 einbeschrieben. b) Nein. Die Beugungsunschärfe darf nicht größer als 1 Minute sein, damit im Bild $\rho' \leqslant 36 \cdot 3 \cdot 10^{-4}\,\text{mm} = 0{,}011\,\text{mm}$ bleibt (§ 29). Deswegen wählt man das Okular so schwach, daß der AP-Durchmesser mindestens 2 mm beträgt. Vergl. **16**. c) $\sin u' = 1/36$ oder $d\omega' = 2{,}4 \cdot 10^{-3}$ gibt nach (21;4) mit $\bar{B} = 1$ sb $E_N = 24$ lux. Mit $t = 1/25$ sec bedeutet das $E_N \cdot t = 0{,}96$ lux sec: man kommt also mit der Glühlampe aus.

Zu 31: a) Etwa 50 cm = 30 cm/0,6. b) Das Okular hat f = 25; zu x' = 500 gehört nach Newton x = 1,25 mm Defokussierung. c) $2 \cdot 25 \cdot 0{,}015$ mm = 0,75 mm. Das bedeutet $d\omega' = 1{,}77 \cdot 10^{-6}$, während andererseits $\bar{B} \cdot d\omega' = 10^{-2}$ sein sollte, damit E_N = 100 lux erreicht wird. Somit $\bar{B}$ mindestens gleich 5650 sb: Bogenlampe. Aber der Beugungsradius $\rho' = 500 \cdot \frac{8}{3} \cdot 3 \cdot 10^{-4}$ mm = 0,4 mm erscheint zu groß. Deswegen besser f = 50 beim Okular. Dann könnte auch eine Glühlampe ausreichen.

Zu 32: Nach **49** fordert der Film die mittlere Belichtung 0,02 lux sec, aber ohne Dia muß man schon 0,24 lux sec fordern. Mit $t = \frac{1}{30}$ sec bedeutet das E_N = 7,2 lux. Andererseits hängt die Leuchtdichte $\tilde{B}$ in asb mit dem beleuchtenden Raumwinkel $d\omega'$ (hier $= \pi/16$) und E_N zusammen durch $E_N = \tilde{B} \cdot d\omega'/\pi = \tilde{B}/16$, so daß man $\tilde{B}$ = 115 asb oder 115 lux auf dem Schirm fordern muß. Besser 200 lux; dann kann man etwas kürzer belichten.

Zu 34: a) Im Durchstoßpunkt mit dem verkippten Spiegel (der andere sei senkrecht zur Achse justiert). Dieser wird durch die Lupe nach ∞ abgebildet, so daß die beiden Achsen zueinander parallel ins Auge eintreten. b) Er ist gleich dem doppelten Keilwinkel. c) Gleich $f_L \cdot \text{arc}\, u$.

Zu 35: a) Um $(n - 1) \cdot d = 30$. b) $\frac{n-1}{n} \cdot d = 20$ addiert sich zu 30, also Fokusdifferenz 50. c) $\sin^2 u \leqslant \lambda/50 = 10^{-5} = (0{,}00316)^2$, daher Ö $\leqslant$ 1 : 158.

Zu 36: a) Der eine bei $x = \infty$ (mit x' = 0), der andere bei $x = f^2/r$ (mit x' = − r). b) Die AP, damit die Bildversetzung γ^2 mal so groß ist wie die Verschiebung des Fernrohrs. Hier $\gamma^2 = 16$. c) Um $\frac{40}{16}$ mm = 2,5 mm.

Zu 38: a) Kippung der Spiegel S_I und T_b um entgegengesetzt gleiche Beträge $\alpha_{II} = -\alpha_I$ legt den (virtuellen) Schnittpunkt der austretenden beiden Achsen mitten zwischen diese Spiegel. Wenn $-\alpha_{II}/\alpha_I > 1$ wird, liegt der Schnittpunkt entsprechend näher bei T_b usw. b) Die Streifendichte ist proportional dem Neigungsunterschied $u = 2(\alpha_{II} - \alpha_I)$ zwischen den Achsen. $\text{arc}\, u = \frac{1}{1000}$ gibt 2 Streifen pro mm.

Zu 39: b) Um geringe Durchbiegungen von Interferenzstreifen exakt verfolgen zu können. c) Weil der Hauptstrahlengang unabhängig von der Dioptrie-Verstellung bleibt. d) $f_{13} = f_3 \cdot f_1/f_2 = f_3 \cdot \gamma$ und daher $N_{13} = N_3/\gamma$. d) Um „falsche" Interferenzen zu vermeiden.

Zu 40: a) In der Mitte des Ringsystems sieht man neue Ringe hervorquellen (oder verschwinden). b) Man durchmustert den Prüfling, indem er vor der EP des Fernrohrs vorbei bewegt wird; genauere Lokalisierung, als dem Durchmesser der EP entspricht, wäre nicht sinnvoll. c) Guten Kontrast zeigen die Interferenzringe nur bei Reflexion, weil die interferierenden Anteile gleich stark sein müssen.

Zu 42: a) Man bekommt jeweils nur einen Funktionswert $C(x, y)$. Außerdem entfällt die Möglichkeit, das Maßstabsverhältnis zwischen x, y einerseits, ξ, η andererseits zu ändern. b) Ja, man muß nur die entgegengesetzte Orientierung der Achsen bei den beiden Faktoren bedenken.

Zu 43: a) Ein Gebilde der Form

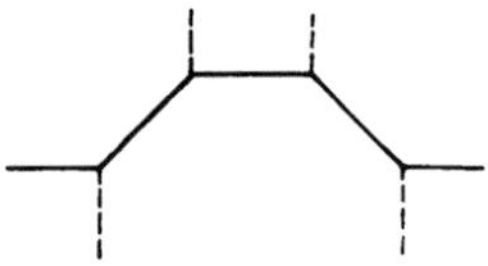

Oben findet man die Differenz der Rechtecks-Breiten, unten ihre Summe. b) Der Beweis folgt aus dem Produktsatz der Fouriertransformation **66**. Denn eine Rechteckfunktion der

Höhe 1 ändert sich nicht, wenn man sie mit sich selbst multipliziert; dieses Rechteck ist aber die Fourier-Transformierte der Funktion → sinc x nach **65**.

Zu 44: a) Beim Messen kleiner Winkel verursacht die Meßunsicherheit Δw hohe prozentuale Fehler $\Delta w/w$; entsprechende Unsicherheit $\Delta \gamma/\gamma$ bei der Winkelvergrößerung. Größere Winkel könnten durch Verzeichnung beeinflußt sein. b) Sie isoliert das Mittenbüschel und dessen Nachbarstrahlen. c) Wenn Objektiv und Okular nicht beide der Sinusbedingung genügen, so sollten sie doch (prozentual) gleiche Abweichung zeigen. d) Nein. Auch das Okular sollte aplanatisch sein.

Zu 45: Unabhängig von der Objektlage ist β beim Fernrohr; daher muß 1 als Fernrohr gebaut sein. Variation der Objektlage (hier um 18 m) verschiebt das Bild um den β^2-fachen Betrag – hier maximal 30 cm. Daher $\gamma^2 = 1/\beta^2$ mindestens $\frac{18}{0{,}3} = 60$. Man nimmt also ein 8faches Fernrohr als „Objektiv" 1: so entsteht die „teleskopische Lupe" nach Alb. König.

Zu 47: a) Die Beleuchtungsstärke nimmt ab mit $\cos\alpha$, wo α die Schräglage festlegt. b) Hier bekäme die Beleuchtungsstärke den Faktor $\cos^2\alpha$ statt $\cos\alpha$.

Zu 48: b) Bei dekadischen Logarithmen ist für kleine Δx die Differenz $\Delta \log x = \frac{1}{\ln 10}\frac{\Delta x}{x} = 0{,}87 \cdot \frac{\Delta x}{2x}$. Mit a) und $x = B$ folgt die Formel. c) Wegen $\Delta \log B_2 = -\Delta S_1$ ist $K_N = \frac{\Delta B_2}{2B_2} = \Delta \log B_2/0{,}87 = -\Delta S_1/0{,}87 = -\gamma \cdot K_0$.

Zu 49: a) Deutet man L_K als Minimalbelichtung L_{min} und fordert man $L_{max} : L_m = L_m : L_{min} = 11{,}85$, so kommt man mit $11{,}85^2 = 140$ auf $L_{max} = 140 \cdot L_{min}$ als Objektumfang.

Zu 50: a) Das Auge liegt bei $z = -2$ m, sein Bild bei $z' = -6$ m. Daraus folgt $\gamma = w'/w = z/z' = +\frac{1}{3}$ (die Landschaft wird „aufrecht" aber seitenverkehrt gesehen). b) $s = \infty$ gibt $s' = 3$ m. c) Für das Auge des Beobachters liegt das Zwischenbild bei $s = +1$ m, also 1 m hinter seinem Kopf, er müßte 1 dptr weitsichtig sein, um darauf akkommodieren zu können. Für Pupillendurchmesser 2 mm erlaubt die Rayleightoleranz nur $\frac{1}{4}$ dptr Fehllage, also mindestens 4 m Entfernung (vor oder hinter dem Kopf) für den rechtsichtigen Beobachter bei entspannter Akkommodation. 1 dptr wäre erlaubt bei Pupillendurchmesser 1 mm.

Zu 51: a) Das Bild oder eine „optische Projektion" der Wendel. Teile der AP-Fläche zeigen daher $B = 0$.

Zu 54: a) Man läßt sich leiten durch das Vorbild der Zentralprojektion auf eine achssenkrechte Ebene – realisiert z. B. durch die Lochkamera. b) Die erwähnte achssenkrechte Ebene, welche die Projektionsfläche im Scheitel berührt, wird dieser Fläche durch Zentralprojektion aus der Mitte der AP zugeordnet. Bei der Kugelfläche müssen die Bildhöhen L' proportional $\sin w'$ wachsen, damit das Bild – vom Zentrum der AP aus gesehen! – verzeichnungsfrei wirkt.

Zu 55: a) Beim Fernrohr ist $\beta = 1/\gamma$ konstant und in der Regel ungleich $+1$. b) Ja. Man geht aus vom Objekt in der EP mit Bild in der AP. Dabei ist die Bildversetzung gleich dem Abstand b zwischen den beiden Pupillen. Der Objektverschiebung Δs_1 entspricht beim Bild $\Delta s'_k = \Delta s_1/\gamma^2$. Darum ist mit $\Delta s_1 = b \cdot \frac{\gamma^2}{\gamma^2 - 1}$ das Objekt in den Treffpunkt geschoben; $\Delta s'_k = b/(\gamma^2 - 1)$ kennzeichnet dessen Lage gegenüber der AP. c) Für das Objekt mit der Schnittweite a gegenüber dem Treffpunkt liegt das Bild im Punkt mit der Schnittweite $a' = a/\gamma^2$ (gleiches Vorzeichen!). Stets ist $L' = L/\gamma$.

Zu 56: a) Man weiß aus (7;8), daß $\omega_k \cdot n'_k/s'_k = \frac{1}{\beta_0} n_1/s_1$. Kombination dieser Gleichung mit der Definitionsgleichung: Quotient der linken gleich Quotient der rechten Seiten gibt

die behauptete Aussage. Dabei wird vorausgesetzt, daß s'_k für Null- und Randstrahl den gleichen Wert hat (ebenso s_1).
b) Umgekehrt muß man diese Freiheit von Öffnungsfehler voraussetzen, wenn man $\beta_0 = \frac{n_1}{n'_k} \frac{s'_k}{s_1} \frac{1}{\omega_k}$ mit $\omega_k s_1 \cdot \sin u_1 = s'_k \cdot \sin u'_k$ kombiniert zu $\beta_0 = n_1 \sin u_1 : (n'_k \sin u'_k) = \beta_s$.

Zu 57: a) Nach Voraussetzung ist $n' \cdot \sin u = n \cdot \sin i = n' \cdot \sin i'$ oder $u = i'$. Wegen $u + i = u' + i'$ folgt $u' = i$ und darum $n' \cdot s' = n \cdot s$. Andererseits gibt Kombination mit dem Brechungsgesetz $n \cdot \sin u' = n' \cdot \sin u$. Produkt der linken gleich Produkt der rechten Seiten liefert $s' \cdot \sin u' = s \cdot \sin u$ oder $g' = g$. b) Die Werte sind einander gleich. c) $\beta = \left(\frac{n}{n'}\right)^2$.
d) $g' = g$ mit der Randstrahlformel liefert $\sin i + \sin u = \sin i' + \sin u'$. Diese Gleichung kann zusammen mit $i + u = i' + u'$ aber nur bestehen, wenn die Glieder auf beiden Seiten paarweise gleich sind. Also entweder $\sin i = \sin i' = 0$ (um Widerspruch zum Brechungsgesetz zu vermeiden), daher $s = s' = r = s_0 = s'_0$ mit $\beta_s = \beta_0 = n/n'$. Oder $\sin i = \sin u'$ und $\sin i' = \sin u$, daher $n \cdot \frac{\sin i}{\sin u} = n' \cdot \frac{\sin i'}{\sin u} = n' = n \cdot \frac{s - r}{r}$, woraus $(n + n')r = n \cdot s = n' \cdot s' = \text{const}$ (Öffnungsfehler korrigiert, auch bildseitig) mit $\beta_s = \frac{n \sin u}{n' \sin u'} = \frac{n \sin i'}{n' \sin i} = \left(\frac{n}{n'}\right)^2 = \beta_0$: Aplanasie.

Zu 58: Wegen $i' = i - \delta$ ist $\sin i' = \sin i \cdot \cos \delta - \cos i \cdot \sin \delta$. Kombiniert mit dem Brechungsgesetz $n' \cdot \sin i' = n \cdot \sin i$ gibt das $\left(\frac{n}{n'} - \cos \delta\right) \cdot \sin i = - \sin \delta \cdot \cos i$ oder

$\tan i = - \sin \delta \Big/ \left(\frac{n}{n'} - \cos \delta\right)$. Diese Formel ist schon lange bekannt, wird aber öfter „neu entdeckt“.

Zu 60: a) Ja. Das Bild der Lichtquelle unterliegt der Verbreiterung durch Beugung am abbildenden System.

Zu 61: a) $h^2 = 2{,}5 \cdot 10^{-2}$ oder $h = 0{,}16$ gibt Ö = 1 : 158 mit $\sin u' = 3{,}2 \cdot 10^{-3}$ und $d\,\omega' = 0{,}32 \cdot 10^{-4}$. b) Der Film fordert $3{,}2 \cdot 10^{-3}$ lux sec mittlere Belichtung (nach § 22), während $E_N = B \cdot d\,\omega' = \tilde{B} \cdot d\,\omega'/\pi$ etwa 0,1 lux, so daß sich die Belichtungsdauer $t = 1/30$ sec ergibt: hier kann man also noch „aus der Hand" belichten. c) ρ' etwa 0,1 mm. Wegen $\rho' = 0{,}6 \cdot \lambda/\sin u' = 0{,}6 \cdot \lambda \cdot f/h = 0{,}6\,h$ ist der Quotient unabhängig von f. d) f nimmt schneller ab als h; zugleich vermindert sich $\rho' = 0{,}6\,h$. e) $0{,}6\,h \leqslant f \cdot 6 \cdot 10^{-4}$ oder Ö $\leqslant$ 1 : 500 bedeutet $2\,h \geqslant 1$ mm oder $f \geqslant 500$ mm.

Zu 62: a) $h^2 = 2 \cdot f \cdot k \cdot \lambda/2$ hier $= k/40$, wobei der n^{te} helle Ring von $k = 2\,n$ bis $k = 2\,n + 1$ reicht; $n = 0$ gibt die Zentralzone. b) $\Delta\,h^2 = \Delta\,k/40 = 1/40 = 2\,h \cdot \Delta\,h = 2\,h/100$ gibt $2\,h = 2{,}5$ mm oder $k = 40\,h^2 = 10 \cdot 6{,}25 = 62{,}5$, also $n = 31$ für den äußeren Ring. Ohne die dunklen Ringe, die 50% der Fläche einnehmen, wäre Ö $= 2\,h/f = 2{,}5/50 = 1 : 20$; effektiv nur 1 : 28,3. Gegenüber der Lochkamera ist das immerhin der 31fache Wert für $d\,\omega'$.

Zu 63: a) Für die Lochkamera ein Halbkreis. Für die Zonenplatte eine Girlande aus n Halbkreisen; jeder stellt eine helle Zone dar. b) $\Delta\,g$ bleibt erhalten, aber $\Delta\,\varphi = 2\,\pi \cdot \Delta\,g/\lambda$ bekommt den Faktor 5/4, wenn λ auf 4/5 verkürzt wird. Der Zentriwinkel wächst von 180° auf 180° + 45°, die Sehne verkürzt sich im Verhältnis $\sin(90° + 22{,}5°)$ zu $\sin 90°$ gleich 0,924; entsprechend sinkt die Lichterregung auf 92,4% des bisherigen Wertes. Im andern Fall der Faktor 4/5 beim Zentriwinkel: $\sin 72°$ statt $\sin 90°$ oder Absinken der Lichterregung auf 95,1%.

Zu 66: b) Ins Innere des Spaltes aus a) kommt ein Amplitudenfilter mit $\tau = (1 - 2\,x)^2$, damit die Amplitudentransparenz $\sqrt{\tau}$ proportional $1 - 2\,x$ absinkt. c) λ erscheint erst in $\sin w' - \sin w = s \cdot \lambda$. d) Nullstellen liegen dort, wo das Argument des sin gleich $\pm\pi$, $\pm 2\,\pi$, . . . wird, wo also $b \cdot s = \frac{1}{2} \cdot d \cdot s = \frac{m}{2}$ eine ganze Zahl oder m eine gerade Zahl wird. Neben $m = 0$ erscheinen im Spektrum daher nur die Linien ungerader Ordnung. e) Wenn man den „Glanz“ auf die Ordnung m_0 legen möchte, für die $\sin w' - \sin w = \frac{\Delta g}{d} = m_0 \cdot \lambda/d$ sein soll, so muß man $\delta = m_0 \cdot \lambda/d$ wählen. Dabei ist nicht nur δ sondern auch w so klein vorausgesetzt, daß $\sin(w + \delta) = \sin w + \delta$ gilt.

Register

Bei Fragen zur Produktsicherheit wenden Sie sich bitte an:
If you have any questions regarding product safety,
please contact:

Walter de Gruyter GmbH
Genthiner Straße 13
10785 Berlin
productsafety@degruyterbrill.com